高精度导航系统
PRECISION NAVIGATION SYSTEMS

章燕申 著

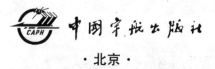

中国宇航出版社

·北京·

图书在版编目(CIP)数据

高精度导航系统/章燕申著.—北京:中国宇航出版社,2005.9

ISBN 978-7-80144-999-3

Ⅰ.高...　Ⅱ.章...　Ⅲ.陀螺仪－导航

Ⅳ.TN965

中国版本图书馆 CIP 数据核字(2005)第 099195 号

出　版发　行	中国宇航出版社		
社　址	北京市阜成路 8 号	邮　编	100830
	(010)68768548		
网　址	www.caphbook.com / www.caphbook.com.cn		
经　销	新华书店		
发行部	(010)68371900	(010)88530478(传真)	
	(010)68768541	(010)68767294(传真)	
零售店	读者服务部	北京宇航文苑	
	(010)68371105	(010)62529336	
承　印	北京智力达印刷有限公司		
版　次	2005 年 9 月第 1 版	2009 年 8 月第 2 次印刷	
规　格	880×1230	开　本	1/32
印　张	13	字　数	383 千字
书　号	ISBN 978-7-80144-999-3		
定　价	50.00 元		

本书如有印装质量问题,可与发行部调换

内 容 简 介

这本专著主要介绍了作者在清华大学长期从事"静电陀螺仪"和"光学陀螺定位定向系统"等科研项目的成果。此外，书中还介绍了惯性/卫星组合导航系统理论、最优估计理论以及导航系统中误差实时控制方法等基础知识。

作者曾多次结合科研工作访问加拿大、美、俄、德、法等国的一些高校和研究所。在本书中，介绍了他们在导航系统关键技术研究中所取得的一些成果。作为高精度导航系统工程应用的一个实例，本书还详细介绍了大地惯性测量系统的精度保证方法。

在以上研究和访问的基础上，作者提出了静电、激光和光纤等三种高精度陀螺仪的工程设计方法，内容包括：(1)总体结构的分析；(2)关键零部件的结构与工艺；(3)误差分析、测试与模型建立；(4)在导航系统中，主要误差的静态和动态校准。

本书的内容具有工程性、实用性和前瞻性。对于从事研究、开发和应用高精度导航系统的工程技术人员和高校师生具有参考价值。

PRECISION NAVIGATION SYSTEMS

Yanshen Zhang

ABSTRACT

In this monograph, the successes achieved by the author working with Tsinghua University on the research projects "Electrostatic Gyro", "Position and Azimuth Determining System Using Optical Gyro" and others are presented. Besides, in the book the basic theories related to the design of precision navigation systems are introduced.

With the research projects mentioned above, the anthor has visited related universities and research institutes in Canada, USA, Russia, Germany and France. In the book, their successes obtained in the above mentioned fields are presented.

Based on the above practice, the author has established the engineering design methods for developing electrostatic gyro, ring laser gyro and fiber optical gyro. These methods consist of: (1) Analysis of system configuration; (2) Design of key elements and their technologies; (3) Error analysis, testing and modeling; (4) Static and dynamic calibration of error coefficients in navigation system.

The contents of the book are practical, applicable and perspective. As a reference, it might be helpful for technical staffs and students being involved in research, development and application of precision navigation systems.

序

    20 世纪 70 年代,在核潜艇和远程飞机等运载工具中,以静电陀螺仪为核心的平台式惯性导航系统得到了应用,成为批量生产的型号产品。在长时间航行中,它们不仅达到了所要求的定位精度,而且可以保证从载体上发射武器。可以认为,静电陀螺仪的成功应用标志着导航技术进入了高精度的时代。

    20 世纪 80 年代,激光陀螺捷联式惯性导航系统在民航机、战斗机、远程火炮和战术导弹发射车等载体中得到了广泛应用。从物理上讲,光学陀螺仪没有与加速度有关的误差,而且它的优点是启动快,不需要预热和温度控制;测量速度范围没有限制,标度因数的线性度和稳定性高。因此,和机械陀螺仪相比较,光学陀螺仪在低成本和小型化等方面具有优势,可以预期它们将会有进一步的发展。

惯性技术的发展历史表明,在它的产品中需要充分利用高新技术的成果。目前,"纳米技术"已经在传感器、新材料等多种工程领域中得到应用,出现了多种"微光机电系统"(MOEMS)的新型光电子器件。例如,"多量子阱超辐射发光管"、"多功能集成光路相位调制器"等。它们为光学陀螺仪提供了集成光路的器件。

本书的特点是对工程实际研究成果的系统性总结。在本书作者负责的科研项目静电陀螺仪、激光陀螺定位定向系统,以及集成光学陀螺仪中,清华大学和国内外的有关单位紧密合作,研制成功了相应的工程样机和实验装置。在实验研究的基础上,获得了有关设计方法、精度测试、误差分析以及模型建立等多方面的研究成果。

在本书中,作者还介绍了在国外访问中获得的有关科研成果,主要是:美国 Stanford 大学的"GP-B"型相对论静电陀螺仪和德国宇航院飞行制导研究所的激光陀螺试验样机。这些国外的研究成果具有重要的参考价值。

中国惯性技术学会愿意向从事研究、生产及使用导航产品的广大技术人员推荐这本专著。对于高等学校"自动控制"和"精密仪器"等专业的教师、研究生和本科生,这本专著也可作为学习有关专业课程的参考书。

2005 年 6 月

前　言

在国防和国民经济中,导航与控制对舰船、飞机和火箭等运载体具有十分重要的作用。冷战期间,美国和苏联等国高度重视研究和开发各种战略和战术武器中的导航系统,取得了以下重大成果:

(1) 静电陀螺仪保证了核潜艇发射战略武器所需要的定位精度。

(2) 在航空、航海、车辆导航以及大地测量等领域中,激光陀螺捷联式惯性导航系统得到了普遍应用。与此同时,在各种战术武器和机器人中,光纤陀螺导航与控制系统也得到了实际应用。

(3) 建立了全球卫星定位系统。卫星和惯性系统互相组合,构成了组合导航系统。

(4) 在与卫星定位信号相组合的情况下,中、低精度的微型机械陀螺仪和加速度计在精确制导武器中得到了大量应用。与此同时,微型光学陀螺仪的研究也取得了显著的进展。

1954—2004 年,作者在莫斯科包曼技术大学和北京清华大学先后参加了以下有关导航系统的研究项目:

(1) 液浮陀螺仪关键零件的工艺;

(2) 静电陀螺仪;

(3) 惯性测量系统;

(4) 光学陀螺定位定向系统;

（5）集成光学陀螺仪。

结合以上项目,1983—2001年作者先后访问了加拿大、美、德、俄、法等国的有关高校和研究所。作为访问学者,作者深入研究了他们的有关成果和实验样机,并和有关教授建立了良好的科研合作关系。

本书介绍了高精度导航系统中的主要关键技术,全书由以下三部分组成。在第一部分中,全面介绍了惯性导航系统、卫星定位系统、组合导航系统以及最优估计理论。作为这些理论在工程应用中的实例,作者详细介绍了在加拿大研究惯性测量系统的收获。

在本书的第二和第三部分中,作者遵循理论与实际密切结合的原则,介绍了静电陀螺仪、激光陀螺仪以及光纤陀螺仪的工程设计方法,内容包括:

（1）陀螺仪系统结构的分析和比较;

（2）陀螺仪关键零部件的结构和工艺;

（3）陀螺仪误差的分析、测试和模型建立;

（4）在导航系统中,对陀螺仪误差的静态和动态校准等。

作者在少年时代饱受日本侵略者之害,曾颠沛流离,家破人亡。在高中和大学时期,作者的不少同窗好友投笔从戎,奔向了保卫祖国的第一线。为此,作者深感旧中国"有国无防"的痛苦,决心从事国防科学技术的研究。

1959年以来,作者结合上述科研项目在清华大学培养了多届"自动控制"和"精密仪器"专业的本科毕业生、30余名硕士以及10余名博士。

作者特别感谢以下单位的有关人员,他们为研制中国的第一台静电陀螺仪作出了巨大的贡献:

（1）原第六机械工业部;

（2）原国防科委第三研究院;

（3）上海交通大学精密仪器系;

（4）常州航海仪器厂;

（5）清华大学自动控制系、精密仪器系以及电子工程系。

1995年以来,作者转向研究集成光学陀螺仪及其光电子器件,目的是开发具有国际先进水平和自主知识产权的产品。作者深信,微型光学陀螺仪的研究和开发必将促进中国国民经济产业结构向"微米－纳米"等高新技术的方向转型。

对于从事导航系统研究、开发、使用的工程技术人员和高校师生，本书具有参考价值。

对于中国惯性技术学会在本书出版过程中给予的关心和帮助，作者致以诚挚的谢意。

本书可能存在一些错误和不恰当之处。此外，作者的有些学术观点也有待继续探讨。欢迎读者给以指正，并提出改进意见。

作者于清华大学

2005 年 8 月

重印前言

在本书出版后的 4 年中,导航技术在国内外都有重大进展;在重印本书时,作者认为有必要加以介绍。

首先,我国自主研究开发的静电陀螺仪及其惯性系统已进入批量生产阶段。多次试验测试数据表明,我国产品质量达到了国际先进水平。这是我国从事这项研究和生产有关人员的创新性劳动成果,充分体现了我国"自主创新"科研方针的正确性。

第二,2008 年美国 Stanford 大学的 GP-B 科研项目取得了卫星试验成果(参阅本次重印增加的附录 B)。在 353 天的卫星运行中,GP-B 超导型静电陀螺仪处在零加速度和低温的工作环境中,精度达到了 $1 \times 10^{-11}(°)/h$ 的创纪录水平,比目前导航级静电陀螺仪的精度高出 5 个量级。这项成果表明,静电陀螺仪达到了当前陀螺仪的最高水平,在航天领域必将具有良好的应用前景。

第三,俄国同行研制成功了 LG-70 型棱镜式激光陀螺仪,把谐振腔光路的边长由 11 cm(KM-11 型)减小为 7 cm。值得高兴的是,我国在引进该项俄国技术的基础上,已经实现了国产化和批量生产。

作者期望,采用全反射棱镜作为谐振腔,并采用激光二极管作为光源,我国将研制出具有自主知识产权的创新性激光陀螺产品。

最后,但并非次要。2002 年作者申报了我国的发明专利:专利名称为"导航级循环干涉型集成光学陀螺仪",公开日期为 2002 年 3 月 6 日,公开号为 CN 1338613A。近年来,作者积极从事其中关键技术的研究,主要是:"大功率超辐射发光管"和"循环干涉型光学陀螺信号的采集"等。作者相信,虽然实现这项专利遇到的困难较大,但新型干涉型光学陀螺仪的系统结构(有源腔和光束循环传播)有助于减小干涉型光学陀螺仪的光源功率和光路长度,因而必然会得到应用。

作者于清华大学
2009 年 7 月

目　录

导航技术的发展

导航系统（或仪器）的任务是确定载体的位置，并把载体由目前所在的地点按照给定的时间和航线引导到目的地。为此，导航仪器和系统应当提供以下"导航信号"：

（1）载体质量中心所在地的"定位信号"（所在地的地理经度、纬度和高度）；

（2）载体的"定向信号"（偏离子午面的航向角、偏离水准面的俯仰角和倾侧角，三者合称载体的姿态角）；

（3）载体的"速度信号"（东向速度、北向速度、垂直速度）。

根据以上导航信号，需要调整载体的航行方向和速度，保证载体按照给定的时间和航线到达目的地。

罗经导航技术

20世纪以前，导航技术是从航海的需求和实践中发展起来的。在舰船上，采用"磁罗盘"可以测定舰船的航向角，解决导航中的"定向"问题。采用六分仪(其中包含"水准仪")可以测量天体的高度角。根据"时钟"和"星历",可以确定测量时刻所观测天体在地球表面上投影点的位置。根据几个天体的高度角,在海图上可以画出几个圆形的等距离线。它们的交点就是舰船所在地的位置。

20世纪初,"摆式陀螺罗经"、"陀螺垂直仪"和"水流测速仪"等导航仪器开始在舰船上得到应用。第一次世界大战前后,欧洲列强竞相发展海军。在钢铁的舰船上,磁罗盘和气泡式水准仪都无法应用。当时迫切需要解决的导航和火炮控制技术问题是研制"陀螺罗经"和"陀螺垂直仪"。在机械、电机等工业发展的基础上,英、德、美等国分别研制成功了不同结构的"摆式陀螺罗经"和"陀螺垂直仪",解决了载体姿态角的动态测量问题,满足了火炮控制的需要。与此同时,在"计程仪"中,采用了陀螺罗经提供的航向角信号、"水压测速仪"提供的船速信号,以及"航海时钟"提供的时间信号。采用"航迹推算法"可以获得舰船所在地的位置信号。

无线电导航技术

在无线电通信技术发明之后,无线电导航台成为舰船和飞机等载体"定位"和"定向"测量的基准点。各国建立了本国的中、近程无线电导航系统。在载体上,采用"无线电罗盘"和"无线电测距仪"(DME),可以确定载体的位置。这种导航定位方法被称为"极坐标法"。此外,在载体上,也可采用DME测量到两个导航台的距离进行定位。无线电罗盘和DME的最大工作距离为200 n mile,前者的定向精度为2°;后者的测距精度为1 km。

根据国际协定,在世界各地建立了中、远程的无线电导航台。不同的导航台构成不同的无线电导航系统,例如"LORAN-A","LORAN-C",以及"OMEGA"等。载体上的无线电导航仪测量到两个导航台的距离之差,得到的等距离线为"双曲线"。因此,这种导航方法被称为"双曲线导航法"。为了确定载体的位置,需要找到两条双曲线的交点。为此,在相隔较远的世界各地至少需要选择三个以上的无线电导航台。目前,LORAN-C导航仪仍在应用。它的最大工作距离为1 200 n mile,定位精度为0.3 km。

惯性导航技术

在第二次世界大战中,德国大量使用了飞航式("V-1")和弹道式("V-2")导弹武器,它们在射程和破坏力等方面远胜于远程火炮。20世纪50年代开始的"冷战"时期,美、苏等国把核武器及其三大运载工具:弹道式导弹、核潜艇以及战略轰炸机作为军备竞赛的主要内容。为了提高这些载体上导航系统的精度和连续工作时间,惯性导航技术得到了迅速发展,研制成功了多种高精度的陀螺仪和加速度计,并用它们组成了不同类型的"惯性导航系统"(Inertial navigation system,INS)。

在上述不同载体的 INS 中,都需要采用:

(1)"速度测量组合"(由三只加速度计构成);

(2)"陀螺稳定平台"(核心部件是平台的信号器,可以是三只单自由度陀螺仪,或两只二自由度陀螺仪);

(3)导航计算机(数字计算机输出姿态角、航速以及定位等导航信号)。

在加速度计中,目前普遍采用"力平衡伺服系统"测量"检测质量"所产生的惯性力。在陀螺仪中,需要采用"力矩控制回路"对"陀螺转子"施加控制力矩,使陀螺转子产生"进动",从而带动稳定平台,跟踪"大地三面体"在惯性空间中的转动角速度。在这种类型的 INS 中,平台始终稳定在"当地水平面"(Local level)之中,并指向北方。这种陀螺稳定平台将直接测量出载体的动态姿态角。如果对陀螺不施加控制力矩,则陀螺稳定平台将在惯性空间中保持稳定,载体的动态姿态角信号需要由导航计算机进行换算。这种类型的 INS 被称为"空间稳定"(Space stabilized)的 INS。

1957 年,苏联成功地发射了人类第一颗人造地球卫星,开启了人类进入宇宙的新纪元。人造地球卫星的成功发射充分证明了运载火箭惯性导航系统的精度。众所周知,在运载火箭的 INS 中,当时采用了"单自由度液浮积分陀螺仪"和"摆式陀螺积分加速度计"。

上述 INS 被推广应用于核潜艇和战略轰炸机。在舰船的 INS 中,需要采用"液浮摆式加速度计"。1958 年,在试验性的航行中,美国两艘核潜艇由冰下通过了北极。这次航行证明了舰船 INS 确实达到了较高的定位和定向精度。此后,在上述三大运载工具中,不同类型的INS被选择为主要的导航装备,成为型号产品转入批量生产。

卫星导航技术

潜艇的航行时间需要长达几个月,单纯依靠 INS 很难保证长时间水下航行的定位精度,尤其是无法达到水下发射导弹武器所要求的精度。1964 年,美国海军提出研制"子午仪"卫星导航系统,目的是为潜艇的 INS 提供周期性的位置修正信号。在"子午仪"导航系统研制成功之后,美国空军提出了研制"全球卫星定位系统"(Global positioning system,GPS)的工程项目。20 世纪 80 年代,美国的"GPS"和苏联的类似系统"GLONASS"(Global navigation satellite system)分别研制成功。此后,卫星定位在军民各种载体的导航系统中,并在大地和重力等测量中,都得到了应用。

应当指出,卫星导航的应用,并未降低 INS 的重要性。在"GPS / INS 组合系统"中,二者具有互补性,但组合导航系统的精度仍然主要取决于所采用 INS 的精度。因此,在高精度的导航系统中,仍然需要采用高精度的惯性信号器,主要是陀螺仪。

在中、低精度的导航系统中,可以采用 GPS 提供的位置信号建立组合导航系统,并适当降低对惯性信号器的精度要求。因此,在组合导航系统中,需要采用小型化和低成本的惯性信号器。20 世纪 90 年代,出现了多种微机电系统(Micro electro-mechanical system,MEMS)的陀螺仪和加速度计。实践表明,在中、低精度的导航产品中,各种高度集成化的 MEMS 惯性信号器得到了广泛应用,它们已占有较大的市场份额。

导航技术发展的历史阶段可以总结如表 0－1 所示。

表 0－1　导航技术发展的历史阶段

时　间	惯性信号器与定向系统	定位定向系统
20 世纪前	磁罗经,气泡式水准仪	天文导航系统(六分仪)
20 世纪 50 年代前	摆式陀螺罗经,摆式陀螺垂直仪,无线电罗盘,无线电测距仪	计程仪(测速仪),无线电导航系统

时 间	惯性信号器与定向系统	定位定向系统
20世纪50—70年代	陀螺方位水平仪,惯性航姿基准系统	平台式惯性导航系统,卫星定位系统
20世纪80—90年代	激光陀螺仪,光纤陀螺仪,微机电系统的陀螺仪与加速度计	捷联式惯性导航系统,惯性/卫星组合导航系统

高精度导航产品的性能

1952年,美国提出了静电陀螺仪的构想,采用静电支承系统取代了液浮陀螺仪中的以下部件:(1)转子动压气体轴承;(2)浮筒组件;(3)支架轴上的电磁定中系统等。静电陀螺仪的结构比较简单,只需要转子和支承电极组件两个部件。理论和实验研究的结果表明,静电陀螺仪的精度显著优于液浮陀螺仪。

1976年,静电陀螺监控器在核潜艇中得到了应用,成为型号产品。静电陀螺监控器不仅提高了核潜艇的定位精度,同时还延长了液浮陀螺INS的重调周期。此后,在远程轰炸机的导航系统中,静电陀螺导航仪也被选用,成为型号产品。

1978年,激光陀螺仪达到了中等精度INS所要求的精度。激光陀螺仪的优点是:启动时间短、测量范围宽,是理想的捷联式陀螺仪。激光陀螺INS不仅成本比液浮陀螺平台式INS降低了约60%,而且体积和功耗也显著减小。因此,在中等精度的INS中得到了大量应用。

1990年以来,光纤陀螺仪的精度逐步得到提高。由于采用了"多功能电光调制器"等集成光电子器件,光纤陀螺仪的结构实现了模块化和小型化。因此,和激光陀螺仪相比较,光纤陀螺仪比较适合于批量生产,成本较低,在战术导弹、无人飞行器、机器人等的INS和航姿系统中已经得到了广泛应用。

目前的典型中、高精度INS产品及其惯性信号器的性能如表0-2所示。

表 0-2　目前中、高精度导航系统及其惯性器件的性能

系　　统	陀螺仪	加速度计
MK2 Mod6 型舰船导航系统 航向精度 1′,定位精度 0.7 n mile/30 h	G 7 B 型液浮陀螺仪 零偏稳定性 5×10^{-4} (°)/h	VM 7 型液浮加速度计 零偏稳定性 1 μg
GEO-SPIN 型惯性测量系统 定位精度 2.5~50 cm	静电陀螺仪零偏稳定性 $4 \times 10^{-4} \sim 1 \times 10^{-6}$ (°)/h	GG-177 型加速度计 零偏稳定性 2 μg
LN-39 型飞机标准导航仪 定位精度 0.8 n mile/h	G-1200 型挠性陀螺仪	A 1000 型挠性加速度计
LN-93 型激光陀螺导航仪 航向精度 3.6′,定位精度 0.8 n mile/h	LG-8028 型激光陀螺仪 零偏稳定性 0.01 (°)/h, 标度因数稳定性 5×10^{-6}	A 4 型挠性加速度计 零偏稳定性 1 μg(阈值)
H-764G 嵌入式组合系统 航向精度 1.2′,定位精度 0.8 n mile/h	GG-1320 型激光陀螺仪 零偏稳定性 0.006~ 0.03(°)/h	QA 2000 型石英 挠性加速度计 零偏稳定性 250 μg
LN-200 型惯性系统	光纤陀螺仪 零偏稳定性 0.2~1 (°)/h	微硅加速度计 零偏稳定性 100~200 μg
M-PHINS 水面舰船 GPS/INS 组合系统 航向精度 1.2′,定位精度 5~ 15 m	光纤陀螺仪 零偏稳定性 0.003 (°)/h	挠性加速度计 零偏稳定性 20 μg

导航技术的学科基础

导航系统的精度可以从"分系统"(主要是 INS)和"组合深度"等两个层次上加以提高:

(1) 在目前的高精度导航系统中,主要采用静电陀螺仪、激光陀螺仪以及光纤陀螺仪;

(2) 采用"嵌入式"深度组合,不仅对 GPS 和 INS 两个分系统所提供的导航信号进行最优综合,而且还对各个分系统中的主要误差项进

行实时最优估计和误差补偿。

由此可见,高精度导航系统作为一门技术科学,涉及到以下两个方面的基础理论及工程应用理论。

在陀螺仪及加速度计的设计方面,涉及以下学科:

(1) 刚体运动学与动力学(陀螺应用理论、静电陀螺动力学、惯性导航系统的误差分析等);

(2) 非电量的电量测技术(微小位移、微小转角等);

(3) 激光与光电子学(气体激光器、半导体激光器等);

(4) 物理光学;

(5) 光学计量技术(光学干涉仪);

(6) 集成光电子线路等。

在组合导航系统的设计方面,涉及以下学科:

(1) 现代控制理论(线性系统、最优估计、系统辨识);

(2) 概率论与随机过程(随机过程数学模型的辨识方法);

(3) 时间序列分析与模型建立方法等。

本书的内容

本书由以下三部分组成:(1)惯性／GPS组合导航系统;(2)静电陀螺及其导航系统;(3)光学陀螺及其导航系统。

第一部分包括第1章到第4章,分别介绍了惯性导航、卫星定位、最优估计以及惯性测量技术等的基础知识,重点是介绍导航系统中的误差控制方法。在组合导航系统中,由于采用"速度修正"和"位置修正"等外部导航信号,INS的主要误差项得到了实时补偿,显著地提高了定位的精度。书中专门介绍了惯性测量系统的野外测试方法和测后补偿误差的计算方法,对分析和控制导航系统的误差具有重要意义。

第二部分包括第5章到第8章。在前三章中,分别介绍了静电陀螺仪的结构与支承系统、静电陀螺仪的误差测试及模型辨识、静电陀螺平台以及静电陀螺导航系统与定向系统等的设计方法。第8章介绍了陀螺仪和陀螺稳定平台框架的工艺专题研究结果。

第三部分包括第9章到第11章,分别介绍了激光陀螺仪、光纤陀螺仪和微型光学陀螺仪的设计方法。此外,对目前微光学陀螺仪中所用的集成光电子芯片,也作了简要的介绍。

在附录中,介绍了作者 1954—2004 年在莫斯科包曼国立技术大学和北京清华大学所参与的导航技术研究工作。

第 *1* 章

惯性导航系统的误差分析与计算

1.1 引 言

目前得到实际应用的惯性导航系统（Inertial navigation system, INS）可以分为两类：

（1）平台式 INS；

（2）捷联式 INS（Strap-down INS, SINS）。

这两类 INS 都是多变量的自动控制系统，由"惯性测量组合"（Inertial measurement unit, IMU）和"导航计算机"两大部件所组成。在 IMU 中，采用了三只陀螺仪和三只加速度计，它们是 INS 中的"信号器"（Sensor）。在导航计算机中，采用了相应的计算程序，用于计算 INS 的"导航信号"以及对 IMU 的"控制指令"，包括控制陀螺稳定平台的姿态角以及补偿陀螺仪和加速度计的误差等。

在平台式 INS 中，IMU 安装在陀螺稳定平台上，目的是隔离载体的角运动，同时可以直接提供在平台坐标轴方向的运动加速度分量，但是，其中含有的重力加速度必须扣除。加速度计的输出信号被送入导航计算机。

在 SINS 中，IMU 直接安装在载体上，不需要采用机械的陀螺稳定平台。平台的功能由导航计算机中相应的计算程序来完成,相当于建立了一个"数学的"陀螺稳定平台。在低成本和高可靠性等方面,SINS 远比平台式 INS 优越。虽然在导航计算机的运算速度和计算工作量等方面,SINS 比平台式 INS 的要求高很多,随着计算机技术的发展,这些问题已经得到解决。在 SINS 中,关键技术问题是研制导航级的捷联式陀螺仪。20 世纪 80 年代,激光陀螺仪的研制成功开辟了 SINS 得到实际应用的新时代。目前,SINS 已经基本上取代了平台式 INS。

应当指出,INS 的导航信号精度在很大程度上取决于所用陀螺仪和加速度计的性能。因此,在高精度的导航系统中,必须将把研究工作的重点放在导航级的陀螺仪和加速度计上。此外,还应尽可能建立"组合导航系统",利用外部的参考导航信号对 INS 的误差进行周期性的"补偿"。

在本章中,将介绍 INS 的基本原理及关键技术,包括:

(1) 导航计算中的坐标系;

(2) 载体姿态角与定位信号的计算方程,以及 INS 中误差的传播方程;

(3) 在闭环控制方面,INS 的特点,以及误差控制方法;

(4) 导航级的陀螺仪。

考虑到加速度计在关键技术上和陀螺仪有类似之处,在本章中只限于分析加速度计的输出信号,不单独介绍加速度计的工作原理与结构。

1.2 导航计算中的坐标系

目前多数载体是在地球表面附近航行的,包括远程导弹、运载火箭、飞机、战术导弹、车辆、火炮、水面和水下舰船等。在这些载体中,对导航系统的要求是确定载体质心在地球表面上的坐标位置。在 INS 中,载体在地球上的位置是采用"航迹推算法"确定的。为此,应当选择与地球相联系的"地理坐标系"。

下面介绍有关地理坐标系的基本知识。在大地测量学中,以世界各地精确的大地测量数据为基础,经过各国测量工作者的协商,并得到各国政府的批准,确定了国际通用的地球"参考椭球面"(Reference ellipsoid,亦称 Geoid)。这是一个接近于地球表面真实形状的椭球面。它的用途是计算和标定在地球表面上各点的坐标位置。

地理坐标系和"地球坐标系"都以地球的质量中心为原点。二者都把地球的表面看作是一个椭球面。但是,二者在本质上完全不同。在地理坐标系中,参考椭球面是经过大地测量确定的,它只与地球的表面形状有关,是人为选定的;而地球椭球面则与地球的引力场有关,它的切平面被称为"大地水准面"。大地水准面不仅与地球的表面形状有关,而且还与地球的质量分布有关。

如图 1-1 所示,地球参考椭球面和大地水准面的法线都不通过地球的中心 E。大地水准面的"法线"指向"重力"(Gravity g)的方向,称为"当地垂线"(Local vertical)。由于地球的质量分布不匀,当地垂线不可能与地球参考椭球面的"法线"(Normal to reference ellipsoid)互相平行。在地球的各地,当地垂线和地球参考椭球面法线之间都存在着微小的偏差角。这个偏差角在子午面及其垂直平面中的两个分量被称为当地的"垂线偏差角"(ξ, η)。

在采用重力法进行物理探矿测量时,不仅需要测量当地重力加速度 g 的数值,同时还必须测量当地垂线偏差角的数值。在地球的各地,垂线偏差角为角秒的数量级。它们是物理探矿测量中的重要参数。

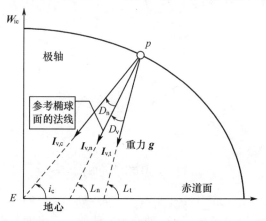

图 1-1　地球参考椭球面和大地水准面

在 INS 中,加速度计的输出信号包含了"绝对运动加速度"和"地球引力加速度"两个部分。应当指出,"引力加速度"和"重力加速度"不是一回事。重力加速度是引力加速度与当地离心加速度两个向量之和,离心加速度是由地球自转所造成的。

载体的绝对运动加速度是指在惯性空间(Inertial space)中的运动加速度。在复杂运动中,载体的绝对运动加速度可以分为"牵连运动加速度"和"相对运动加速度"两部分,其中牵连运动的加速度与地球自转以及载体的角运动等都有关系。

为了获得载体相对于地球的"相对运动加速度",首先,需要扣除地球引力加速度分量;然后,需要扣除载体的"牵连运动加速度"分量。为了分析载体的牵连运动加速度,必须考虑载体的角运动速度和载体相对于大地水准面和子午面的姿态角。因此,在 INS 的导航计算中,需要采用以下五种坐标系(图 1 - 2)。

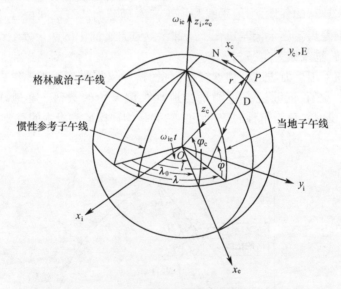

图 1 - 2 导航计算中的坐标系

(1) 惯性坐标系 (i)$\{x_i, y_i, z_i\}$。原点处于地球的质心位置,z_i 轴指向地球的自转轴方向,x_i 和 y_i 轴处于地球的赤道平面之中,但不随地球自转。

（2）地球坐标系（e）$\{x_e, y_e, z_e\}$。原点处于地球的质心位置，z_e轴指向地球的自转轴方向，x_e 和 y_e 轴与地球相固联，随地球自转。因此，地理纬度(φ)与黄纬(φ_i)相等，地理经度(λ)与黄经(λ_i)之间有以下的关系

$$\lambda = \lambda_0 + \lambda_i - \omega_{ie}^i t \qquad (1-1)$$

式中　　λ_0——初始地理经度；

　　　　$\omega_{ie}^i = \{0, 0, \Omega\}$——地球自转角速度 Ω，沿 z_e 轴的方向；

　　　　t——载体运动的时间。

（3）地理坐标系(g)。用于在 Geoid(参考椭球面)上确定载体的位置$\{\lambda, \varphi, H\}$，其中地理经度 λ 指载体所在地的子午面与 Greenwich(格林威治)子午面之间的角度；地理纬度 φ 指在 Geoid 上载体所在地的法线与地球赤道平面之间的角度；高度 H 指载体质心到 Geoid 的距离。

（4）导航坐标系(n)$\{x_n, y_n, z_n\}$。常用的导航坐标系为"北－东－下"(N－E－D)坐标系，其原点为载体的质心 P。x_n 轴和 y_n 轴分别指向北方(N)和东方(E)。导航坐标系是按右手法则的坐标系，z_n 轴指向"当地垂线 g"的方向，在图 1－2 中为 PD 的方向，向下为正。在有些文献中，导航坐标系采用"东－北－天"(E－N－U) 坐标系。

在导航坐标系中，$x_n P y_n$ 为大地水准面，亦称"当地水平面"，$y_n P z_n$ 为"当地子午面"。当地水平面和子午面合称为"大地三面体"。导航坐标系是与大地三面体相联系的。

在 INS 的导航计算中，通常垂线偏差角可以忽略不计。

（5）载体坐标系(b)。原点在载体的质心上，是载体纵轴、横轴和垂直轴所组成的右手法则坐标系。

1.3　Foucault 陀螺仪

1852 年，法国物理学家 L. Foucault 提出了建立陀螺仪的设想。他所建立的实验装置目的是观测地球相对于惯性空间的自转运动，被称为"陀螺仪"(Gyroscope)，意思是"观察转动的仪器"。

Foucault 陀螺仪的结构由万向支架和高速自转转子两部分所组成，如图1－3所示。在工程中，转子本身有时被称为"陀螺"，转子的自

转轴被称为"陀螺主轴"。在高速自转的陀螺仪中,转子的动量矩是陀螺仪总动量矩的主要部分。因此,在工程中,转子的动量矩被看作是陀螺仪的总动量矩。

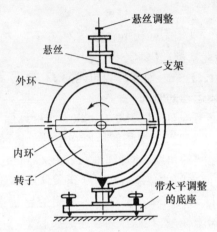

图 1 - 3 Foucault 陀螺仪

陀螺仪的功能是在惯性空间中保持在"恒星"的方向上。在支架轴上施加力矩时,陀螺主轴的方向将发生变化,所产生的角速度被称为陀螺的"进动"(Precession)。在理想的情况下,支架轴上应当完全没有干扰力矩,陀螺主轴没有进动。这种陀螺仪被称为"自由陀螺仪"。在实际的陀螺仪中,由于支架轴上必然存在干扰力矩,陀螺主轴将产生进动,偏离"恒星"的方向。在干扰力矩作用下,陀螺的进动被称为"漂移速度"(Drift rate)。

在 Foucault 进行陀螺仪实验的时代,当时没有驱动陀螺转子的高速电机,也没有摩擦力矩很小的陀螺支架轴承。因此,Foucault 的陀螺仪实验未能获得预期的效果。

L. Foucault 当时还提出了以下建立陀螺罗经的建议,为陀螺仪的工程应用奠定了基础:

(1) 利用陀螺主轴保持在惯性空间中的恒定方向;

(2) 利用摆测出陀螺主轴的高度角,即陀螺主轴偏离水平面的误差角;

（3）根据摆所测出的高度角信号，对陀螺施加控制力矩，使陀螺主轴被强制在水平面内；

（4）对陀螺主轴的振荡运动加以阻尼，陀螺主轴最终将稳定在当地的子午线方向。

1.4 摆式陀螺罗经

20 世纪初，为了舰船导航和火炮控制，在舰船上迫切需要建立跟踪"当地垂线"（Local vertical）和子午线方向的导航仪器，它们分别为"陀螺垂直仪"和"陀螺罗经"。

下面详细介绍"摆式陀螺罗经"的工作原理（图 1-4）：

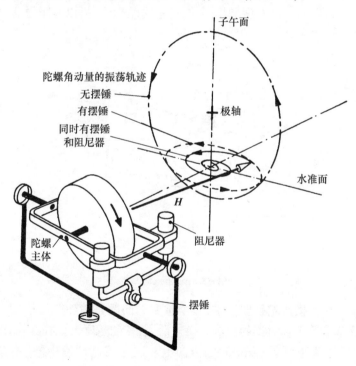

图 1-4 摆式陀螺罗经的工作原理

（1）如果陀螺主轴偏离了当地子午线的方向（北向），同时陀螺主轴的漂移速度(稳定性)小于地球自转速度的水平分量。在这种情况下,陀螺主轴方向本身保持稳定,在表观运动上,陀螺主轴将偏离水平面。

(2) 一旦陀螺主轴偏离了水平面,可以采用摆锤产生的力矩(下摆性)对陀螺施加控制,使陀螺主轴进动,回到当地子午线的方向。这时,陀螺主轴将围绕当地子午线的方向产生振荡,其轨迹为椭圆形的锥面。

(3) 在上述振荡得到阻尼之后,陀螺主轴将稳定在子午线的方向上。

1908—1911 年,德国 Anschutz 和美国 Sperry 等公司先后提出了多种摆式陀螺罗经的发明专利,并开发成为产品,参看图 1-5 和图 1-6。它们的工作原理是相同的,都是由陀螺仪、摆以及阻尼器等三个部件所组成,但在摆和阻尼器的结构方面各有特色。

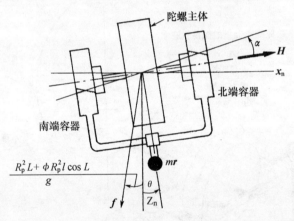

图 1-5 Anschutz 陀螺罗经

在建立摆式陀螺罗经中,一个重要的问题是消除舰船摇摆、冲击、以及盘旋等干扰对摆的影响。换句话说,在动基座上,摆应当始终保持在"真垂线"(True vertical)的方向上。这是控制理论中的"不变性原理"(Principle of invariance)问题,将在下面介绍。

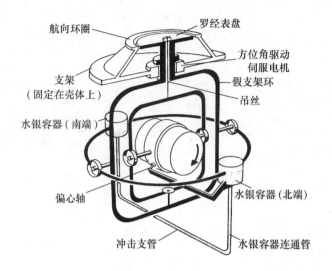

图 1-6 Sperry 陀螺罗经

1.5 Schuler 周期

1923 年,德国物理学家 M. Schuler 分析了摆不指向"真垂线"方向 g 的原因。在图 1-7 中,P 为摆的质心,G 为地球的引力,f 为引力与惯性力二者的合力,在 INS 的分析中,称为"比力"(Specific force)。在运动载体上,比力所指的方向 f 称为"表观垂线"(Apparent vertical)

$$f \equiv G - \frac{\mathrm{d}^2}{\mathrm{d}t^2} R_{\mathrm{EP}} \qquad (1-2)$$

M. Schuler 证明,为了建立"无扰动的摆",其摆长应等于地球的半径 R。相应的周期称为"Schuler 周期",可用 T_s 来表示。这样的摆将不受载体运动加速度的干扰,始终指向"真垂线"的方向。

$$T_s = 2\pi \sqrt{R/g} = 84.4 \text{ min}$$

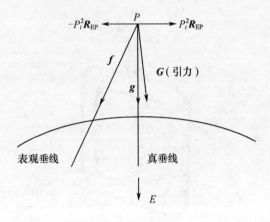

图 1 - 7　Schuler 摆

1.6　惯性导航系统闭环控制的特点

在 INS 中,为了得到载体在导航坐标系中的速度和位置信号,首先需要对加速度计的输出信号进行坐标变换,扣除其中的牵连加速度和重力加速度分量,得到载体与地球之间的相对运动加速度。然后,对相对运动加速度进行一次和二次积分计算,可以得到载体的速度和位移信号。

在 INS 中,为了测量载体的姿态角,不仅需要对平台进行控制,使之跟踪当地大地水准面和子午面的转动,而且在载体作机动航行时,仍应保持平台始终不偏离当地的大地水准面和子午面。为此,需要根据控制理论中的"不变性原理"来设计平台的控制回路。在 1.5 节中介绍的 Schuler 周期就是不变性控制原理在陀螺导航仪器和 INS 中的具体应用。

在 INS 中,加速度计和陀螺仪将提供载体的运动加速度信号,计算机推算载体的姿态角、速度和位移等导航信号。它们之间的计算公式被称为"INS 的机械编排方程"。INS 是数字式控制系统,它的导航计算机具有以下三项功能:

(1) 推算导航系统的输出信号;

（2）计算对陀螺稳定平台的控制指令；

（3）实时估计并补偿导航系统中的主要误差。

在 INS 中，导航误差的来源可以分为以下四个方面：

（1）陀螺仪和加速度计的误差，包括安装误差等；

（2）简化导航信号计算方程所带来的误差；

（3）在出厂前的"校准"（Calibration）过程中，对 INS 误差的标定和补偿误差；

（4）在转入"导航"工作状态之前，INS 必须先进行"初始对准"（Initial alignment）。在初始对准后，仍然存在一定的方位和水平姿态角误差。

INS 是以"地球重力场"和"地球自转角速度"这两个物理量为基准而建立起来的"闭环"控制系统，这一点和摆式陀螺罗经的工作原理是相同的。不同之处是：

（1）在 INS 中，陀螺仪直接测量地球的自转角速度，并跟踪其方向，从而构成"闭环"的控制系统；

（2）在罗经中，则通过加速度计和地球自转间接地测量陀螺主轴偏离子午面的误差。

因此，INS 可以被称为"速率陀螺罗经"。

在 INS 中，方位控制是"闭环"的，这一特性似乎很具有吸引力。但是在实际上，由于地球的自转角速度很低，同时，载体的运动角速度却较大，速率陀螺罗经在动态环境中是无法工作的。由此可见，在"闭环"控制方面，INS 具有以下特点：

（1）在静止基础上处于"校准"和"初始对准"工作状态时，INS 是跟踪"地垂线"和"子午线"方向的"闭环"控制系统，其信号器分别为加速度计和陀螺仪；

（2）在动态基础上处于"导航"工作状态时，INS 的自由振荡频率必须等于 Schuler 频率，因而远低于载体的角运动干扰频率。

因此，在动态基础上，INS 无法实现"闭环"控制，只能在开环状态下工作。

由此得出一条重要结论：在"导航"工作状态下，INS 基本上是一种"开环"控制系统，其导航信号的精度基本上取决于 INS 中陀螺仪和加速度计的性能。

正是由于 INS 在闭环控制方面的上述特点,在研究和开发高精度 INS 中,必须把重点放在提高陀螺仪和加速度计的性能上,尤其是陀螺仪。

在闭环控制方面,INS 的另一特点是需要充分利用外部参考导航信号来补偿陀螺仪和加速度计的误差。为此,需要采用最优估计(Optimal estimation)的理论及其工程实现方法,包括:

(1) 获取外部提供的参考导航信号,例如卫星定位信号、计程仪速度信号等;

(2) 建立 INS 中的误差传播方程,分析陀螺仪和加速度计中各项误差系数作为 INS 中"增广状态变量"的"能观性"和"能控性"问题等;

(3) 建立最优滤波器,对上述 INS 中主要误差系数进行实时估计和"补偿"(控制)。

针对 INS 中"闭环"控制的以上特点,本书的内容将包括以下两部分:

(1) 导航级陀螺仪的研制;

(2) INS 中主要误差的实时"闭环"控制。

本书的内容是由 INS 的"闭环"控制特点决定的。在本书的第 5 章到第 10 章中,将详细介绍静电陀螺仪、激光陀螺仪和光纤陀螺仪的误差分析和提高精度的技术途径。在第 2 章到第 4 章中,将详细介绍卫星 /INS 的深度组合、最优估计的工程实现方法,以及在"惯性测量系统"中误差控制的工程实现方法和野外测试结果等。

本书将介绍作者研制高精度陀螺仪的成果,包括硬件和软件两个方面。这里的软件是指误差模型辨识,包括精度测试、性能评估以及误差模型建立等。

1.7　液浮积分陀螺仪

1950 年前后,苏联莫斯科动力学院的 L. Tekachev 和美国麻省理工学院(MIT)的 C. S. Draper 分别提出了单自由度液浮积分陀螺仪的专利(参阅本书的"附录 A")。这是在 INS 中首先得到实际应用的导航级陀螺仪。为了减小陀螺仪的随机漂移速度,他们都认为,首先必须

减小陀螺支架轴上的干扰力矩,技术途径如下:

(1) 采用液体的浮力,减小陀螺支架轴上的压力;

(2) 采用电磁支承力,实现陀螺支架轴在轴承孔中的精确位置控制(定中),消除干摩擦;

(3) 采用温度控制,稳定浮液的流动,减小浮液造成的干扰力矩。

在液浮陀螺仪的结构(图1-8)中,需要把陀螺转子密封在浮筒中。在浮筒的两端,需要安装电磁线圈的力矩器和信号器,利用浮筒位移产生的电信号控制它们所产生的电磁支承力,把浮筒两端的支架轴控制在宝石轴承孔的中心位置上。这种电磁位置控制系统既可消除宝石轴承中的机械接触,同时又可产生相应的补偿力,使浮筒所受到的合力达到平衡。

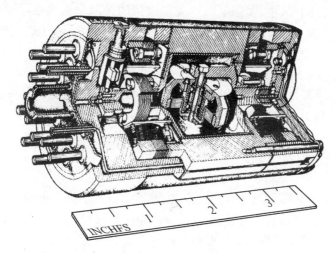

图1-8 Honeywell公司的单自由度液浮积分陀螺仪

为了使浮力保持稳定,浮液的温度必须恒定。同时,还需要控制浮筒与陀螺壳体之间(间隙)的温度分布(温度梯度),使浮液在间隙中流动所造成的黏摩擦干扰力矩保持稳定,以减小陀螺仪的随机漂移速度。

C.S. Draper 发明的单自由度液浮积分陀螺仪由 Honeywell 公司生产,其随机漂移速度为 0.01 °/h,达到了导航级陀螺仪的要求。

在 Honeywell 公司的液浮陀螺仪中,采用了:

(1) 高比重的氟油为浮液；

(2) 铍为浮筒材料，铍的比重小、机械强度和刚度高；

(3) 钨合金为转子材料，钨合金的比重大、机械强度高；

(4) 气体动压轴承为转子轴承，气体动压轴承的支承刚度高。

上世纪 50 年代，苏联十分重视液浮陀螺仪的批量生产。1954—1956 年，苏联航空工艺研究院（俄文缩写为"NIAT"）曾安排作者在莫斯科的有关工厂参加了专项工艺研究，目标是保证陀螺框架零件上轴承孔之间的同心度误差 <1 μm。在本书的第 8 章中，将介绍这项专题的研究成果。

应当指出，在结构和工艺上，单自由度液浮积分陀螺仪过于复杂，导致价格昂贵。因此，这种液浮陀螺仪只能用于高精度的 INS。

在飞机 INS 中，实际上得到大量应用的是二自由度液浮陀螺仪。典型的飞机 INS 产品为美国 Litton 公司生产的 LN-15。1983 年，Litton 公司把 LN-15 改型为"惯性自动测量系统"（Litton Auto Surveying System, LASS），分为 LASS-1 和 LASS-2 两种型号。前者专为军用，后者为民用。这些产品的价格仍然过于昂贵，在民用领域很难推广应用。

1.8 静电陀螺仪

第二次世界大战之后，美、苏、法等国都投入了巨大的财力和人力进行核威慑武器装备的研制，包括核武器及其三大运载工具：洲际弹道导弹，远程战略轰炸机和核潜艇。在这些运载工具中，INS 占有不可替代的重要位置。

1952 年，美国 Illinois 大学的 A. T. Nordsieck 提出了研制静电陀螺仪（Electrically suspended gyro, ESG）的建议，并于 1954 年申报美国专利，用于核潜艇的 INS。

在中国，1965 年清华大学首先开始研制 ESG，应用背景是"高精度船用 INS"[①]。此前，1960—1961 年，该校曾研制过"高精度船用 INS"

---

① 1965 年，清华大学确定 ESG 作为学校重点科研项目，同年 9 月被纳入国家科研计划。

的原理样机,当时采用的总体方案是"单自由度液浮陀螺平台式 INS"。

对比这两种高精度陀螺仪,ESG 具有明显的优势。在液浮陀螺仪中,需要采用三套轴承结构:(1)陀螺转子的气体动压轴承;(2)浮筒和宝石轴承;(3)电磁定中系统。在 ESG 中,这三套轴承结构被一个三轴的"静电支承系统"(Electrostatic suspension system, ESS)所取代。在 ESG 的核心结构中只有三个部件:

(1) 球形转子;

(2) 支承电极组合件;

(3) 小型真空泵(钛吸附泵)。

在支承电极组合件的球腔中,必须保持超高真空状态,以提高转子与支承电极之间电场的击穿场强。这是保证 ESG 具有过载能力和可靠工作的必要条件。清华大学所进行的电场击穿实验结果表明,在我国现有的材料和真空工艺条件下,真空环境下的电场击穿场强可以大于 500 kV/cm(参阅本书第 5 章),能够满足船用的受过载能力要求,并可用于飞机等载体。

在 ESG 中,支承电极组合件必须具有良好的真空密封性能。同时,在动态真空系统的控制下,小型真空泵应能保持球腔中的真空度。

在上述结构和工艺的基础上,决定 ESG 精度的主要因素可以归结为:

(1) 转子的平衡误差;

(2) 转子所受到的电场干扰力矩。

为了减小电场干扰力矩,首先必须保证转子的圆球度。清华大学的研制经验表明,采用制作"样板球"和"凹面样板镜"的光学工艺,转子和支承电极的非球度均小于 1 μm。比较困难的问题是保证支承电极球腔的组装精度小于 1 μm。此外,必须仔细设计 ESS,保证转子偏离支承电极球腔中心位置的误差远小于 1 μm。

20 世纪 70 年代,美国 Honeywell 公司研制成功了空心转子的 ESG(图 1-9)及其"平台式 ESG 飞机导航系统"(Gimbaled ESG aircraft navigation system, GEANS),其军品型号为 AN/ASN-136。飞行试验的结果表明,GEANS 的定位误差小于 0.1 n mile/h,比液浮陀螺飞机 INS 高出 1 个数量级。因此,在远程飞机中,GEANS 得到了大量应用,装备了B-52,F-117等型号的飞机。

图1-9 美国 Honeywell 公司 ESG 的结构

此后,Honeywell 公司把 GEANS 改型为民用型,用于大地测量和重力测量,其型号为"GEO-SPIN"。在本书的第4章中,将详细介绍"GEO-SPIN"的野外测试结果。

20 世纪 70 年代,美国 Rockwell International 公司的"Autonetics 战略系统部"研制成功了实心转子的 ESG 及其"ESG 监控器"(ESG Monitor,ESGM),用于核潜艇。

应当强调,"重调周期"是舰船 INS 的一项重要性能指标,对提高核潜艇的隐蔽性极为重要。在美国的核潜艇中,需要对"MK 2 型液浮陀螺 INS"定期进行校准。采用 ESGM 之后,MK 2 型 INS 的重调周期显著延长。因此,在美、苏等国,ESGM 成为核潜艇不可缺少的导航装备。

Autonetics 战略系统部还采用 ESGM 中的实心转子 ESG 生产了"ESGN"型舰船导航仪(ESG navigator,ESGN)。

为了研究和生产上述核潜艇所用的 ESG 和液浮陀螺两种船用 INS,美、苏等国都投入了巨大的人力和财力。以苏联为例,截至 1990 年船舶导航研制部门所得到的国家总投资约为 20 亿美元。这一数字表明研制和生产这两种导航级陀螺仪的难度和昂贵程度。

在航天领域,ESG 和静电加速度计也得到了应用。以美国 Stanford 大学为例,20 世纪 70 年代,该校曾研制成功了高精度的静电加速度计,用于美国海军"子午仪"导航卫星的飞行轨道控制。

20 世纪 80 年代,美国宇航局(NASA)委托 Stanford 大学研制"引力试验"用的 ESG,型号为"GP-B"。该项试验的目的是在卫星轨道上验证"广义相对论效应"。为此,Stanford 大学在"物理与天文学系"、"航空航天工程系"等科研力量及其研究成果的基础上,广泛聘请专家,建立了"GP-B"研究所。

"GP-B"是一种超低温工作环境下的实心转子 ESG。2004 年,载有 4 台"GP-B"型 ESG 的专用卫星已经发射成功。

根据计算,ESG 转速衰减 50 % 所需的时间约为 4 000 年,因为转子在超高真空的环境中旋转,气体阻力所产生的力矩可以忽略不计。这样,在启动时施加旋转力矩之后,ESG 可以保持长时间工作,不需要继续施加旋转力矩。因此,ESG 的功耗很小,在失重的工作环境中,ESG 的精度很高。这些优点是其他类型高精度陀螺仪很难具有的。因此,展望未来,在卫星和航天飞行器中,ESG 和静电加速度计具有良好的应用前景。

1.9　挠性陀螺仪

1963 年,美国 E. W. Howe 提出了"动力调谐陀螺仪"(Dynamically tuning gyro,DTG)的结构。在 DTG 中,采用挠性接头来驱动陀螺转子,同时,挠性接头也取代了陀螺支架环及其精密轴承。在我国,DTG 被称为"挠性陀螺仪"。

DTG 是一种"干式"的二自由度的陀螺仪。DTG 不需要浮液,也不需要温度控制系统,和液浮陀螺仪相比较,在启动时间和价格等方面都具有优势,因而在飞机和战术导弹的平台式 INS 中得到了大量应用,取代了液浮陀螺平台式飞机 INS。

例如,美国 Litton 公司生产的"LTN - 72R"型 DTG 平台式飞机 INS。在该系统中,采用了"G-2"型 DTG,其性能如下。

(1) 零点偏移的逐日重复性:0.01 (°)/h;

(2) 随机漂移速度：-0.003 $(°)/h$。

值得指出，受到 DTG 挠性支承结构的启发，国外许多公司取消了传统的"转子式"陀螺仪结构，采用了"振动式"陀螺仪的结构，研究并开发了以下多种不同类型的产品：

(1) 半球谐振陀螺仪 (Hemisphere resonant gyro, HRG)；

(2) 石英音叉式振动陀螺仪 (Quartz vibration gyro, QVG)；

(3) 微机电系统(Micro electro-mechanical system, MEMS)陀螺仪等。

在上述振动式陀螺仪中，HRG 目前达到了导航级的精度。由于价格较贵，HRG 只是在特定的载体上得到了应用。QVG 和 MEMS 陀螺仪达到了中等精度(1 $(°)/h$)。由于它们的价格较低，在和"卫星定位系统"等组合之后，满足了多种载体的精度要求，因而得到了广泛应用。

应当指出，MEMS 陀螺仪充分利用了大规模集成电路的材料和工艺，无疑具有广阔的发展前景。因此，世界各国目前十分重视提高 MEMS 陀螺仪精度的研究。

1.10 激光陀螺仪

1913 年，法国物理学家 G. Sagnac 采用环形光路建立的干涉仪首次测量了地球的自转角速度。这一实验被称为"Sagnac 效应"。

1960 年，美国 Hughes 研究实验室的 T. H. Maiman 首次研制成功了"红宝石激光器"。同年，美国 Bell 电话公司实验室的 A. Javan 等人研制成功了波长为 1.15 μm 的"氦氖气体激光器"，一年之后他们把波长改为 633 nm。在精密计量领域，波长为 633 nm 的氦氖激光器得到了广泛应用。

1963 年，采用波长为 633 nm 的氦氖激光器，美国 Sperry 公司首先研制成功了环形光路激光器的实验装置，取名为"激光陀螺仪"(Ring Laser Gyro, RLG)。在本书的第 9 章中将进行详细介绍。

在 RLG 中，顺、逆时针方向光束在腔内都将谐振。在转动的载体上，双向光束的谐振频率不相等。它们的频率差(拍频信号)与载体的角速度成正比。双向光束在合光后将产生干涉条纹。采用两只探测器可以把干涉条纹转换为相应的电脉冲信号,构成 RLG 的数字式脉冲读出信号。

RLG 的难点在于如何减小"闭锁阈值"(Lock-in threshold)。闭锁阈值产生的机理是双向光束在能量上互相耦合,而干扰光能的来源则是反射镜的"背向散射"现象。因此,高反射率的反射镜成为 RLG 的关键元件。与此同时,为了消除残余闭锁阈值对 RLG 造成的闭锁现象,需要采用偏频装置,例如,"机械抖动"偏频装置等。

1978 年,Honeywell 公司研制成功了 GG-1342 型 RLG 及其 SINS,图 1-10 和图 1-11 分别为 GG-1342 型 RLG 的光路和外形图。

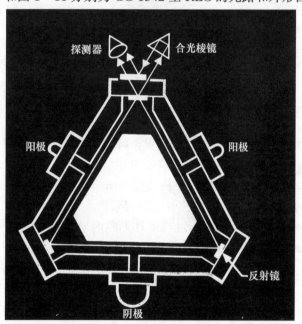

图 1-10　Honeywell 公司 GG-1342 型 RLG 的光路图

需要着重指出,除了"反射镜"和"偏频装置"之外,保证 RLG 达到导航级精度的第三项必要技术措施是:环形腔内"光束几何位置的闭环控制系统"。为此,Honeywell 公司申报了专利。

在 GG-1342 型 RLG 中,上述三项技术措施保证了 RLG 的精度。1978 年,由 GG-1342 组成的 SINS 在民航飞机上首先得到了大量应

图 1 - 11　Honeywell 公司 GG-1342 型 RLG 的外形图

用,逐步取代了此前所采用的液浮陀螺和挠性陀螺平台式飞机 **INS**,开创了光学陀螺导航的新时代。

随着计算机技术的发展,人们企图采用液浮(或挠性)陀螺仪来建立捷联式 INS。在角速度较大的载体上,锁定液浮(或挠性)陀螺转子的控制力矩过大,导致陀螺仪的精度下降,因而在高动态的载体上很难得到应用。

除了 GG-1342 型 RLG 之外,美国 Litton 采用了"磁光效应"的偏频装置,研究和开发了相应的 RLG 产品,取名为"零闭锁 RLG"(Zero lock-in gyro,ZLG)。由于在 ZLG 的环形腔内增加了"Faraday 室"等光学零件,环形腔的品质因数将受到负面影响。

在发展 RLG 方面,各国根据本国的条件形成了自己的特色。在德国航空与航天研究院(DLR)的飞行制导研究所[①],RLG 的研究工作重点为:

(1) 反射镜的工艺和检测仪器;

(2) 环形腔内光束几何位置的闭环控制系统,包括控制镜面位置的"压电陶瓷执行元件"。

为此,他们设计了专用的 RLG 实验装置,其中的激光管可以拆卸。通过实验研究,他们得到的结论如下:

---

① 1987 年,DLR 飞行制导研究所曾承担德国国家科学技术部的 RLG 研制计划。

"在三角形的环形腔中,必须同时调整腔内两块反射镜的'角度'和'位移'(指球面镜的平移),改变反射镜上背向散射光束的方向,使得各个反射镜背向散射光束叠加在一起的'向量之和'达到最小值。"

不言而喻,引入"光束几何位置的闭环控制系统"不仅可以减小RLG的闭锁阈值,同时还可以降低环形腔体的加工精度要求。

苏联"Polyus"研究所和莫斯科包曼技术大学合作研究和开发了"KM-11"型棱镜式 RLG[1]。在 KM-11 中,采用棱镜取代了高反射率的平面镜和球面镜,从而回避了蒸镀高反射率膜层这一工艺上的难题。采用 KM-11 的飞机 SINS 通过了苏联国家级的产品鉴定,成为批量生产的产品,其型号为"I-42-1S"。

尽管 RLG 具有很多优点,由于它采用分立的光学元件,组装工艺比较复杂。生产经验表明,批量生产中的优质品百分比较低,因而,高精度 RLG 的价格较高。随着光电子集成系统(Micro opto-electro-mechanical system,MOEMS)技术和光纤通信技术的迅猛发展,出现了模块化(Modular)的干涉型光纤陀螺仪。

1.11 光纤陀螺仪

1976 年,V. Vali 和 R. W. Shorthill 在"光纤环形干涉仪"的论文中提出了干涉型光学陀螺仪的总体方案。从原理上说,可以利用光纤线圈构成 Sagnac 效应的敏感环,通过测量顺、逆时针光束之间的相位差,得到载体的角速度信号。这种光学陀螺仪被称为"干涉型光纤陀螺仪"(Interferonetric fiber optical gyro,IFOG)。

1981 年,Stanford 大学的 H. J. Shaw 和 H. C. Lefevre 等人在世界上首次研制成功了"全光纤的 IFOG"(图 1-12)。在 IFOG 的原理样机中,为了检测模拟量的 Sagnac 相移(Phase shift)信号,必须采用"调制"与"解调"的读出电路。当时,他们采用了"压电陶瓷管"的机械式相位调制器(Phase modulator)。

IFOG 本身是开环测量的信号器。在载体角速度为 $0.1(°)/h$

---

[1]　1991 年以来,作者曾多次参观俄国生产棱镜式 RLG 公司的车间和实验室。

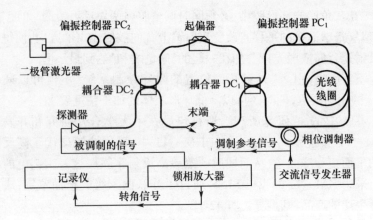

图 1－12 美国 Stanford 大学的全光纤 IFOG

的情况下,采用较大结构尺寸的光纤线圈所得(敏感)到的 Sagnac 相移信号仅为 μrad 的数量级。这是研制导航级 IFOG 必须解决的关键技术问题。在高精度的 IFOG 中,首先必须采用闭环方案。

在闭环的 IFOG 中,需要采用"相位调制器"在双向光束中产生受控制的相位差,去平衡 Sagnac 效应造成的相移角。这种具有相位调制器等必要附加器件的结构被称为"IFOG 的最小系统结构"。

在 IFOG 的产品开发中,世界上多数公司(美国 Litton、德国 SEL 和 LITEF 等)都坚持采用最小系统结构。实践结果表明,他们的闭环式 IFOG 产品得到了广泛应用。与此同时,俄、美和以色列等国的一些公司则长期采用开环式 IFOG 的总体方案,他们的产品精度较低,只能作为速率陀螺仪使用。

应当指出,保证闭环式 IFOG 的性能不能单纯依赖于光通讯技术的通用性器件和工艺。一个好的 IFOG 生产公司必须掌握以下三种部件的设计与工艺:

(1) 宽带的发光管光源;

(2) 集成光路的相位调制器;

(3) 优质的光纤线圈。

为了抑制干扰噪声,在 IFOG 中必须采用超辐射发光二极管,或掺铒光纤光源。

在相位调制器方面,压电陶瓷管的机械式相位调制器频带太低,不能采用。为了保证 IFOG 输出信号的线性度,在目前的产品中无例外地都采用了集成光路的电光相位调制器。同时,在电光相位调制器中,还增加了光分束器和起偏器,构成多功能的集成光路芯片。

在目前的 IFOG 产品中,敏感 Sagnac 效应的光纤线圈在直径和长度上都比较大。例如,在 1 (°)/h 精度的 FOG 中,光纤线圈的长度大于 110 m;在 0.01 (°)/h 精度的 FOG 中,光纤线圈的长度为 500～1 000 m。由此带来的严重缺点之一是产品的温度稳定性和振动性能较差、成本较高。

为了缩短 IFOG 中光纤线圈的长度,1977—1992 年,美国 MIT 的 S. Ezekiel 和日本东京大学的保立和夫等人对"谐振型光纤陀螺仪"(Resonant FOG,RFOG) 的系统方案进行了大量实验研究。在 RFOG 中,采用了光纤环形腔和有源的谐振频率跟踪系统。因此,在结构和电路上,RFOG 比 RLG 复杂。

和 RLG 中反射镜环形腔的高清晰度相比,RFOG 中光纤线圈环形腔的清晰度太低。实验研究的结果表明,RFOG 的精度很低。

此后,美、德等国都转向研究"有源腔的 RFOG"。1992—1996 年,Stanford 大学的 S. Huang 和 H. J. Shaw 等人受 Litton 公司的委托进行了有源腔 RFOG 的探索性实验研究。他们采用半导体激光器作为泵浦光源,在特种光纤线圈中激励出"受激 Brillouin 背向散射光束"(Stimulated Brillouin scattering beam),研制成功了有源腔的 RFOG。这种 RFOG 被称为"Brillouin 光纤陀螺仪"(BFOG),也可称为"Brillouin 激光陀螺仪"(BRLG)。

与此同时,德国 BGT 公司的 M. Raab 和 W. Bernard 等人也进行了 BRLG 的实验研究。他们在实验装置上得到了较好的拍频信号①。由于 BRLG 的系统结构对环境温度比较敏感,需要采用极高精度的温度稳定系统,因而很难在野外使用。

还应指出,在有源腔的 RFOG 中,由于在顺、逆时针光束之间产生

---

① 2000 年,作者曾应邀访问了德国 BGT 公司。M. Raab 和 W. Bernard 向作者展示了 BRLG 的实验装置,赠送了详细的技术资料,建议作者在中国开展这项研究。

了模式竞争现象,双向光束的光强很难做到完全相等,这将导致 RFOG 中 Kerr 效应误差较大。这是研制 RFOG 中的另外一个技术难点。

由于存在上述技术上的难点,开发 RFOG(包括 BFOG)的产品还需要继续进行理论和实验研究。同时,在器件方面,需要研究"移频器"(Phase shifter)等光电子器件。尽管如此,由于有源式谐振型光纤陀螺仪具有实现的可能性,今后 RFOG 的研究仍然具有重大的学术价值和实际意义。因此,在本书的第 10 章中,将详细介绍 BFOG 的研究结果。

2000 年,BGT 公司介绍了他们当年研究 BRLG 的背景情况。为了开发车辆定位定向系统,他们购买了法国有关公司的导航级 IFOG 产品。野外测试结果表明,所购买的 IFOG 产品性能并不稳定。为此,他们决定自行研制 BRLG。

随着 MOEMS 技术的发展,1983 年以来,美、法、俄等国开始研究和开发"微型光学陀螺仪"(Micro optical gyro, MOG)的产品。1996—2000 年,清华大学承担了我国 MOG 的预先研究项目。在本书的第 11 章中,将详细介绍这些研究的结果。

1.12 平台式惯性导航系统

1953 年,美国 MIT 的"Draper 实验室"为远程飞机研制了液浮陀螺的平台式 INS,取名为"惯性空间参考装置"(Space inertial reference equipment, SPIRE)。

在 SPIRE 中,采用了三只加速度计和三只单自由度液浮积分陀螺仪。在系统结构上,平台式 INS 可以分为以下三类:

(1) 几何式;

(2) 解析式;

(3) 半解析式。

在几何式系统中,对陀螺仪不需要施加任何控制力矩,平台被陀螺仪稳定在惯性空间之中。为了在机械结构上(几何上)直接测量载体的姿态角,需要采用"五环结构"的平台(图 1-13)。

在解析式系统中,只需要采用三环平台,就可以隔离载体的角运动。在这种系统结构中,对陀螺仪也不需要施加任何控制力矩,因而平

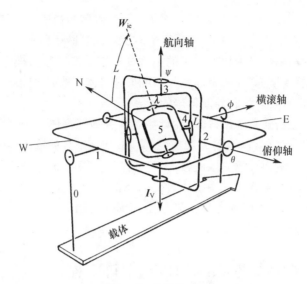

图 1-13 几何式 INS

台被陀螺仪稳定在惯性空间之中。为了获得载体的姿态角信号和导航信号,在导航计算机中,需要对加速度计的输出信号进行坐标变换和对时间积分等计算。

半解析式系统的特点是需要对陀螺仪施加控制力矩。这样,平台将始终被控制、跟踪当地大地三面体的角运动。由于平台被稳定在大地三面体之中,这种平台可以直接测量载体的姿态角。为了保证载体的航向角不受限制,可以大于 360° 旋转,必须采用四环结构的平台。

SPIRE 曾在 B-29 型飞机上进行了远程飞行试验,从 MIT 附近的 Bedford 市到美国西海岸的 Los Angeles 市,航程数千千米,定位误差为 1 n mile/h。这次试飞获得了巨大的成功,成为 INS 发展史上的一个里程碑。

众所周知,在载体运动时,加速度计中的输出信号不仅包含了载体与地球之间的相对运动加速度,同时还包含了牵连运动加速度和地球引力加速度,需要从输出信号中扣除所有的"牵连运动加速度"和"引力加速度"。在惯性导航理论中,它们被统称为"有害加速度"。

在解析式系统中,牵连加速度等于零,有害加速度只有引力加速度。在 20 世纪 50 年代,电子计算机还处于发展的初期,采用解析式系统的总体方案较为方便,导航计算量较少。在导航计算机中,需要从加速度计的输出信号中扣除有害的引力加速度分量,同时,把它们由"惯性坐标系"变换为"导航坐标系",即可得到载体与地球之间的相对运动加速度,进行姿态角和导航信号的计算。

在半解析式系统中,加速度计稳定在大地三面体之中。在加速度计的输出信号中,没有引力加速度,同时,加速度计的输出信号也不需要进行坐标变换计算。因此,在多种载体上,半解析式系统得到了广泛应用。在有些半解析式系统中,例如,飞机导航系统,平台稳定在当地的大地水准面中,但在方位上则稳定在惯性空间。这种半解析式系统被称为"游移方位"的 INS。

1.13　惯性导航系统的机械编排方程

从加速度计输出信号到导航定位信号之间的全部计算公式称为 INS 的"机械编排方程",它是在导航计算机中编排计算程序的依据。为了计算导航信号,需要采用以下三种坐标系:惯性(i)坐标系;地球(e) 坐标系;以及导航(n)坐标系。

假定选择"北 – 东 – 下"坐标系作为"导航坐标系"($Ox_n y_n z_n$),并假定"n"和"i"两个坐标系之间相应的转角分别为 α, β, γ。当它们均为微量时,它们之间的坐标变换矩阵 C_i^n 和 C_n^i 可分别写为

$$C_i^n = \begin{bmatrix} 1 & \gamma & -\beta \\ -\gamma & 1 & \alpha \\ \beta & -\alpha & 1 \end{bmatrix} \tag{1-3}$$

$$C_n^i = \left[C_i^n \right]^{\tau} \tag{1-4}$$

上述坐标变换矩阵对时间微分的公式为

$$\frac{\mathrm{d} C_n^i}{\mathrm{d} t} = C_n^i(t) \Omega_{in}^n \tag{1-5}$$

式中 Ω_{in}^n 为与角速度列矩阵 ω_{in}^n 相对应的反对称矩阵

$$\boldsymbol{\omega}_{\text{in}}^{\text{n}} \Rightarrow \boldsymbol{\Omega}_{\text{in}}^{\text{n}} = \begin{bmatrix} 0 & -\omega_z & \omega_y \\ \omega_z & 0 & -\omega_x \\ -\omega_y & \omega_x & 0 \end{bmatrix} \qquad (1-6)$$

载体线速度和线加速度的坐标变换公式可写为

$$\frac{\mathrm{d}r^{\text{i}}}{\mathrm{d}t} = \boldsymbol{C}_{\text{n}}^{\text{i}} \frac{\mathrm{d}r^{\text{n}}}{\mathrm{d}t} + \frac{\mathrm{d}\boldsymbol{C}_{\text{n}}^{\text{i}}}{\mathrm{d}t} r^{\text{n}} = \boldsymbol{C}_{\text{n}}^{\text{i}} \left(\frac{\mathrm{d}r^{\text{n}}}{\mathrm{d}t} + \boldsymbol{\Omega}_{\text{in}}^{\text{n}} r^{\text{n}} \right) \qquad (1-7)$$

式中,左端为载体的绝对运动速度,右端括号内为载体在 n 坐标系中的相对运动速度和牵连运动速度。

把式(1-7)对时间进行微分,得到载体运动加速度的计算公式

$$\frac{\mathrm{d}^2 r^{\text{i}}}{\mathrm{d}t^2} = \boldsymbol{C}_{\text{n}}^{\text{i}} \left(\frac{\mathrm{d}^2 r^{\text{n}}}{\mathrm{d}t^2} + 2\boldsymbol{\Omega}_{\text{in}}^{\text{n}} \frac{\mathrm{d}r^{\text{n}}}{\mathrm{d}t} + \frac{\mathrm{d}\boldsymbol{\Omega}_{\text{in}}^{\text{n}}}{\mathrm{d}t} r^{\text{n}} + \boldsymbol{\Omega}_{\text{in}}^{\text{n}} \boldsymbol{\Omega}_{\text{in}}^{\text{n}} r^{\text{n}} \right) \qquad (1-8)$$

式中,左端为载体的绝对运动加速度;

右端括号内的第 1 项为载体在 n 坐标系中的相对运动加速度;

右端括号内的第 2 项为牵连运动角速度与相对运动速度所引起的哥氏(Coriolis)加速度;

右端括号内的第 3 项为牵连运动角加速度所引起的切线运动加速度;

右端括号内的第 4 项为牵连运动角速度所引起的向心加速度。

通过检测质量,加速度计测出的比力信号 f^{n} 为

$$f^{\text{n}} = \left(\frac{\mathrm{d}^2 r^{\text{n}}}{\mathrm{d}t^2} + 2\boldsymbol{\Omega}_{\text{in}}^{\text{n}} \frac{\mathrm{d}r^{\text{n}}}{\mathrm{d}t} + \frac{\mathrm{d}\boldsymbol{\Omega}_{\text{in}}^{\text{n}}}{\mathrm{d}t} r^{\text{n}} + \boldsymbol{\Omega}_{\text{in}}^{\text{n}} \boldsymbol{\Omega}_{\text{in}}^{\text{n}} r^{\text{n}} \right) - g^{\text{n}} \qquad (1-9)$$

式中,g^{n} 为引力加速度。

上式右端括号内为载体的绝对运动加速度,如式(1-8)所示。

根据式(1-9),可以计算出载体与地球之间的相对运动线速度 ν^{n}。式(1-9)是机械编排方程中的一个部分。已知

$$\nu^{\text{n}} = \boldsymbol{C}_{\text{e}}^{\text{n}} \frac{\mathrm{d}r^{\text{e}}}{\mathrm{d}t} = \boldsymbol{C}_{\text{e}}^{\text{n}} \boldsymbol{C}_{\text{i}}^{\text{e}} \left(\frac{\mathrm{d}r^{\text{i}}}{\mathrm{d}t} - \boldsymbol{\Omega}_{\text{ie}}^{\text{i}} r^{\text{i}} \right) \qquad (1-10)$$

把式(1-10)对时间微分,考虑到式(1-9),最后得到比力信号为

$$\mathrm{d}\nu^{\text{n}}/\mathrm{d}t = f^{\text{n}} + g^{\text{n}} - (\boldsymbol{\Omega}_{\text{en}}^{\text{n}} + 2\boldsymbol{\Omega}_{\text{ie}}^{\text{n}}) \nu^{\text{n}} \qquad (1-11)$$

式中　$\nu^{\text{n}} = (\nu_{\text{N}}, \nu_{\text{E}}, \nu_{\text{D}})$;

　　　$f^{\text{n}} = (f_{\text{N}}, f_{\text{E}}, f_{\text{D}})$;

$$g^n = (0, 0, g)_{\circ}$$

在载体与地球之间有相对运动线速度的情况下,导航坐标轴(系)的转动角速度为

$$\boldsymbol{\omega}_{en}^n + 2\boldsymbol{\omega}_{ie}^n = \left\{ \left(\frac{d\lambda}{dt} + 2\boldsymbol{\Omega} \right)\cos\varphi, \ -\frac{d\varphi}{dt}, \ -\left(\frac{d\lambda}{dt} + 2\boldsymbol{\Omega} \right)\sin\varphi \right\}$$

$$d\lambda / dt = \nu_E / (R\cos\varphi)$$

$$d\varphi / dt = \nu_N / R$$

式(1-11)可以改写为以下矩阵的形式

$$\begin{bmatrix} \dfrac{d\nu_N}{dt} \\ \dfrac{d\nu_E}{dt} \\ \dfrac{d\nu_D}{dt} \end{bmatrix} = \begin{bmatrix} f_n - \nu_E \left(\dfrac{d\lambda}{dt} + 2\boldsymbol{\Omega} \right)\sin\varphi + \nu_D \dfrac{d\varphi}{dt} \\ f_E + \nu_N \left(\dfrac{d\lambda}{dt} + 2\boldsymbol{\Omega} \right)\sin\varphi + \nu_D \left(\dfrac{d\lambda}{dt} + 2\boldsymbol{\Omega} \right)\cos\varphi \\ f_D - \nu_E \left(\dfrac{d\lambda}{dt} + 2\boldsymbol{\Omega} \right)\cos\varphi - \nu_N \dfrac{d\varphi}{dt} \end{bmatrix}$$

$$(1-12)$$

对式(1-12)求解,可以得到载体与地球之间的相对运动速度信号 ν^n。然后,把 ν^n 再对时间进行积分,可以得到载体在地理坐标系中的定位信号:经度 λ、纬度 φ 和高度 H。

1.14 平台式惯性导航系统的误差传播方程

平台式 INS 的误差包括:
(1)平台的姿态角误差;
(2)载体速度信号的误差;
(3)载体定位信号的误差。

在建立上述误差的计算方程时,需要分析 INS 中误差产生的机理,建立误差变量的数学模型。对于某些重要、但不能直接观测的误差变量,为了进行实时补偿,则需要采用 Kalman 滤波器计算它们瞬时的估计值。

在 INS 中,姿态角和导航信号的误差主要来自陀螺仪和加速度计。为了跟踪大地三面体的转动角速度 ω_{in}^n,在平台式 INS 中,需要通

过对陀螺仪施加控制力矩,使平台产生相应的转动角速度 $\omega_{\mathrm{ip}}^{\mathrm{p}}$。

在数值和方向上,$\omega_{\mathrm{ip}}^{\mathrm{p}}$ 和 $\omega_{\mathrm{in}}^{\mathrm{n}}$ 之间存在着以下的差异

$$\delta\omega_{\mathrm{ip}}^{\mathrm{p}} = \omega_{\mathrm{ip}}^{\mathrm{p}} - \omega_{\mathrm{in}}^{\mathrm{n}} = (T_{\mathrm{p}} + \Delta C_{\mathrm{g}}^{\mathrm{p}})\omega_{\mathrm{in}}^{\mathrm{n}} + \delta\omega_{\mathrm{in}}^{\mathrm{n}} + \varepsilon^{\mathrm{p}} \quad (1-13)$$

如式(1-13)所示,它们之间在方向上的差异来自平台的"初始对准误差",在数值上的差异来自以下四个方面:

(1) 导航速度信号中的误差,造成平台控制信号中的误差 $\delta\omega_{\mathrm{in}}^{\mathrm{n}}$;

(2) 陀螺仪力矩器标度因数的误差 T^{p};

(3) 陀螺仪在平台上的安装误差 $\Delta C_{\mathrm{g}}^{\mathrm{p}}$;

(4) 陀螺仪的漂移速度 (Drift rate) ε^{p}

$$\varepsilon^{\mathrm{p}} = (\varepsilon_{\mathrm{N}}, \varepsilon_{\mathrm{E}}, \varepsilon_{\mathrm{D}})$$

其中($\varepsilon_{\mathrm{N}}, \varepsilon_{\mathrm{E}}, \varepsilon_{\mathrm{D}}$)分别为北向(N)、东向(E)、以及垂直方向(D)陀螺仪的漂移速度。

根据(1-13)式,得到平台姿态角误差 $\psi = (\alpha, \beta, \gamma)$ 的计算方程为

$$\omega_{\mathrm{np}}^{\mathrm{p}} = \delta\omega_{\mathrm{ip}}^{\mathrm{p}} + \boldsymbol{\Psi}^{\mathrm{n}} \times \omega_{\mathrm{in}}^{\mathrm{n}} \quad (1-14)$$

考虑到 $\boldsymbol{\Psi}^{\mathrm{n}} \times \omega_{\mathrm{in}}^{\mathrm{n}} = -\boldsymbol{\Omega}_{\mathrm{in}}^{\mathrm{n}}\psi^{\mathrm{n}}$,以及 $\omega_{\mathrm{np}}^{\mathrm{p}} = \mathrm{d}\psi^{\mathrm{n}}/\mathrm{d}t$,最后得到

$$\mathrm{d}\psi^{\mathrm{n}}/\mathrm{d}t + \boldsymbol{\Omega}_{\mathrm{in}}^{\mathrm{n}}\psi^{\mathrm{n}} = \delta\omega_{\mathrm{ip}}^{\mathrm{p}} \quad (1-15)$$

在惯性导航理论中,式(1-15) 被称为"ψ 方程"。

在已知平台具有姿态角误差 ψ 的情况下,比力测量误差的计算方程如下

$$\delta f^{\mathrm{n}} = -\boldsymbol{\Psi}^{\mathrm{n}} f^{\mathrm{n}} + (\Delta C_{\mathrm{a}}^{\mathrm{p}})^{\mathrm{\tau}} f^{\mathrm{n}} + \delta a^{\mathrm{a}} \quad (1-16)$$

式中 $\Delta C_{\mathrm{a}}^{\mathrm{p}}$ 为加速度计在平台上的安装误差;

$\delta a^{\mathrm{a}} = (\delta a_{\mathrm{N}}, \delta a_{\mathrm{E}})$ 为北向(N)和东向(E)加速度计的"零位偏移"(Bias)。

根据比力信号的测量方程式(1-11),采用摄动法可以得到导航速度误差 δv^{n} 和位置误差($\delta\varphi, \delta\lambda, \delta h$)的计算方程如下

$$\delta(\mathrm{d}v^{\mathrm{n}}/\mathrm{d}t) + (\boldsymbol{\Omega}_{\mathrm{en}}^{\mathrm{n}} + 2\boldsymbol{\Omega}_{\mathrm{ie}}^{\mathrm{n}})\delta v^{\mathrm{n}} - V^{\mathrm{n}}(\delta\omega_{\mathrm{en}}^{\mathrm{n}} + 2\delta\omega_{\mathrm{ie}}^{\mathrm{n}}) = \delta g^{\mathrm{n}} + \delta f^{\mathrm{n}}$$

$$(1-17)$$

式中 V^{n} 为 v^{n} 的反对称矩阵;

$\boldsymbol{\Omega}_{\mathrm{en}}^{\mathrm{n}} + 2\boldsymbol{\Omega}_{\mathrm{ie}}^{\mathrm{n}}$ 为 $\omega_{\mathrm{en}}^{\mathrm{n}} + 2\omega_{\mathrm{ie}}^{\mathrm{n}}$ 的反对称矩阵。

1.15　惯性导航系统误差的传播特性

在舰船和车辆等运动速度较低的载体上,平台式 INS 中误差的状态方程可以简化为

$$N(s)X(s) = BU(s) \qquad (1-18)$$

式中　$X(s)$ 为 INS 系统模型方程中的状态变量,包括平台的姿态角误差(α,β,γ)和导航定位误差$(\delta\varphi,\delta\lambda)$;

$U(s)$ 为 INS 系统模型方程中的干扰变量,包括加速度计的零位偏移 δa 和陀螺仪的漂移速度 ε;

$$N(s) = \begin{bmatrix} s & \Omega\sin\varphi & 0 & \Omega\sin\varphi & -s\cos\varphi \\ -\Omega\sin\varphi & s & -\Omega\cos\varphi & s & 0 \\ 0 & \Omega\cos\varphi & s & \Omega\cos\varphi & s\sin\varphi \\ 0 & -g & 0 & s^2R & s(R\Omega\sin2\varphi) \\ g & 0 & 0 & -s(2R\Omega\sin\varphi) & s^2(R\cos\varphi) \end{bmatrix}$$

$$|N| = (R^2\cos\varphi)s(s^2+\Omega^2)[s^4 + 2(\omega_s^2 + 2\Omega^2\sin^2\varphi)s^2 + \omega_s^4] = 0$$

对以上特征行列式$|N|$求解,可以得到 INS 中的三种振荡运动,其频率分别为:

(1) Schuler 振荡运动,角频率为 $\omega_s = \sqrt{g/R} = 1.24$ mrad/s(周期为 84.4 min);

(2) 地球自转运动,角频率为 $\Omega = 72.9$ μrad/s(周期为 24 h);

(3) Foucault 振荡运动,角频率为 $\Omega\sin\varphi$(在 $\varphi = 45°$的地区,周期为 34 h)。

以上分析表明,INS 本身的运动是不稳定的,其中 Schuler 振荡运动是主要的。为此,在工作中,需要对 INS 引入外部的速度阻尼信号。如果采用 INS 本身的内部速度信号来实现阻尼,理论上可以证明,必将破坏 Schuler 条件,从而使 INS 丧失对载体运动加速度的抗干扰性。

在 INS 提供的导航信号中,存在着上述周期性的振荡。这种情况表明,INS 属于闭环控制系统,但闭环的控制作用非常微弱。因此,单纯依靠 INS 本身的闭环特性,很难抑制陀螺仪漂移速度和加速度计零位偏移所引起的导航误差。为了控制这些误差,需要从外部引入导航

信号,即建立"组合导航系统"。

如前所述,在 INS 中,姿态角误差和导航定位误差的主要来源是陀螺仪的漂移速度和加速度计的零位偏移,相应的计算方程如下

$$\alpha(t) = \frac{\sin\omega_s t}{\omega_s}\varepsilon_N - \frac{\Omega\sin\varphi(\cos\Omega t - \cos\omega_s t)}{\omega_s^2}\varepsilon_E - \frac{\Omega\sin\varphi\cos\varphi\sin\Omega t}{\omega_s^2}\varepsilon_D$$

$$\beta(t) = \frac{\Omega\sin\varphi(\cos\Omega t - \cos\omega_s t)}{\omega_s^2}\varepsilon_N + \frac{\sin\omega_s t}{\omega_s}\varepsilon_E +$$

$$\frac{\Omega\cos\varphi(\cos\Omega t - \cos\omega_s t)}{\omega_s^2}\varepsilon_D$$

$$\gamma(t) = \frac{\tan\varphi\sin\Omega t}{\Omega}\varepsilon_N - \frac{\sec\varphi(1 - \cos\Omega t)}{\Omega}\varepsilon_E + \frac{\sin\Omega t}{\Omega}\varepsilon_D$$

$$\delta\varphi(t) = \frac{1 - \cos\Omega t}{\Omega}(\sin\varphi\varepsilon_N + \cos\varphi\varepsilon_D) + \frac{\sin\Omega t}{\Omega}\varepsilon_E$$

$$\delta\lambda(t) = -\frac{\Omega t\cos\varphi + (\sin^2\varphi/\cos\varphi)\sin\Omega t}{\Omega}\varepsilon_N + \frac{\tan\varphi(1 - \cos\Omega t)}{\Omega}\varepsilon_E +$$

$$\frac{\sin\varphi(\Omega t - \sin\Omega t)}{\Omega}\varepsilon_D$$

总结上述,依靠"自转角速度"和"引力加速度"这两项地球的物理参量,在测量载体的姿态角和纬度时,INS 具有闭环控制系统的性质,测量信号中的误差将得到抑制,产生周期性的振荡,不会随时间 t 而发散。但是,在测量载体的经度信号时,INS 却是一个开环控制系统,经度信号的测量误差将得不到抑制,随时间 t 而发散。

1.16 捷联式惯性导航系统

为了研究和开发 SINS,首先需解决捷联式陀螺仪的问题。20 世纪 90 年代,RLG 和 IFOG 初步满足了各种 SINS 的要求,在导航产品的市场份额中已占有重要的位置。它们具有测速范围大、功耗小等优点,是理想的捷联式陀螺仪。在本书的第 9 章和第 10 章中,将进行深入的介绍。

应当指出,在 SINS 中如果采用机电式陀螺仪,包括转子式和振动式,则它们的转子(或振动的惯性质量)必须被锁定。在高动态的载体

上,这种锁定的力矩(或锁定力)将比较大,从而导致机电式陀螺仪的功耗和发热量增大,精度下降。因此,从长远的观点看,机电式陀螺仪很难在 SINS 中得到应用。这里的例外情况是:

(1) 静电陀螺仪;

(2) 半球谐振陀螺仪。

它们的"球形转子"(或振动的"空心杯")不需要被锁定。因此,这两种陀螺仪可以在 SINS 中得到应用,尤其是在失重状态的航天飞行器中。

下面介绍 SINS 中"数学平台"的计算方程。在 SINS 中,RLG 测出的角度增量信号 $\boldsymbol{\theta}_i$ 为载体绝对运动角速度 ω_{ib}^b 在 RLG 采样间隔 $[t_{m-1}, t_{m-1} + h]$ 时间中的积分值

$$\boldsymbol{\theta}_i = \int_{t_{m-1}}^{t_{m-1}+h} \boldsymbol{\omega}_{ib}^b \mathrm{d}t \qquad (1-19)$$

在 SINS 的导航计算方程中,要求根据 $\boldsymbol{\theta}_i$ 计算载体的姿态角更新值 $\boldsymbol{\Psi}$。参考当地水平平台式 INS 中的"ψ 方程"[(1-15)式],导航坐标系(n)角速度矢量的时间导数包含以下两个部分:

(1) 载体坐标系(b)相对惯性坐标系 (i) 的绝对运动角速度 $\boldsymbol{\omega}_{ib}^b$;

(2) 导航坐标系(n)和载体坐标系(b)在复杂运动情况下的牵连运动角速度。考虑到 $\boldsymbol{\Psi} = [\psi_x \ \psi_y \ \psi_z]^T$, $\boldsymbol{\Psi}$ 是一个"转动向量",它的模等于 $\psi = \sqrt{\psi_x^2 + \psi_y^2 + \psi_z^2}$。根据刚体动力学中的计算公式,得到

$$\frac{\mathrm{d}\boldsymbol{\Psi}}{\mathrm{d}t} = \boldsymbol{\omega}_{ib}^b + \frac{1}{2}\boldsymbol{\Psi} \times \boldsymbol{\omega}_{ib}^b + \frac{1}{\psi^2}\Big[1 - \frac{\psi\sin\psi}{2(1-\cos\psi)}\Big]\boldsymbol{\Psi} \times (\boldsymbol{\Psi} \times \boldsymbol{\omega}_{ib}^b)$$

$$(1-20)$$

在式(1-20)的右端,后两项在一起被称为"非互易速度向量"。

为了得到姿态角的增量值 $\boldsymbol{\Psi}$,需要把式(1-20)的两端对时间积分。显然,$\boldsymbol{\Psi}$ 和 $\boldsymbol{\theta}_i$ 并不相等。$\boldsymbol{\Psi}$ 和 $\boldsymbol{\theta}_i$ 之间的差别为"非互易速度向量"的增量(对时间的积分)值。在 SINS 中,这种计算"非互易速度向量"增量值的算法被称为"圆锥补偿算法"(Coning compensation)。

"圆锥补偿算法"的精度在很大程度上取决于 RLG 的信号采样频率。为此,需要首先提高 RLG 的信号采样频率,同时,选择足够精确的"圆锥补偿算法"。

下面以 Honeywell 公司的 H774 型 SINS 产品为例,说明 $\boldsymbol{\theta}_i$ 和 $\boldsymbol{\Psi}$

信号频率的选择问题。在 H774 型 SINS 中，RLG 和加速度计的信号读出频率为 2 400 Hz，姿态角更新值的计算频率为 300 Hz。应当指出，在 H774 中，RLG 的抖动频率仅为 400 Hz。如果采用"整周期采样"，则信号读出频率过低，不能满足要求姿态角的计算精度。同时，为了减小导航计算机的负担，选择 300 Hz 作为姿态角更新值的计算频率已经足够。不言而喻，在选择了上述频率之后，还必须采用合适的"圆锥补偿算法"，才能保证 H774 导航信号的计算精度。

由此可见，在开发 SINS 时，首先需要提高 RLG 的信号读取频率。清华大学在这一方面曾进行研究，并取得了良好的成果，解决了国内某科研单位的工程实际问题（参阅本书的第 9 章）。

除了上述"姿态角更新值"的算法之外，在 SINS 中还存在"速度更新值"的算法问题。由于加速度计输出速度增量信号的积分过程需要一定的时间，在此期间，比力的方向可能已经改变。所以，对加速度计输出的比力积分增量值也必须加以补偿。这种情况和上述"圆锥补偿算法"相似。首先，需要提高加速度计输出信号的采样频率。然后，需要补偿：

（1）线速度的"向量转动效应"，称为"速度转动补偿"（Velocity rotatio compensation）；

（2）角速度向量转动对线速度向量的影响，称为"划船效应补偿"（Sculling compensation）。

1996—2000 年，清华大学曾承担"军用车辆定位定向系统"的国防预先研究项目，采用俄国的棱镜式 RLG 和石英加速度计建立了 SINS 的原理样机。在原理样机中，科研组开发了"圆锥补偿"、"速度转动补偿"、以及"划船效应补偿"等软件，并在三轴摇摆台上进行了导航误差的实验研究（参阅本章参考文献 13）。

1.17 本章小结

目前，多数载体在地球表面（或附近）航行。在相应的导航系统中，"定位"和"定向"（姿态角测量）问题都与地球表面形状和引力场分布有关。为此，通过国际协定的方式，在大地测量学中规定了大地"参考椭球面",用它作为导航定位计算的基准。在定向方面,国际上都采用大地子午面和水准面作为基准面。

应当指出,在地球上,"大地水准面"是客观存在的,而大地"参考椭球面"实际上并不存在。只是在大地测量学中,采用它作为定位计算的基准面。由此得到的经度和纬度坐标系被称为"地理坐标系"。因此,地理坐标系在地球上实际也并不存在。

由此可见,大地参考椭球面的法线和"地垂线"在方向上并不重合。由于地球的质量分布不均匀,地球上各点的"重力加速度" g 在数值上和方向上都有无规律的微小变化。因此,需要经常测量和标定地球上各点的"重力异常值"(Δg)和"垂线偏差角"(ξ, η)。这是"大地重力测量学"的研究内容。在精确的大地测量和惯性导航系统计算方程中,Δg 和 ξ, η 都不能忽略。

INS 是从陀螺导航技术发展而来的,陀螺导航技术包括摆式的陀螺罗经和陀螺垂直仪。虽然这些仪器不能定位,只能用于定向,可是它们测量的基准是地球的自转角速度和地垂线的方向。因此,在工作原理上,陀螺导航仪器和 INS 是相同的。它们都是依靠加速度计和陀螺仪来确定大地三面体的方向。在动态的载体上,摆式陀螺导航仪器和 INS 不受运动加速度干扰的必要条件都是满足"Schuler 周期"。

在 INS 中,加速度计的输出信号是绝对运动加速度和引力加速度两个向量之和。为了获得导航信号,需要从中分离出载体与地球之间的相对运动加速度。在 INS 的文献中,计算姿态角控制指令的方程被称为"**Ψ** 方程",计算定位信号的方程被称为"机械编排方程"。

INS 是闭环控制系统,这一点从它的误差传播方程中可以得到证明。除了地理经度的信号之外,INS 的闭环控制特性表现在以"Schuler 周期"和"地球自转周期"这两种振荡运动上。它们表明,地球的自转角速度和重力场对 INS 具有闭环控制的作用。可惜的是:

(1) 这些闭环控制作用太弱;

(2) 在多数载体中,相对于 Schuler 周期来说,对 INS 要求提供的输出信号频率较高。因此在实际上,在多数情况下,INS 只能在开环状态下工作。

为了同时提高 INS 的精度和输出信号的频率,必须采取的有效技术途径是：

（1）提高陀螺仪的精度，主要是零偏稳定性和随机游走系数（噪声）；

（2）实现误差控制，采用外部定位和测速信号对 INS 的误差加以实时估计和补偿。

参 考 文 献

1 Nordsieck A T. Free-gyro system for navigation or the like. US Patent,3003356.1961

2 Ishilinsky A U. Mechanics of Gyroscopic Systems. Moscow:Academic Science Press,1963

3 Wrigley W,Hollister W M,Denhard W G. Gyroscopic Theory,Design,and Instrumentation. Cambridge,Massachusetts:The M. I. T. Press,1969

4 Aronowitz F. The Laser Gyro. In:Laser Applications. New York: Academic Press,1971.133~200

5 Britting K R. Inertial Navigation System Analysis. New York:Wiley,1971

6 Ishilinsky A U. Orientation, Gyroscopes, and Inertial Navigation. Moscow: Nauka Press,1976

7 Maybeck P S. Stochastic models,estimation,and control. Vol. 1. New York:Academic Press,1979

8 章燕申.导航系统的最优综合.见:王照林等编.现代控制理论基础. 北京:国防工业出版社,1981

9 章燕申.激光陀螺和静电陀螺导航系统开始大量生产.导航与雷达, 1981(2):135~137

10 Bergh R A,Lefevre H C,Shaw H J. All Single-Mode Fiber-Optic Gyroscope with Long-term Stability. Optics Letters, 1981 (6):502~504

11 Kuzovkov N T,Salechev O S. Inertial Navigation and Optimal Fil-

tering. Moscow:Machinostroenie Press,1982

12 章燕申.高精度惯性导航技术.导航,1992(4):15～21

13 刘巧光.激光陀螺捷联惯性导航系统理论与实验研究:[学位论文].北京:清华大学精密仪器与机械学系,1999

第 *2* 章

卫星/惯性组合导航系统

2.1 引 言

从导航方法上看,目前得到实际应用的导航系统可以分为两类。

(1)"航迹推算"系统(Dead-reckoning,DR);

(2)"直接定位"系统。

INS 和计程仪等属于"航迹推算"系统。在这类系统中,直接测量的参数是载体的运动加速度、速度以及姿态角等,通过航迹推算得到载体与地球之间的相对运动速度、经度、纬度以及高程等载体航行所需要的信号。

"航迹推算"导航方法的优点如下:

(1)导航信号在时间上是连续的;

(2)导航系统不发射电磁波,也不接收电磁波,因而不受电子干扰的影响,具有完全的自主性和隐蔽性。

它的缺点是:

(1)导航信号的误差是积累的,因而将随时间而增大;

(2)导航系统中测量载体运动参数的信号器在结构上比较复杂,价格较高。

无线电导航和卫星定位等系统属于"直接定位"系统。在这类系统中，载体上的"导航信号接收机"捕获"导航台站"发送的电磁波信号，通过接收到的信号直接计算载体所需要的导航信号。

"直接定位"导航方法的优点如下：

(1) 导航信号的误差不随时间而积累，因而定位精度较高；

(2) 载体上只需要装备"导航信号接收机"，价格较低。

它的缺点是：

(1) 导航信号在时间上是离散的；

(2) 载体必须接收"导航台站"发送的电磁波信号，因而容易受到自然环境和人为的电子干扰。

1957年，苏联发射了人类第一颗人造地球卫星，为研究和开发"全球导航卫星系统"(Global navigation satellite system, GNSS)奠定了技术基础。20世纪80年代，苏联建成了自己的GNSS，取名为"GLONASS"系统。

1964年，美国海军为远洋舰船导航发射了第一代的GNSS，取名为"子午仪"(Transit)导航系统。20世纪70年代，"Transit"系统得到了实际应用。

1973年，在"Transit"取得了使用经验之后，美国空军开始实施第二代的GNSS计划，取名为"全球定位系统"(Global positioning system, GPS)。

20世纪80年代，美国GPS系统和苏联GLONASS系统都达到了实用的精度水平，在航海和航空等领域中得到了广泛应用。它们的定位精度优于中程和远程的无线电导航系统。

除了单独使用之外，GPS和GLONASS都可以和INS互相组合。在GNSS／INS组合导航系统中，GNSS和INS的优点互补，可以在很大程度上消除二者的缺点。实践的结果表明，GNSS／INS组合导航系统的性能远比单独使用GNSS或INS的导航系统优越。

2000年，欧洲联盟决定开发自己的GNSS系统，取名为"Galileo"计划。"Galileo"计划预定于2008年建成，但必须在2005年发射第一颗导航卫星，否则国际电信联盟有可能收回已经分配给"Galileo"计划的无线电通信频率。

作为现代导航技术发展的重要内容之一,我国高度重视 GNSS 系统的研究和开发。2003 年,我国决定加入上述"Galileo"计划。中国的加盟为"Galileo"计划提供了非常好的经济和政治机遇。在经济方面,据欧洲航天局估计,仅在中国市场销售"Galileo"卫星信号接收机一项,每年至少能够创造 1 亿欧元的价值。在政治方面,中国的加盟使欧洲能够独立地建立自己的防务体系,不再依赖于美国的 GPS。此外,在研究和开发"Galileo"系统的过程中,欧洲各国的航天科技水平将得到极大的提高。

在本章中,针对各种载体对导航系统的不同要求,将介绍有关 GNSS/INS 组合系统的以下基本知识:

(1) 导航卫星的飞行轨道和为保持轨道准确性所采取的技术措施;

(2) 卫星导航信号的形式、定位信号的计算方法、以及卫星信号接收机的类型;

(3) 不同组合深度 GNSS / INS 导航系统的优点、缺点、以及对组合导航计算机的要求。

此外,考虑到计程仪和无线电导航系统等也可以与 INS 互相组合,组成高精度导航系统,在本章中还将简要地介绍计程仪、中程、远程无线电导航系统目前的精度水平。

2.2 全球导航卫星系统

在 GPS（GLONASS)系统中,用户(载体)的信号接收机需要同时观测至少 4 颗导航卫星,才能消除定位的不确定性。因此,为了覆盖全球的用户,在 GPS(GLONASS)系统中,都需要在轨道上保持 24 颗导航卫星。针对不同的用户(载体),GPS(GLONASS)导航卫星发射"单点定位"、"差分定位"等不同的卫星信号。用户可以选择不同性能的 GPS 接收机,接收和处理导航卫星发出的相应信号。

为了保证采用 GPS 信号得到的载体定位精度,需要同时采取以下技术措施:

(1) 在导航卫星上设置"轨道控制系统",以保证卫星在飞行中的位置精度;

（2）在世界各地设置多个"地面监测站"，监测每一颗卫星的位置误差，并把监测到的数据以"星历修正量"的形式和"卫星导航信号"一起提供给用户。

在"Transit"系统中，导航卫星的轨道高度为 1 000 km（图 2 - 1）。在 GPS 系统中，导航卫星的轨道高度为 20 000 km。20 世纪 80 年代，美国已为 GPS 系统发射了 18 颗导航卫星，它们覆盖了全球大部分的地区（图 2 - 2，图 2 - 3）。与此同时，美国在世界各地已为 GPS 系统建立了五个地面监测站，可以提供导航卫星信号中的星历修正量。

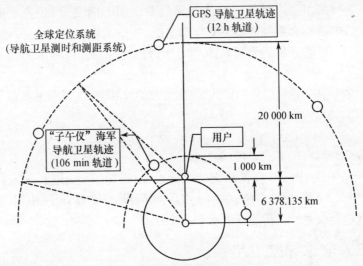

图 2 - 1　导航卫星的轨道

GLONASS 系统也采用 24 颗卫星，但分布在三个轨道面内，不同于 GPS 系统的 24 颗卫星分布在四个轨道面内。GLONASS 系统轨道面相对于地球赤道面的倾斜角为 64.8°。在 8 天的时间内，GLONASS 系统的卫星绕地球转 17 圈，而 GPS 系统的卫星则转 16 圈，即 GLONASS 系统的轨道比 GPS 系统的轨道稍低。

导航卫星的轨道控制系统由"静电加速度计"和"微型喷管"等部件所组成。在失重的情况下，干扰力将使卫星产生运动加速度。这一微小的运动加速度将被静电加速度计所感受。静电加速度计的输出信号被用于控制卫星上的微型喷管。通过控制微型喷管所产生的推力，可

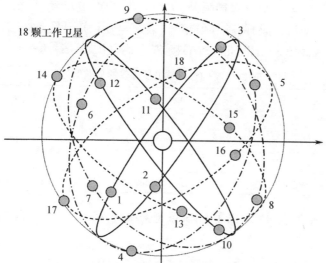

图 2 - 2　GPS 导航卫星在空间的分布情况

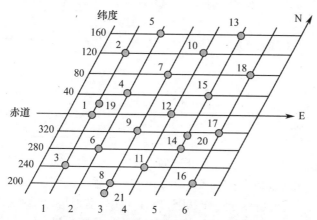

图 2 - 3　GPS 导航卫星在地球表面的分布情况

以平衡卫星所受到的干扰力,使卫星保持在准确的轨道上飞行①。

———————————

① 1983 年,作者访问美国 Stanford 大学"制导与控制实验室"(Guidance & Control Laboratory)时,他们正在研制用于卫星的"微型喷管推进器"。此前,他们研制的"静电加速度计"和"轨道控制系统"已在"Transit"导航卫星上得到了实际应用。由于这项研究成果应用效果良好,该实验室的负责人 D. B. DeBra 获得了美国海军的奖励。

为了对其他国家实行限制,美国 GPS 导航卫星发射"粗码"(C/A码)和"精码"(P 码)两种导航信号(表 2-1)。美国只允许"有选择的用户"(Selective availability,SA)接收"精码"(P 码)信号。

表 2-1　GPS 导航卫星提供的导航信号

参　　数	C／A 码	P(Y)码
电码频率/(Mbit·s^{-1})	1.023	10.23
电码长度/bit	1 023	约 6×10^{12}
信息频率/(bit·s^{-1})	50	50
载波频率/MHz	L1 1 575.42	L2 1 227.60

在表 2-2 中,给出了 GPS 系统 C/A 码和 GLONASS 系统的定位精度。

表 2-2　GPS C/A 码导航信号和 GLONASS 系统的定位精度

工作方式	定位时间/h	定位精度/m(RMS)
静态单点定位	1~2	3~5
静态差分定位(采用三次差分值)	2~3	0.005~0.01
动态定位 GPS GLONASS 差分 GPS(DGPS)		水平 100,高程 156 水平 20, 高程 36 水平 0.1±0.9, 高程 0.8±3.3

1993 年底,美国国防部正式宣布 GPS 系统已经具备了"初步的工作能力"(Initial Operation Capability,IOC),意思是保证 GPS 系统至少有 21 颗导航卫星处于工作状态,另有 3 颗导航卫星处于备用状态。

1991 年冷战结束之后,美国和俄国在卫星导航领域中进行了合作。据文献报道,美国 Honeywell 公司和俄国"列宁格勒无线电技术研究所"(LSRRI)曾经共同进行了 GPS 系统和 GLONASS 系统两种接收机性能的评估试验。试验是在美国西北航空公司的 747-200 型货运飞机上进行的。评估试验的结论如下:由于 GPS 和 GLONASS 的导航卫星在性能上是相似的,生产 GPS 和 GLONASS 兼容的导航信号接收机是可行的。和 GPS 接收机相比,兼容接收机的价格不会增加很多。

应当指出,生产 GPS 和 GLONASS 系统兼容的接收机具有重要意义,它将显著提高 GNSS 系统的"全面性能"。GNSS 系统"全面性能"的含义是指:

(1) 定位精度;

(2) 完整性(GPS Integrity);

(3) 可用性(Availability)。

1993 年,美国国防部宣布,目前的 GPS 系统只是具备了"初步工作能力",意思就是指在后两个方面,目前的 GPS 系统尚未达到美国国防部规定的技术要求。

"GPS 完整性"是指:由于导航卫星发生故障,在定位误差超过一定的极限值之前,用户的 GPS 接收机将能"及时"地接收到这一信息。这里的"及时"是指在"规定的时间内",用户应能接收到导航卫星发出的警告信号。美国国防部为"GPS 完整性"规定的技术要求如表 2 - 3 所示。

表 2 - 3　美国国防部规定的"GPS 完整性"技术要求

水平定位误差的限值(99.97 % 可信度)/m	<100
警告信号的提前时间/s	<10

为了保证"GPS 完整性",需要采取的技术措施有以下两种:

(1) 建立导航卫星的"空间监测站",从空间监测站(地球同步卫星)上提供"GPS 完整性"信息;

(2) 增加导航卫星的数量,并研制具有自主监测"GPS 完整性"功能的接收机(Receiver with autonomous integrity monitor RAIM)。

为了判断导航卫星在飞行轨道上的位置是否已经超差,除了目前已建立的 5 个 GPS 系统地面监测站之外,需要发射几个"地球同步卫星",作为导航卫星的"空间监测站"。"空间监测站"能够比"地面监测站"观测到更多的 GPS 导航卫星,因此,可以及早发现问题、并对用户发布警告信息。建立"空间监测站"是保证"GPS 完整性"较好的技术方案,但费用很大。

研制 RAIM 接收机是保证"GPS 完整性"比较便捷的技术方案。在采用这种技术方案时,需要增加导航卫星的数量,因为 RAIM 接收机需要同时至少观测到 5 颗导航卫星。如果进一步要求判断超差的是哪一颗导航卫星,则 RAIM 接收机需要同时至少观测到 6 颗导航卫星。美国对研制 GPS 和 GLONASS 兼容接收机感到兴趣,因为这种兼容接收机可以同时观测到 GPS 和 GLONASS 两套系统的导航卫星,可以成为 RAIM 接收机。

为了不受俄国 GLONASS 导航卫星运行状态的影响,美国不排除建立"空间监测站"的技术方案,同时,也不排除发射更多的 GPS 导航卫星,以便立足于本国的导航卫星建立 RAIM 接收机。

需要指出,"Galileo"计划将发射 30 颗高轨道的卫星。这里的原因可能是为了保证"Galileo 的完整性"。

2.3 卫星导航的定位方法

和无线电导航系统的工作原理相同,如图 2 - 4 所示,载体(用户)的 GPS 接收机需要同时测量 4 颗卫星的导航信号,才能推算出用户的位置。目前得到实际应用的 GPS 接收机可以分为以下几类:

(1) 单通道顺序 GPS 接收机;

(2) 单通道多路 GPS 接收机;

(3) 多通道 GPS 接收机。

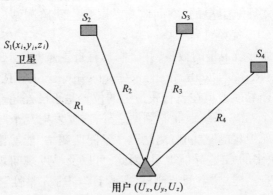

图 2 - 4　在 GNSS 系统中,卫星与用户之间距离的测量

在第一类接收机中,采用了"分时和顺序"的测量方法,依次顺序接收 4 颗卫星的导航信号,包括"距离信号"和"时间信号",测量每颗星之间的"停顿时间"为 1 s。在这种情况下,接收卫星导航信号的离散时间为 1 s。因此,在动态的载体上,无法使用单通道的接收机。这类接收机只能用于"静态定位"的用户。

在第二类接收机中,也采用分时和顺序的测量方法,但接收 4 颗卫星导航信号之间的停顿时间较短,仅为 5 ms。因此,第二类接收机可以用于"动态定位"的用户。

在第三类接收机中,采用了同时接收 4 颗卫星导航信号的方法。这类接收机适用于"动态定位"的用户,但价格较贵。

卫星导航信号的发射功率不可能很大,用户接收到的信号功率较小,其中"电磁波传播通道"和"地面反射"所造成的背景噪声却很强。因此,卫星导航信号比较容易受到自然环境和人为的电子干扰。

2003 年,在美、英对伊拉克的战争中,美军声称摧毁了六个俄制的 GPS 信号干扰设备。美国指责俄国把这些干扰设备卖给了伊拉克,同时,又称这些干扰设备并没有对美军的作战行动产生太多的影响。这一事实表明,目前 GPS 接收机的抗电子干扰能力比较弱。GNSS 系统的这一主要缺点需要解决。

在采用多通道接收机的情况下,由于卫星导航信号仍然是离散的,在高动态的载体上使用仍有困难,必须求助于 INS,组成 GNSS／INS 组合导航系统。

GNSS 系统不能直接测量载体(用户)的姿态角。如果要求测量姿态角,则需要在载体上安装多个接收卫星导航信号的天线,而且天线之间的距离应当较大。根据现有 GPS 系统的定位误差水平,天线之间的距离必须大于 1 m,才有可能保证姿态角的测量误差小于 1 m rad。这里,天线之间的距离被称为"基线长度"(Length of baseline)。

为了研究 GPS 系统卫星信号的测量方式,需要分析 GPS 系统中定位误差的来源:

(1) 导航卫星本身的位置误差;

(2) 导航卫星发布的"时钟信号"误差;

(3) 电磁波在电离层和对流层中的"传播误差";

(4) GPS 接收机本身的噪声；

(5) "定位精度的几何衰减系数"(Geometric dilution of precision parameters, GDOP)。

GDOP 是指所选 4 颗导航卫星之间，以及它们与用户之间的相对几何位置。如果所选择的 4 颗导航卫星在几何位置上不理想，则载体的定位误差将增大。在接收到 4 颗卫星的导航信号时，GPS 接收机将同时显示它们之间的 GDOP 数值。用户应当选用较好的 4 颗卫星互相组合，使得 GPS 接收机所显示的 GDOP 达到最优值。

为了减小上述误差来源的影响，目前实际采用的 GNSS 定位方法有以下三种：

(1) 单点测距；

(2) 差分测距；

(3) 测量"Doppler 计数值"(Doppler Counts)。

单点测距定位方法的原理如图 2-4 所示，GPS 接收机将测量导航卫星与用户之间的"距离信号"(Ranging) 和"时钟信号"(Timing)。这种定位方法和无线电导航系统在实质上是相似的，它们之间的区别在于：GPS 接收机直接测出的是"伪距信号"(Pseudo range)R_i，需要修正"测距误差"C_B，才能得到真正的"距离信号"R_i^r

$$R_i^r = R_i - C_B, \quad R_i = cT_i \qquad (2-1)$$

式中，c 为光速；

T_i 为电磁波传播的时间，指第 i 颗导航卫星发出的"时钟同步信号"与用户接收机测出的"时间信号"之间的差值。

在测出 4 颗导航卫星与用户之间的 4 个"距离信号"之后，根据式(2-2)，可以算出用户的所在地点的"位置信号"(U_x, U_y, U_z)

$$(X_i - U_x)^2 + (Y_i - U_y)^2 + (Z_i - U_z)^2 = (R_i - C_B)^2, \quad i = 1,2,\cdots,4 \qquad (2-2)$$

"测距误差"C_B 产生的原因如下：

(1) GPS 接收机中的"时钟偏差"δt_0，指 GPS 接收机中铯钟给出的时间和导航卫星给出的时钟同步信号之间有一定的偏差值；

(2) GPS 接收机中的"时钟漂移"，δi，即时钟偏差随时间的漂移。

在式(2-2)中,这两项误差都需要从 T_i 中加以扣除。

为了消除电磁波在电离层和对流层中的传播误差,需要在地面选定一个参考点,并安装另一台 GPS 接收机,通过无线电通信系统,把它和用户 GPS 接收机的测量信号联系在一起。这里的地面参考点可以看作是一颗"假卫星"(Pseudo-Satellite),它给用户提供的信号用于消除电磁波传播中产生的测距误差。这种对卫星信号的测量方式称为"差分测距",亦称"差分 GPS",简称"DGPS"。

在 DGPS 中,用户 GPS 接收机需要测量导航卫星发出的另一种信号,称为"伪随机噪声信号码"(Pseudo random noise,PRN)。这是一种时间间隔为 1 s 和 0 s 相间的"信号码"。与此同时,用户 GPS 接收机需要产生本机振荡的"信号码"。这两种"信号码"之间的"相位差值"被称为"载波相位信号码"(Carrier phase)。采用对载波相位信号码"多次差分"的方法,可以得到"相对定位信号码"(Relative positioning)。

如图 2-5 所示,在 DGPS 中,需要分别测量参考点 1 和用户点 2 到导航卫星(S)之间的载波相位信号码 $\Phi(t_i)$。

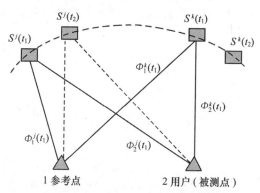

图 2-5 载波相位信号的测量

在 DGPS 中,计算多次差分定位信号的公式如下:

(1)"一次差分值" $SD^j_{(2-1)}(t_1)$;

(2)"二次差分值" $DD_{(2-1)}(t_1)$;

(3)"三次差分值" $TD_{(2-1)}(t_2 - t_1)$。

在参考点(1)和用户点(2)上,采用各自的 GPS 接收机测出两个

第 j 颗导航卫星的载波相位信号码。它们之间差值的计算公式为

$$SD^j_{(2-1)}(t_1) = \Phi^j_2(t_1) - \Phi^j_1(t_1) \qquad (2-3)$$

采用同样的方法,对第 k 颗导航卫星也算出它的"一次差分值"。然后,对第 j,k 两颗导航卫星已算出的两个"一次差分值",再一次计算它们之间的差值

$$DD_{(2-1)}(t_1) = SD^j_{(2-1)}(t_1) - SD^k_{(2-1)}(t_1) \qquad (2-4)$$

在两个连续的"测量周期"(Epoch)中,可以计算出不同时间的两个"二次差分值",再一次计算它们之间的差值

$$TD_{(2-1)}(t_2 - t_1) = DD_{(2-1)}(t_2) - DD_{(2-1)}(t_1) \qquad (2-5)$$

差分测距的定位方法不仅可以用于静态定位,也可用于对飞机的动态定位(图 2-6)。清华大学测量教研室曾采用 DGPS 方法对喷洒农药的飞机进行导航,取消了在地头上展示的定位标志。他们把北京广播电台作为地面的参考点。北京广播电台按一定的时间间隔把本地 GPS 接收机测到的卫星导航信号播发给飞机(用户)上的 GPS 接收机。飞机上的 GPS 接收机同时接收北京广播电台传来的参考点卫星导航信号码。试验结果表明,采用 DGPS 保证了喷洒农药作业的定位精度要求。

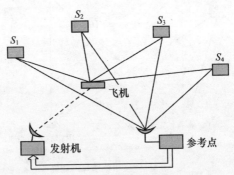

图 2-6 DGPS 方法在飞机定位中的应用

由于导航卫星到用户之间的距离 R 在不断变化,在 GPS 接收机测到的导航信号码中将包含有"Doppler 频移信号码"。它与距离 R 的变化速率 $\dot{R}$ 成正比。"Doppler 频移信号码"对时间的积分值表示距离

的增量 $\Delta \boldsymbol{R}$,称为"Doppler 计数值"。采用测量"Doppler 计数值"的方法也可以确定载体的瞬时位置。

2.4　计程仪的定位精度

在舰船上,计程仪是一种常用的辅助导航设备。它利用陀螺罗经提供航向信号,同时,利用水压式测速仪提供舰船相对于水流的速度信号,在已知初始位置的情况下,经过推算可以得到舰船的瞬时位置。在舰船作机动航行时,陀螺罗经的指北精度为 $0.2°\sim0.5°$。

在车辆上,计程仪称为"里程计"。它利用转速表测量车轮转动的圈数,以获得车辆行程的信号。同时,利用车辆上的陀螺方位仪(亦称"陀螺半罗盘")提供航向信号,可以推算出车辆的瞬时位置。陀螺方位仪本身不具备"寻北"的功能,需要借助于陀螺寻北仪进行"传递方位"初始对准。

目前得到实际应用的陀螺寻北仪可以分为以下两类:

(1)"吊丝式"陀螺寻北仪;

(2)"测速式"陀螺寻北仪。

吊丝式陀螺寻北仪实质上是一种陆用的摆式陀螺罗经,在结构上通常和光学经纬仪组装为一体,被称为陀螺经纬仪。对于陀螺转子来说,"吊丝"结构相当于挠性支架。陀螺经纬仪的寻北精度很高,在静止基础上为 $2''\sim3''$,但在动态基础上不能寻北。

测速式陀螺寻北仪实质上是一种速度陀螺仪,直接测量地球自转角速度的水平分量,它的输出信号为方位角。因此,它的寻北精度取决于陀螺仪本身的零偏稳定性,目前可以达到 $1\sim2$ mil(密位)。和陀螺经纬仪一样,测速式陀螺寻北仪也只能在静止基础上工作。

考虑到对陀螺方位仪进行"传递方位"初始对准的精度较低,目前在车辆的里程计中,测速式陀螺寻北仪得到了普遍采用。它们的定向和定位精度如表 2-4 所示。

表 2 - 4　测速式陀螺寻北仪和里程计的误差

在静止基础上的方位角误差	$0.10°\sim0.25°$
定位误差	0.7% 行程

在飞机上,采用机载的 Doppler 雷达可以测量飞机与地球之间的相对运动速度,同时,采用机载的无线电罗盘可以测量飞机的航向角。它们组成的计程仪被称为"Doppler 导航仪"。飞机 Doppler 导航仪目前的精度如表 2 - 5 所示。

表 2 - 5　飞机 Doppler 导航仪的误差

方位角误差	$0.10°\sim0.25°$
定位误差	$(0.25\%+0.5)\sim(0.11\%+0.1)$ n mile/h

2.5　无线电导航的定位精度

即使采用了高精度的陀螺寻北仪和测速仪,计程仪的定位误差仍然将随时间而增长。因此,在 20 世纪初无线电技术发明之后,世界各国都重视建立直接定位的无线电导航系统。应当指出,在 20 世纪 80 年代 GNSS 出现之前,无线电导航系统在高精度导航领域中占有重要的位置,世界各国建成了多种近程、中程以及远程的无线电导航系统。

无线电导航的定位方法可以分为以下两类:

(1)"极坐标"法;

(2)"双曲线"法。

极坐标定位法适用于近程的无线电导航系统。载体上的无线电导航仪(接收机)测量相对于一个已知"导航台站"的"距离"及"航向角",由此直接得到载体的定位和定向信号。目前,得到实际应用的近程无线电导航系统如下:

(1)"战术空军导航系统"(TACAN);

(2)"甚高频全向无线电信标"(VOR);

(3)"测距仪"(DME)等。

双曲线定位法适用于中程和远程的无线电导航系统。载体上的无线电导航仪(接收机)测量出与两个已知"导航台站""距离"之间的差值。采用这种测量方法得到的"等位置线"为"双曲线"。与此同时,载体上的无线电导航仪(接收机)还需要再测量出与另外两个已知"导航台站""距离"之间的差值,目的是得到另外一条"等位置线"。两条"等位置线"的交点就是载体的瞬时位置。

不难看出,两条"等位置线"的交点有两个。为了避免定位的不确定性,在双曲线导航测量中,需要选择多于三个无线电"导航台站",而且它们之间的距离应当较长。导航台站之间的距离称为无线电导航中的"基线长度"。

目前,得到实际应用的中程和远程无线电导航系统如下:

(1) "LORAN-A"(Long range-A);

(2) "LORAN-C";

(3) "OMEGA"等。

上述每种导航系统在世界各地均需建立 10 个左右的无线电"导航台站"。这些"导航台站"的地点是经过各国协调确定的。它们构成的中程和远程无线电导航系统均可覆盖全球。

直到今天,LORAN-A,LORAN-C 以及 OMEGA 等中、远程无线电导航系统仍然是航海领域中的主要导航设备。它们的精度如表2-6所示。

表 2-6　无线电导航系统的定位误差

名　称	作用距离/n mile	95 %可信度的定位误差/m
LORAN-A	600	500
LORAN-C	1 200	300
OMEGA	5 000	1 500

如表 2-6 所示,中、远程无线电导航系统的定位精度较差。它们显然不能满足高精度导航的要求。因此,正如发明无线电技术之后,很快出现了各种无线电导航系统一样,在人造地球卫星发射成功之后,很快也出现了各种 GNSS 系统。

应当指出,近程无线电导航系统的优点是定位误差很小,而且不随时间而增长,这是航迹推算导航系统和 GNSS 系统都无法保证的。例如,机场上的无线电飞机着陆系统等。因此,在高精度导航领域中,无线电导航系统仍然具有不可替代的重要位置,尤其是在中、近程无线电导航系统方面。20世纪60年代,我国独立地建立了自己的"长河"型中程无线电导航台站。

2.6 惯性导航系统的定位精度

在定位精度优于 1.0 n mile/h 的 INS 中,必须保证:

(1) 加速度计零位偏移优于 37 μg;

(2) 陀螺仪漂移速度优于 0.004 5 (°)/h。

这是导航级加速度计和陀螺仪的主要性能指标。众所周知,它们的价格比较昂贵。因此,在条件许可的载体上,应当尽可能地采用组合导航系统,以降低 INS 的成本。

在纯惯性工作状态下,如果要求 1 h 后 INS 的定位精度分别为 10,1,0.5 和 0.2 n mile,美国 Draper 实验室估算了所选用陀螺仪应当达到的水平(表 2-7)。

表 2-7　陀螺仪和加速度计的性能与 INS 定位误差之间的关系

INS 的定位误差/(n mile·h^{-1})	10	1.0	0.5	0.2
加速度计的性能				
零位偏移/μg	223	37	19	4.2
标度因数误差/(×10^{-6})	223	179	90	21
输入轴安装误差/(″)	22	3	1.5	0.4
随机游走/μg·h$^{-1/2}$	56	56	7.5	4.2
陀螺仪的性能				
漂移速度/(°)·h^{-1}	0.11	0.004 5	0.002 2	0.000 84
标度因数误差/(×10^{-6})	112	7.5	3.75	1.67
输入轴安装误差/(″)	22	2.2	1.1	0.4
随机游走/(°)·h$^{-1/2}$	0.078	0.002 2	0.001 1	0.000 5

在表 2-7 中,除了随机游走之外,所有误差的数值均为标准差(1σ 值)。

2.7 不同组合深度的 GPS/INS 导航系统

1996 年,为了建立 GNSS／INS 组合导航系统,美国 Draper 实验室分析了 GPS 和 INS 的优、缺点(表 2-8),以及在 GNSS／INS 组合导航系统中,对陀螺仪和加速度计的性能要求(表 2-9)。

表 2-8　GPS 和 INS 系统各自的优点和缺点

名称	优　点	缺　点
GPS	定位误差不会无限增长	定位信号的读取频率较低; 不能提供载体的姿态角信号; 容易受到人为和自然的电磁干扰
INS	导航信号读取频率较高; 同时提供线运动速度和姿态角信号; 不受电磁干扰,具有自主性和隐蔽性	导航信号的误差随时间而增长; 需要补偿重力加速度和垂线偏差的影响

利用 GNSS 的定位信号,通过最优估计算法,在导航计算机中可以周期性地补偿陀螺仪和加速度计的误差,使得 INS 的定位误差不会随时间而增长。与此同时,在受到干扰丢失卫星导航信号的短时间中,INS 可以提供准确的位置和速度信号,并可帮助 GPS 接收机较快地重新捕获导航卫星。

表 2-9　在不同 GPS 修正周期下,对陀螺仪和加速度计的性能要求

系统与价格/千美元	GPS 修正周期/s	性　能	
		陀螺仪/$(°) \cdot h^{-1}$	加速度计/μg
惯性测量组合　<15	1~10	>3	>500
方位水平参考系统　40	10~100	0.1~1	50~500
INS　150	100~240	0.01~0.1	20~50

20 世纪 90 年代,GPS 系统已经成为高精度导航系统的基础。在保证同样定位精度的 GPS／INS 组合系统中,如果采用不同的误差修正间隔时间,则对陀螺仪和加速度计的性能要求可以差别很大,如表 2-9 所示。

考虑到不同载体在工作时间、精度、可靠性以及价格等方面对导航系统的要求差别很大,在设计 GPS / INS 系统时,可能采用的组合导航方案有以下四种:

(1) "独立工作"(Separated);

(2) "松散组合"(Loosely coupled);

(3) "紧密组合"(Tightly coupled);

(4) "深度组合"(Deeply integrated)。

在"独立工作"的组合系统中,GPS 和 INS 系统同时独立地提供导航信号。这种组合导航系统的优点是不要求改变 GPS 和 INS 系统的软件和硬件;具有冗余性。它的不足之处是:在 INS 的误差超过允许值后,INS 的导航信号丧失了使用价值,只剩下 GPS 的导航信号可以继续利用。为了保持组合导航系统的工作状态,用户必须定期利用 GPS 系统的导航信号对 INS 系统进行"重调"。

在"松散组合"的组合系统中,GPS 和 INS 系统的软件和硬件也不需要改变,但需要增加一台 GPS / INS 组合导航计算机。与此同时,在 GPS 接收机中,需要增加一个 GPS 信号的 Kalman 滤波器(估计器)。如图 2-7 所示,在"松散组合"GPS / INS 组合导航系统中,输出信号共有以下三种:

(1) 单独的 GPS 输出信号;

(2) 单独的 INS 输出信号;

(3) GPS / INS 组合系统的输出信号。

在"松散组合"的 GPS / INS 组合系统中,各个分系统的功能如下:

(1) INS 帮助 GPS 接收机较快地找到所需的导航卫星。为此,INS 应向 GPS 接收机(GPS)提供载体的位置和速度信号(r,v)。

(2) 根据测量 4 颗导航卫星得到的"真实距离"及其变化速率信号($\rho,\dot{\rho}$),GPS 接收机中的 Kalman 滤波器应估计出接收机的"时钟偏差"及其漂移($\delta t_0, \delta \dot{t}$),用于提高"真实距离"的测量精度,得出导航信号。

(3) GPS 接收机中的 Kalman 滤波器应把载体的位置和速度信号送入 GPS / INS 组合计算机中的 Kalman 滤波器。后者的功能是把由

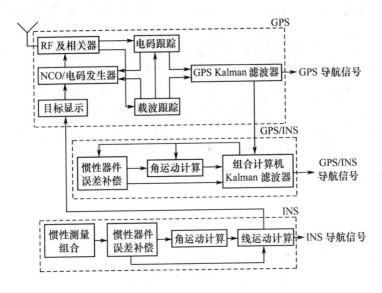

图 2-7　松散组合的 GPS/INS 组合导航系统

INS 送来的陀螺仪和加速度计测量信号($\Delta\Theta$, Δv)和 GPS 接收机送来的位置和速度信号(r, v)加以处理,得到 GPS／INS 组合系统输出的导航信号。

　　总结上述,在"松散组合"的 GPS/INS 系统中,GPS,INS,以及 GPS／INS 组合导航计算机三者的功能如表 2-10 所示。

表 2-10　在"松散组合"GPS/INS 系统中,各个分系统的功能

分系统的名称	提　供　的　参　数
GPS	位置、速度、加速度、时钟偏差、时钟漂移
INS	位置、速度、加速度、姿态角、姿态角变化速率
组合导航计算机	位置、速度、姿态角修正量、陀螺仪和加速度计的修正量

　　"紧密组合"GPS／INS 系统(图 2-8)的特点如下:

　　(1) GPS 接收机把"真实距离"及其变化速率信号(ρ, $\dot{\rho}$)直接送入 GPS/INS 组合导航计算机的 Kalman 滤波器中,不再计算 GPS 的导航信号(r, v);

　　(2) 送入 GPS 接收机的不是 INS 输出的导航信号(r, v),而是

GPS/INS 组合导航计算机中 Kalman 滤波器估计出来的位置和速度信号(r,v)。

因此,在 GPS 接收机中,不能利用原有的软件,需要开发另外的软件来实现 GPS／INS 组合导航计算机中的 Kalman 滤波器。

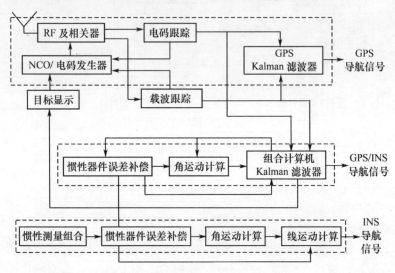

图 2-8　紧密组合的 GPS／INS 导航系统

美国几家生产"激光陀螺惯性导航系统"(Laser gyro INS, LINS)的公司都采用了"紧密组合"GPS／INS 系统方案,把 LINS、多通道 GPS 接收机以及组合导航计算机三者组装在一个机箱里,开发相应的软件,构成"嵌入式 GPS／INS 系统"(Embedded GPS／INS system, EGI)。

EGI 系统的主要优点不单是提高导航精度,同时也提高了 GPS 接收机的抗电子干扰能力。在 GPS 信号短时间中断时,GPS／INS 组合导航系统能够继续工作,并能很快找到导航卫星。因此,在很多高精度导航领域中,EGI 系统得到了应用。例如,在采用合成孔径雷达的飞机中,为了确定目标的位置,需要准确的速度信号;又如,在定位精度为1～3 m 的精密制导武器中,也需要这种制导系统。有人认为,在飞机着陆系统中也可以采用 EGI 系统。

目前典型的 EGI 产品有 Litton 公司的 LN‐100G 和 Honeywell 公司的 H‐764G 等。为了使 EGI 小型化，并降低成本，美国的"国防高级研究计划局"(Defense Advanced Research Projects Administration, DARPA)曾资助采用光纤陀螺仪(FOG)研制 EGI，但迄今未见成功的报道。

"深度组合"的 GPS／INS 导航系统和"紧密组合"的 GPS／INS 导航系统相类似，区别只是取消了 GPS 接收机中的电码和载波跟踪回路，如图 2‐9 所示。所有的估计算法都放在组合导航计算机中去完成，包括"伪距"及其变化速率。这样做的好处是消除了几个 Kalman 滤波器的互相串联关系，避免了"伪距"及其变化速率估计值的不稳定问题。

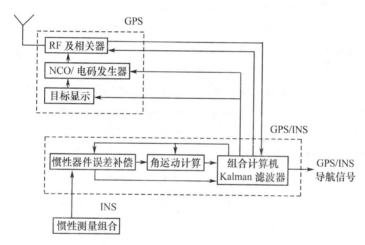

图 2‐9　深度组合的 GPS／INS 导航系统

"深度组合"导航计算机的输入／输出信息量较大，首先是需要执行 20～40 个状态变量 Kalman 滤波器的计算工作量。在目前计算机的水平下，这将带来一些问题。迄今为止，在美国，有人已提出专利，但还没有见到已建成的深度组合 GPS／INS 导航系统。

在计算机的快速性提高之后，应当重视发展深度组合的 GPS／INS 导航系统。在 GPS／INS 系统不同的组合紧密程度情况下，对组合导航计算机运算能力的要求差别很大。在表 2‐11 中，列出了 GPS／

INS 导航系统组合紧密程度与 Kalman 滤波器状态变量数量之间的关系。

表 2-11　GPS／INS 组合紧密程度与 Kalman 滤波器状态变量数量之间的关系

Kalman 滤波器中状态变量的名称	独立工作系统	松散组合系统	紧密组合系统
位置	3	3	3
速度	3	3	3
加速度	3		
高度	1	1	1
时钟偏差及其漂移	2		2
对准误差		3	3
陀螺漂移与标度因数误差		6	6
加速度计零偏与标度因数误差		6	6
合计	12	22	24

　　随着组合紧密程度的增加,GPS／INS 组合系统的优点也显著增多。在表 2-12 中,总结了以上各种 GPS／INS 组合系统的优点。在实际的 GPS／INS 组合系统中,尽管多数的 Kalman 滤波器都是次优的,但对组合导航计算机的运算要求仍然较高。在松散组合的 GPS／INS 系统中,Kalman 滤波器的计算周期需要选择小于 10 s,而在紧密组合的 GPS/INS 系统中,则必须选择小于 1 s。

表 2-12　GPS／INS 组合导航系统的优点

组合方式	和前一种组合系统相比较,新增加的优点
独立工作	具有冗余度
松散组合	GPS 接收机能较快地捕获导航卫星; 受到电子干扰后,GPS 接收机保持正常工作的时间延长; 在飞行中可以校准陀螺仪和加速度计的误差; 在飞行中可以对惯性系统进行对准,提高了姿态角信号的精度
紧密组合	GPS 接收机不仅能较快地捕获,而且能跟踪导航卫星; 提高了 GPS 抗电子干扰的能力; 提高了校准陀螺仪和加速度计误差的精度; 在高动态环境中,保证 GPS 接收机能可靠地跟踪导航卫星

由此可见,在精度和抗电子干扰能力方面,虽然紧密组合的 GPS ／INS 导航系统都远比松散组合的 GPS ／ INS 导航系统为好,但是为了实现紧密组合的 GPS ／ INS 系统,在计算机的硬件和软件两个方面都需要付出较大的代价。

应当指出,人为的电子干扰对 GPS ／ INS 组合系统的工作影响很大。在比较不同深度 GPS ／ INS 组合系统的导航精度和恢复捕获导航卫星所需的时间等方面,美国曾做过大量的试验研究。在试验中,电子干扰发射机分别放置在地面上和另一架飞机上,使得 GPS ／ INS 组合系统中的 GPS 信号中断了 3 min 以上。试验的另外一个目的是判断陀螺仪、加速度计不同的性能对不同深度 GPS ／ INS 组合系统的影响。

根据目前的理论研究和飞行试验结果,在组合深度和抗干扰能力之间还不能得出定量的关系。

2.8　本章小结

GPS ／ INS 组合导航系统的全面性能包括"定位精度"与"可靠性"两个方面,后者取决于 GPS 接收机的抗电子干扰能力。为了提高 GPS接收机的抗干扰能力,需要设计天线具有很强方向性的 GPS 接收机。

在 INS 中,定位精度完全取决于陀螺仪和加速度计的性能。在GPS ／ INS 组合系统中,在 GPS 接收机短时间内丢失导航信号的情况下,根据飞行试验和仿真研究的结果,不同深度组合系统的导航精度差别较大。但目前还很难定量地确定不同深度组合系统的实际使用效果。

GPS 接收机的抗干扰能力取决于其接收信号的信噪比,和 INS 相组合可以提高 GPS 接收机的抗干扰能力。在干扰情况下,紧密组合系统中的 GPS 接收机仍能跟踪所观测的导航卫星。因此,在抗电子干扰能力方面,紧密组合的 GPS ／ INS 系统比松散组合的 GPS/INS 系统肯定要强。

此外,和其他辅助性的导航仪器相组合,也可以提高 GPS 接收机的抗干扰能力。例如,在飞机的 GPS ／ Doppler 组合导航系统中,GPS

接收机的抗干扰能力得到了提高。

在 GPS／INS 组合系统中，陀螺仪和加速度计的零偏误差将决定 INS 的初始对准精度。因此，它们对 GPS／INS 组合系统的性能具有重大的影响。

在 GPS 接收机能够捕获到导航卫星的情况下，GPS 可以对陀螺仪和加速度计的零偏误差进行校准。对这些误差校准的精度将取决于：

（1）GPS 接收机自身的噪声水平；

（2）所采用 Kalman 滤波器对这些噪声进行平滑的效果；

（3）陀螺仪和加速度计本身的噪声水平。

此外，飞行试验结果表明，机动飞行也将降低 GPS 导航信号对陀螺仪和加速度计误差的校准精度。在长时间平稳运动的载体上，陀螺仪和加速度计误差的校准精度较高。

根据以上情况，在研究和开发 GPS／INS 组合系统中，根本的技术途径仍然是提高 GPS 和 INS 分系统各自的全面性能。

参 考 文 献

1 Denaro R P, Geier G J. GPS／INS Integration for Enhanced Navigation Performance and Robustness. In: Advisory Group for Aerospace Research and Development. AGARD-LS-161. Neuilly-sur-Seine, France: 1988

2 钱天爵，瞿学林. GPS 全球定位系统. 北京: 海军出版社, 1989

3 Wei M, Schwarz K P. A Strapdown Inertial Algorithm Using an Earth-Fixed Cartesian Frame. Navigation, 1990, 37(2): 153~167

4 Bruce D. Flight Tests Highlight New GPS Uses, Emphasize Need for GPS／GLONASS System. Aviation Week & Space Technology, 1991, 12(2): 71~72

5 Moya D C, Elchynski J J. Evaluation of the World's Smallest Integrated Embedded GPS／INS, the H-764G. In: Proceedings of the National Technical Meeting of the Institute of Navigation. Alexandria, VA, USA: The Institute of Navigation (ION), 1993. 275~286

6 Greenspan R L. GPS / Inertial Integration Overview, Aerospace Navigation Systems. In: Advisory Group for Aerospace Research and Development. AGARD-AG-331. Neuilly-sur-Seine, France: 1995

7 Schmidt G T, Phillips R E. GPS / INS Integration. In: NATO, Advisory Group for Aerospace Research and Development (AGARD). Lecture Series on Innovative Applications of Satellite Navigation Systems. 1996. 3484

8 Petovello M G, Cannon M E, Lachapelle G. Benefits of Using a Tactical-Grade IMU for High-Accuracy Positioning. Navigation, 2004, 51(1):1~12

第 **3** 章

最优估计理论与导航系统的误差控制

3.1 引 言

1941 年,在第二次世界大战期间,苏联数学家 A. N. Komogorov 发表了论文,题目为"平稳随机序列的内插和外推"。这篇论文研究了"随机信息理论"在军事技术中的应用问题,提出了"最优滤波(估计)"的理论。在 Komogorov 的滤波理论中,需要把所测量的数据全部保存起来,通过论文中提出的滤波算法对这些数据进行计算,可以得出所测量数据"实时的最优估计值"。在应用 Komogorov 的滤波理论时,为了进行实时的滤波计算,需要存储量和计算量都较大的计算机,并且要求计算速度较快。对计算机的这些要求在当时是很难实现的。

1949 年,美国 N. Weiner 发表了类似的论文,题目为"平稳时间序列的外推、内插和平滑"。在平稳的随机过程中,这些学术著作成为实现最优线性滤波的理论基础。但是和 Komogorov 滤波理论相同,在工程应用中,存在着较大的困难。

1960 年,美国 R. E. Kalman 和 R. S. Bucy 等人提出了"递推滤波算法",被称为"Kalman 滤波器"。它的优点如下:

（1）不要求保存过去全部的测量数据，只需要根据当时的测量数据，就能递推算出实时的最优估计值，因而比较容易在数字计算机中实现；

（2）每输入一次新的测量数据，利用前一时刻已经算出的有关参数，即可算出实时的最优估计值。这种实时的估计器适合用于闭环的控制系统。

Kalman 滤波器对保证控制系统的精度具有重要意义。在"古典控制理论"中需要引入"校正装置"以保证控制系统的稳定性，与此相类似，在"现代控制理论"中，需要引入"Kalman 滤波器"以保证对控制系统误差的实时控制。

在组合导航系统中，引入 Kalman 滤波器对提高组合系统的精度具有重要意义。Kalman 滤波器可以对各个分系统输出的导航信号实行"加权求和"，实时地输出误差为最小的导航信号。更为重要的是，对组合导航系统中一些不能直接测量的误差项，例如，陀螺仪的漂移速度等，Kalman 滤波器可以借助于惯性导航系统外部的参考测量信号，间接地推算出它们的估计值，从而实时地加以补偿。这一过程被称为惯性导航系统的"校准"（Calibration）。

应当指出，在高精度的导航系统中，建立工程实用的 Kalman 滤波器具有以下难点：

（1）导航系统是多变量系统，状态变量可能达到 15 个以上。采用 Kalman 滤波算法将涉及多维矩阵的运算，导致设计导航计算机方面的困难。因此，在实际的导航系统中，必须寻求简化的导航系统数学模型，以及简化的 Kalman 滤波算法。

（2）已知导航系统主要误差的统计特性是建立 Kalman 滤波器的必要条件之一。在实际的导航系统中，这一要求很难得到保证。为此，必须研究和设计各种"自适应的 Kalman 滤波器"算法，以适应统计特性不完全具备的情况。

在本章中，将介绍最优估计理论及其在导航系统中的应用问题，包括：

（1）Weiner 滤波理论；

（2）连续的和离散的 Kalman 滤波器方程；

（3）平方根滤波器；

(4) 自适应的 Kalman 滤波器。

Weiner 滤波理论比较直观地说明了最优滤波器的概念。采用类似于控制系统中设计"串联校正装置"的算子方法，可以综合出 Weiner 滤波器的线性变换算子。采用同样的方法，可以推导出连续的和离散的 Kalman 滤波方程。

在工程实用中发展起来的 Kalman 滤波器是平方根和自适应等滤波器。它们的设计方法具有重要的实际意义。

在本章中，没有介绍非线性系统的最优滤波理论和设计方法，它们无疑具有重要的学术意义和实用价值，建议读者参考有关的文献。

在下一章中，将结合惯性测量技术和定位定向系统介绍 Kalman 滤波器的设计方法，以及在工程应用中的实际效果。

3.2　Weiner 滤波理论与积分方程

在控制系统中，需要设计最优滤波器，使得系统实际的输出信号和希望的输出信号之间在统计的意义上差值为最小，这是设计滤波器时应当遵循的最优准则。下面我们采用数学公式来描述这一设计方法，并推导出最优滤波器的线性变换算子。

已知控制系统的输入信号 $\boldsymbol{X}(t)$ 及其统计特性分别为

$$\boldsymbol{X}(t) = \boldsymbol{\Lambda}(t) + \boldsymbol{N}(t)$$

$$\boldsymbol{m}_X(t) = \boldsymbol{m}_\Lambda(t) + \boldsymbol{m}_N(t)$$

$$\boldsymbol{k}_X(t_1,t_2) = \boldsymbol{k}_\Lambda(t_1,t_2) + \boldsymbol{k}_N(t_1,t_2) + \boldsymbol{k}_{\Lambda N}(t_1,t_2) + \boldsymbol{k}_{N\Lambda}(t_1,t_2)$$

$$(3-1)$$

式中　$\boldsymbol{\Lambda}(t)$ 为有用信号，其均值和相关函数分别为 $\boldsymbol{m}_\Lambda(t)$，$\boldsymbol{k}_\Lambda(t_1,t_2)$；

$\boldsymbol{N}(t)$ 为干扰噪声，其统计特性为 $\boldsymbol{m}_N(t)$ 和 $\boldsymbol{k}_N(t_1,t_2)$；

$\boldsymbol{k}_{\Lambda N}(t_1,t_2)$ 和 $\boldsymbol{k}_{N\Lambda}(t_1,t_2)$ 为信号和噪声之间的互相关函数。

假定该系统希望的输出信号为 $\boldsymbol{Y}_{\mathrm{h}}(t)$，它是输入的有用信号经过线性算子 $\boldsymbol{H}\{\ \}$ 变换的结果

$$\boldsymbol{Y}_{\mathrm{h}}(t) = \boldsymbol{H}\{\boldsymbol{\Lambda}(t)\} \qquad (3-2)$$

式中，$H\{\ \}$为线性变换算子，在理想的控制系统中，$H\{\ \}=1$。

最优滤波器问题的提法是综合一个线性算子 $A\{\ \}$，经过该滤波器，实际输出的信号应为 $Y(t)=A\{X(t)\}$。

如上所述，按照滤波器的最优准则，系统实际输出信号 $Y(t)$ 与希望输出信号 $Y_h(t)$ 之间的差值 $\varepsilon(t)=Y(t)-Y_h(t)$ 在统计的意义上应为最小

$$Q = \chi^T E[\varepsilon(t)\varepsilon^T(t)]\chi = Q_{min} \qquad (3-3)$$

式中 χ 为加权系数。

把 $Y(t)=A\{X(t)\}$ 代入式(3-3)，得到

$$Q = \chi^T E[(A\{X\}-Y_h)(A\{X\}-Y_h)^T]\chi = Q_{min} \quad (3-4)$$

如果变换算子稍有变化，成为 $A_1\{\ \}=A\{\ \}+\mu G\{\ \}$，式中 μ 为微量；$G\{\ \}$ 为任意的变换算子。用 $A_1\{\ \}$ 取代 $A\{\ \}$，代入式 (3-4)。忽略二次微量，得到

$$Q_1 - Q_{min} \approx \mu\chi^T(E[\varepsilon G\{X\}^T] + E[G\{X\}\varepsilon^T])\chi$$

上式对 μ 微分，得到 $A\{\ \}$ 为最优的必要条件

$$\frac{\partial(Q_1 - Q_{min})}{\partial\mu} = 2\chi^T E[\varepsilon G\{X\}^T]\chi = 0$$

考虑到 $\chi \neq 0$，最终得到 $A\{\ \}$ 为最优的必要条件为

$$E[\varepsilon(t)G\{X(t)\}^T] = 0 \qquad (3-5)$$

根据式(3-5)，可以综合出需要的最优滤波器的算子 $A\{\ \}$。假定算子 $A\{\ \}$ 的形式为

$$Y(t) = A\{X(t)\} = \int_{t_0}^t a(t,\tau)X(\tau)d\tau + a_0(t) \quad (3-6)$$

式中 $a(t,\tau)$ 为加权函数，当 $t<\tau$ 时，$a(t,\tau)=0$；$a_0(t)$ 为任意的确定性向量。

这样，综合最优滤波器算子 $A\{\ \}$ 的问题可归结为推导 $a(t,\tau)$ 和 $a_0(t)$ 的计算公式，其中 $a_0(t)$ 是为保证最优变换具有非齐次性而引入的。

在式(3-5)中，$G\{\ \}$ 为任意的算子，它也可写为式(3-6)的形式

$$G\{X(t)\} = \int_{t_0}^t g(t,\tau)X(\tau)d\tau + g_0(t) \qquad (3-7)$$

式中 $g(t,\tau)$ 为加权函数，当 $t<\tau$ 时，$g(t,\tau)=0$；$g_0(t)$ 为任意的确定

性向量。

把式(3-6)和式(3-7)代入式(3-5),得到均值符号中的各项为

$$\left[\left[\int_{t_0}^t \boldsymbol{a}(t,\tau_2)\boldsymbol{X}(\tau_2)\mathrm{d}\tau_2 + \boldsymbol{a}_0(t) - \boldsymbol{Y}_\mathrm{h}(t)\right] \times \left[\int_{t_0}^t \boldsymbol{g}(t_1,\tau_1)\boldsymbol{X}(\tau_1)\mathrm{d}\tau_1 + \boldsymbol{g}_0(t)\right]^\mathrm{T}\right.$$

$$= \int_{t_0}^t \left\{\left[\int_{t_0}^t \boldsymbol{a}(t,\tau_2)\boldsymbol{X}(t_2)\boldsymbol{X}^\mathrm{T}(\tau_1)\mathrm{d}\tau_2 + \boldsymbol{a}_0(t)\boldsymbol{X}^\mathrm{T}(\tau_1) - \boldsymbol{Y}_\mathrm{h}(t)\boldsymbol{X}^\mathrm{T}(\tau_1)\right]\right. \times$$

$$\boldsymbol{g}^\mathrm{T}(t,\tau_1)\mathrm{d}\tau_1 + \left\{\left[\int_{t_0}^t \boldsymbol{a}(t,\tau_2)\boldsymbol{X}(\tau_2)\mathrm{d}\tau_2 + \boldsymbol{a}_0(t) - \boldsymbol{Y}_\mathrm{h}(t)\right]\boldsymbol{g}_0^\mathrm{T}(t)\right.$$

显然,在任意的 $\boldsymbol{g}(t,\tau)$ 和 $\boldsymbol{g}_0(t)$ 情况下,上式等于零的条件是: $\boldsymbol{g}(t,\tau)$ 和 $\boldsymbol{g}_0(t)$ 的系数必须分别等于零。考虑到均值符号可以移到积分符号里边,由此得到

$$\int_{t_0}^t \boldsymbol{a}(t,\tau_2)E[\boldsymbol{X}(\tau_2)\boldsymbol{X}^\mathrm{T}(\tau_1)]\mathrm{d}\tau_2 + \boldsymbol{a}_0(t)E[\boldsymbol{X}^\mathrm{T}(\tau_1)] -$$

$$E[\boldsymbol{Y}_\mathrm{h}(t)\boldsymbol{X}^\mathrm{T}(\tau_1)] = 0 \qquad (3-8)$$

$$\int_{t_0}^t \boldsymbol{a}(t,\tau_2)E[\boldsymbol{X}(\tau_2)]\mathrm{d}\tau_2 + \boldsymbol{a}_0(t) - E[\boldsymbol{Y}_\mathrm{h}(t)] = 0 \quad (3-9)$$

在上两式中消去 $\boldsymbol{a}_0(t)$,并写成相关函数的形式,最后得到 Weiner 滤波器变换算子 $\boldsymbol{a}(t,\tau)$ 的计算公式

$$\int_{t_0}^t \boldsymbol{a}(t,\tau_2)\boldsymbol{K}_X(\tau_2,\tau_1)\mathrm{d}\tau_2 = \boldsymbol{K}_{Y_\mathrm{h}X}(t,\tau_1) \qquad (3-10)$$

式(3-10)是一个积分方程,称为"Weiner 积分方程"。为了计算最优滤波器的线性变换算子 $\boldsymbol{a}(t,\tau)$,需要解 Weiner 积分方程,并把 $\boldsymbol{a}(t,\tau)$ 代入式(3-9),得到 $\boldsymbol{a}_0(t)$。

应当指出,实现 Weiner 滤波器将遇到以下两个难点:

(1) Weiner 积分方程很难求解;

(2) 如果对输入信号的相关函数 $\boldsymbol{K}_X(t_1,t_2)$ 测试得不很准确,那么,随着积分时间区间 (t_0,t) 的增大,计算 $\boldsymbol{a}(t,\tau)$ 的误差也将增大。

因此,在工程实际系统中,Weiner 的滤波理论较难应用。在 Weiner 滤波器的应用中,需要限制 Weiner 积分方程中时间区间 (t_0,t) 的长度。为了做到这一点,采用递推的积分计算方法比较合适。这就为此后的 Kalman 滤波理论提供了启示。

3.3 连续的 Kalman 滤波方程

20 世纪 60 年代,由于导航和火箭控制等多变量系统的需要,采用状态空间时域计算方法的现代控制理论得到了广泛应用,加上计算机技术的迅速发展,促成了 Kalman 滤波器在实时的控制系统中得到了应用。不言而喻,被估计的控制系统状态变量应当具有能观测性。

Kalman 滤波器的原理可简述如下:

(1) 在每一时刻,当时得到的测量数据称为"新息"。

(2) 需要把新息和前一时刻已算出的最优估计值按照一定的加权系数组合在一起。这一加权系数被称为 Kalman 滤波器的"增益"。

(3) 利用新息和 Kalman 滤波器的增益可以算出当前这一时刻的最优估计值。

Kalman 滤波器是一种递推的算法方程,适合于计算机运算,引入控制系统中可以进行实时估计与控制。

下面介绍连续 Kalman 滤波器的算法方程,前提是需要已知控制系统的状态方程、系统数学模型中的噪声、以及系统测量信号中的噪声等统计特性。

(1) 建立控制系统的状态方程 (亦称模型方程)。

$$d\boldsymbol{\Lambda}(t)/dt = \boldsymbol{F}(t)\boldsymbol{\Lambda}(t) + \boldsymbol{B}(t)\,\boldsymbol{U}(t) + \boldsymbol{D}(t)\,\boldsymbol{W}(t)$$

$$(3 - 11)$$

式中,$\boldsymbol{\Lambda}(t)$ 为系统的有用信号;$\boldsymbol{U}(t)$ 为系统中确定性的控制作用;$\boldsymbol{W}(t)$ 为系统中的白噪声;$\boldsymbol{F}(t),\boldsymbol{B}(t),\boldsymbol{D}(t)$ 分别为相应的系数矩阵。

(2) 建立控制系统的测量方程 (需要估计的状态变量往往不能直接测量)。

假定系统中可以测量的状态变量为 $\boldsymbol{X}(t)$,它和 $\boldsymbol{\Lambda}(t)$ 之间有以下线性关系

$$\boldsymbol{X}(t) = \boldsymbol{H}(t)\boldsymbol{\Lambda}(t) + \boldsymbol{V}(t) \qquad (3 - 12)$$

式中,$\boldsymbol{H}(t)$ 为已知的系数矩阵;$\boldsymbol{V}(t)$ 为测量噪声。

(3) 选择控制系统的输出信号 (有用信号)。

$$\boldsymbol{Y}_{h}(t) = \boldsymbol{\Lambda}(t)$$

$$\boldsymbol{Y}_h(t) = \overset{\circ}{\boldsymbol{Y}}_h(t) + m_{Y_h}(t) = \overset{\circ}{\boldsymbol{\Lambda}}(t) + \boldsymbol{m}_\Lambda(t)$$

式中，$\overset{\circ}{\boldsymbol{Y}}_h(t)$ 和 $\overset{\circ}{\boldsymbol{\Lambda}}(t)$ 为中心值；$m_{Y_h}(t)$ 和 $\boldsymbol{m}_\Lambda(t)$ 分别为它们的均值；t 为输出信号的时间。

根据无偏估计的要求

$$\boldsymbol{m}_{Y_h}(t) = \boldsymbol{m}_\Lambda(t) = \boldsymbol{m}_Y(t) = \int_{t_0}^t \boldsymbol{a}(t,\tau)\boldsymbol{m}_X(\tau)\mathrm{d}\tau + \boldsymbol{a}_0(t)$$

$$(3-13)$$

针对以上的控制系统的模型方程、测量方程、以及需要的输出信号，下面推导连续 Kalman 滤波器的算法方程。参照 Weiner 滤波理论中的式(3-6)和(3-10)，可以假定

$$\overset{\circ}{\boldsymbol{Y}}(t) = \int_{t_0}^t \boldsymbol{a}(t,\tau)\overset{\circ}{\boldsymbol{X}}(\tau)\mathrm{d}\tau \qquad (3-14)$$

$$\int_{t_0}^t \boldsymbol{a}(t,\tau_2)\boldsymbol{K}_X(\tau_2,\tau_1)\mathrm{d}\tau_2 = \boldsymbol{K}_{\Lambda X}(t,\tau_1), t_0 \leqslant \tau_1 \leqslant \tau_2$$

$$(3-15)$$

把上两式对 t 微分，得到

$$\frac{\mathrm{d}\overset{\circ}{\boldsymbol{Y}}(t)}{\mathrm{d}t} = \int_{t_0}^t \frac{\mathrm{d}\boldsymbol{a}(t,\tau_2)}{\mathrm{d}t}\overset{\circ}{\boldsymbol{X}}(\tau_2)\mathrm{d}\tau_2 + \boldsymbol{a}(t,t)\overset{\circ}{\boldsymbol{X}}(t) \quad (3-16)$$

$$\int_{t_0}^t \frac{\mathrm{d}\boldsymbol{a}(t,\tau_2)}{\mathrm{d}t}K_X(\tau_2,\tau_1)\mathrm{d}\tau_2 + \boldsymbol{a}(t,t)\boldsymbol{K}_X(t,\tau_1) = \frac{\mathrm{d}\boldsymbol{K}_{\Lambda X}(t,\tau_1)}{\mathrm{d}t}$$

$$(3-17)$$

考虑到模型方程为式(3-11)、测量方程为式(3-12)，式(3-17)可改写为

$$\int_{t_0}^t \frac{\mathrm{d}\boldsymbol{a}(t,\tau_2)}{\mathrm{d}t}\boldsymbol{K}_X(\tau_2,\tau_1)\mathrm{d}\tau_2 + \boldsymbol{a}(t,t)E\big[\overset{\circ}{\boldsymbol{X}}(t)\overset{\circ}{\boldsymbol{X}}^{\mathrm{T}}(\tau_1)\big] =$$

$$E\left[\frac{\mathrm{d}\overset{\circ}{\boldsymbol{\Lambda}}(t)}{\mathrm{d}t}\overset{\circ}{\boldsymbol{X}}^{\mathrm{T}}(\tau_1)\right]$$

或写为

$$\int_{t_0}^t \frac{\mathrm{d}\boldsymbol{a}(t,\tau_2)}{\mathrm{d}t}\boldsymbol{K}_X(\tau_2,\tau_1)\mathrm{d}\tau_2 + \boldsymbol{a}(t,t)\times$$

$$\boldsymbol{H}(t)E[\mathring{\boldsymbol{\Lambda}}(t)\,\mathring{\boldsymbol{X}}^{\mathrm{T}}(\tau_1)] + \boldsymbol{a}(t,t)E[\mathring{\boldsymbol{V}}(t)\,\mathring{\boldsymbol{X}}^{\mathrm{T}}(\tau_1)]$$

$$= \boldsymbol{F}(t)E[\mathring{\boldsymbol{\Lambda}}(t)\,\mathring{\boldsymbol{X}}^{\mathrm{T}}(\tau_1)] + \boldsymbol{D}(t)E[\mathring{\boldsymbol{W}}(t)\,\mathring{\boldsymbol{X}}^{\mathrm{T}}(\tau_1)]$$

$$(3-18)$$

当 $\upsilon_1 < t$ 时，$E[\mathring{\boldsymbol{V}}(t)\mathring{\boldsymbol{X}}^{\mathrm{T}}(\tau_1)] = 0$；$E[\mathring{\boldsymbol{W}}(t)\mathring{\boldsymbol{X}}^{\mathrm{T}}(\tau_1)] = 0$

$$\int_{t_0}^t \frac{\mathrm{d}\boldsymbol{a}(t,\tau_2)}{\mathrm{d}t} \boldsymbol{K}_X(\tau_2,\tau_1)\mathrm{d}\tau_2 = E[\mathring{\boldsymbol{\Lambda}}(t)\mathring{\boldsymbol{X}}^{\mathrm{T}}(\tau_1)]$$

把以上等式代入式(3-18)，得到

$$\int_{t_0}^t \frac{\mathrm{d}\boldsymbol{a}(t,\tau_2)}{\mathrm{d}t} \boldsymbol{K}_X(\tau_2,\tau_1)\mathrm{d}\tau_2 + \boldsymbol{a}(t,t)\boldsymbol{H}(t)\int_{t_0}^t \boldsymbol{a}(t,\tau_2)\boldsymbol{K}_X(\tau_2,\tau_1)\mathrm{d}\tau_2$$

$$= \boldsymbol{F}(t)\int_{t_0}^t \boldsymbol{a}(t,\tau_2)\boldsymbol{K}_X(\tau_2,\tau_1)\mathrm{d}\tau_2$$

在 $\boldsymbol{F}(t)$，$\boldsymbol{H}(t)$ 和 $\boldsymbol{a}(t,t)$ 均为连续函数的条件下，上式可改写为

$$\int_{t_0}^t \{\boldsymbol{F}(t)\boldsymbol{a}(t,\tau_2) - \frac{\mathrm{d}\boldsymbol{a}(t,\tau_2)}{\mathrm{d}t} -$$

$$\boldsymbol{a}(t,t)\boldsymbol{H}(t)\boldsymbol{a}(t,\tau_2)\}\boldsymbol{K}_X(\tau_2,\tau_1)\mathrm{d}\tau_2 = 0 \qquad (3-19)$$

上式成立的充分条件为大括号内的各项之和等于零，即

$$\frac{\mathrm{d}\boldsymbol{a}(t,\tau_2)}{\mathrm{d}t} = \boldsymbol{F}(t)\boldsymbol{a}(t,\tau_2) - \boldsymbol{a}(t,t)\boldsymbol{H}(t)\boldsymbol{a}(t,\tau_2) = 0$$

$$(3-20)$$

或写为

$$\frac{\mathrm{d}\boldsymbol{a}(t,\tau)}{\mathrm{d}t} = \boldsymbol{F}(t)\boldsymbol{a}(t,\tau) - \boldsymbol{a}(t,t)\boldsymbol{H}(t)\boldsymbol{a}(t,\tau) = 0$$

$$(3-21)$$

把式(3-21)代入式(3-16)，得到

$$\frac{\mathrm{d}\mathring{\boldsymbol{Y}}(t)}{\mathrm{d}t} = \int_{t_0}^t \boldsymbol{F}(t)\boldsymbol{a}(t,\tau)\mathring{\boldsymbol{X}}(\tau)\mathrm{d}\tau - \int_{t_0}^t \boldsymbol{a}(t,t)\boldsymbol{H}(t)\boldsymbol{a}(t,\tau) \times$$

$$\mathring{\boldsymbol{X}}(\tau)\mathrm{d}\tau + \boldsymbol{a}(t,t)\mathring{\boldsymbol{X}}(t)$$

考虑到式(3 - 14),最后得到连续的 Kalman 滤波方程为

$$\frac{\mathrm{d}\overset{\circ}{\pmb{Y}}(t)}{\mathrm{d}t} = \pmb{F}(t)\overset{\circ}{\pmb{Y}}(t) + \pmb{a}(t,t)\big[\overset{\circ}{\pmb{X}}(t) - \pmb{H}(t)\overset{\circ}{\pmb{Y}}(t)\big]$$

$$(3 - 22)$$

式中,$\pmb{a}(t,t)$ 为 Kalman 滤波器的增益矩阵;$[\pmb{X}(t) - \pmb{H}(t)\pmb{Y}(t)]$ 称为新息。

引入确定性的控制作用 $\pmb{U}(t)$ 将只影响有用信号均值 $\pmb{m}_\Lambda(t)$ 的变化,对 Kalman 滤波方程并无影响。下式为有用信号均值 $\pmb{m}_\Lambda(t)$ 的计算方程

$$\frac{\mathrm{d}\pmb{m}_\Lambda(t)}{\mathrm{d}t} = \pmb{F}(t)\pmb{m}_\Lambda(t) + \pmb{B}(t)\pmb{U}(t) \qquad (3 - 23)$$

把式(3 - 22)和(3 - 23)相加,得到最终的连续的 Kalman 滤波方程

$$\dot{\pmb{Y}}(t) = \pmb{F}(t)\,\pmb{Y}(t) + \pmb{B}(t)\,\pmb{U}(t) + \pmb{a}(t,t)\,\big[\pmb{X}(t) - \pmb{H}(t)\,\pmb{Y}(t)\big]$$

$$(3 - 24)$$

图 3 - 1 为连续 Kalman 滤波器的方框图,图中新息$[\pmb{X}(t) - \pmb{H}(t)\cdot \pmb{Y}(t)]$乘以增益矩阵 $\pmb{a}(t,t)$,与控制作用 $\pmb{B}(t)\,\pmb{U}(t)$相加之后,一起输入控制系统。

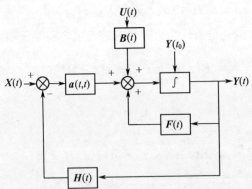

图 3 - 1　连续的 Kalman 滤波器方框图

Kalman 滤波器的增益矩阵 $\pmb{a}(t,t)$ 可以推算如下。显然,增益矩阵 $\pmb{a}(t,t)$ 在机理上是一个加权系数,它取决于测量噪声。在测量方程 $\pmb{X}(t) = \pmb{H}(t)\pmb{\Lambda}(t) + \pmb{V}(t)$ 中,不失一般性,可假定测量噪声为零均值

的白噪声,其相关函数为

$$K_V(t_1 - t_2) = R(t_1)\delta(t_1 - t_2), R(t) \text{为测量噪声的强度根据}$$

Weiner 积分方程式(3 − 10),令 $H(t)\Lambda(t) = Z(t)$,考虑到 $\overset{\circ}{Z}(t)$ 和 $\overset{\circ}{V}(t)$ 互不相关,得到

$$\int_{t_0}^{t} a(t,\tau_2)E\big[\overset{\circ}{X}(\tau_2)\overset{\circ}{Z}^{\mathrm{T}}(\tau_1)\big]\mathrm{d}\tau_2 + a(t,\tau_1)R(\tau_1) = E\big[\overset{\circ}{\Lambda}(t)\overset{\circ}{Z}^{\mathrm{T}}(\tau_1)\big]$$

当 $\tau_1 \to t$ 时,由上式得到

$$a(t,t)R(t) = E\big[\overset{\circ}{\Lambda}(t)\overset{\circ}{Z}^{\mathrm{T}}(t)\big] - \int_{t_0}^{t} a(t,\tau_2)E\big[\overset{\circ}{X}(\tau_2)\overset{\circ}{Z}^{\mathrm{T}}(\tau_1)\big]\mathrm{d}\tau_2$$

$$(3 - 25)$$

已知估计误差为 $\overset{\circ}{\varepsilon}(t) = \overset{\circ}{Y}(t) - \overset{\circ}{\Lambda}(t)$,其协方差为

$$P(t) = K_\varepsilon(t,t) = E\big[\overset{\circ}{\varepsilon}(t)\overset{\circ}{\varepsilon}^{\mathrm{T}}(t)\big]$$

同时,$E\big[\overset{\circ}{\varepsilon}(t)\overset{\circ}{Y}^{\mathrm{T}}(t)\big] = 0$,Kalman 滤波器增益矩阵 $a(t,t)$ 最终可写为

$$a(t,t) = P(t)H^{\mathrm{T}}(t)R^{-1}(t) \qquad (3 - 26)$$

Kalman 滤波器估计误差协方差矩阵 $P(t)$ 的计算方程可推导如下。已知

$$\frac{\mathrm{d}\overset{\circ}{\Lambda}}{\mathrm{d}t} = F(t)\overset{\circ}{\Lambda}(t) + D(t)\overset{\circ}{W}(t)$$

$$\frac{\mathrm{d}\overset{\circ}{Y}(t)}{\mathrm{d}t} = F(t)\overset{\circ}{Y}(t) + a(t,t)\big[\overset{\circ}{X}(t) - H(t)\overset{\circ}{Y}(t)\big]$$

两式相减,得到

$$\mathrm{d}\overset{\circ}{\varepsilon}/\mathrm{d}t = \big[F(t) - a(t,t)H(t)\big]\overset{\circ}{\varepsilon}(t) + a(t,t)\overset{\circ}{V}(t) - D(t)\overset{\circ}{W}(t)$$

$$(3 - 27)$$

考虑到 $E\big[\overset{\circ}{V}(t)\overset{\circ}{\varepsilon}^{\mathrm{T}}(t)\big] = \dfrac{1}{2}R(t)a^{\mathrm{T}}(t,t);$

$$E\big[\overset{\circ}{W}(t)\overset{\circ}{\varepsilon}^{\mathrm{T}}(t)\big] = -\dfrac{1}{2}Q(t)D^{\mathrm{T}}(t)$$

$$E[\overset{\circ}{\pmb{\varepsilon}}(t)\overset{\circ}{\pmb{V}}{}^{\mathrm{T}}(t)] = \frac{1}{2}\pmb{a}(t,t)\pmb{R}(t); E[\overset{\circ}{\pmb{\varepsilon}}(t)\ \pmb{W}^{\mathrm{T}}(t)] = -\frac{1}{2}\pmb{D}(t)\pmb{Q}(t)$$

得到估计误差协方差矩阵 $\pmb{P}(t)$ 的计算方程为

$$\mathrm{d}\pmb{P}(t)/\mathrm{d}t = \pmb{F}(t)\pmb{P}(t) + \pmb{P}(t)\pmb{F}^{\mathrm{T}}(t) -$$
$$\pmb{P}(t)\pmb{H}^{\mathrm{T}}(t)\pmb{R}^{-1}(t)\pmb{H}(t)\pmb{P}(t) + \pmb{D}(t)\pmb{Q}(t)\pmb{D}^{\mathrm{T}}(t)$$

$$(3-28)$$

上式称为 Riccati 积分方程。它是一个非线性的微分方程组,目前还没有普遍的求解方法,但可以采用数值计算方法求解。这样,按照以上的计算方程,理论上可以建立连续的 Kalman 滤波器。在表 3-1 中,总结了以上连续的 Kalman 滤波方程。

表 3-1 连续的 Kalman 滤波方程

系统方程	$\mathrm{d}\pmb{\Lambda}(t)/\mathrm{d}t = \pmb{F}(t)\pmb{\Lambda}(t) + \pmb{B}(t)\ \pmb{U}(t) + \pmb{D}(t)\ \pmb{W}(t)$
测量方程	$\pmb{X}(t) = \pmb{H}(t)\pmb{\Lambda}(t) + \pmb{V}(t)$
已知统计特性	$\pmb{W}(t), \pmb{V}(t)$ 为互不相关的零均值白噪声,强度分别为 $\pmb{Q}, \pmb{R}$
Kalman 滤波方程	$\dot{\pmb{Y}}(t) = \pmb{F}(t)\pmb{Y}(t) + \pmb{B}(t)\ \pmb{U}(t) + \pmb{a}(t,t)[\pmb{X}(t) - \pmb{H}(t)\ \pmb{Y}(t)]$
最优增益矩阵	$\pmb{a}(t,t) = \pmb{P}(t)\pmb{H}^{\mathrm{T}}(t)\pmb{R}^{-1}(t)$
Riccati 积分方程	$\mathrm{d}\pmb{P}(t)/\mathrm{d}t = \pmb{F}(t)\pmb{P}(t) + \pmb{P}(t)\pmb{F}^{\mathrm{T}}(t) - \pmb{P}(t)\pmb{H}^{\mathrm{T}}(t)\pmb{R}^{-1}(t) \cdot$ $\pmb{P}(t) + \pmb{D}(t)\pmb{Q}(t)\pmb{D}^{\mathrm{T}}(t)$
初始条件	$\pmb{Y}(t_0) = E[\pmb{\Lambda}(t_0)] = 0, \pmb{P}(t_0) = \pmb{P}_{\Lambda}(t_0)$

在控制系统中,可以采用数字计算机实现连续的 Kalman 滤波器。为此,需要根据控制系统所要求的计算精度,选定滤波器的计算周期,不断更新估计值。

在实现了连续的 Kalman 滤波器之后,需要不断检验估计误差协方差 $\pmb{P}(t)$ 的数值。如果 $\pmb{P}(t)$ 不随时间而增大,则说明所设计的连续 Kalman 滤波器在控制系统中没有发散现象,设计是成功的。

3.4 离散的 Kalman 滤波方程

在导航系统中,获得外部的参考信号往往需要一定的测量周期。

测量方程在时间上只能是离散的。在这种情况下,需要采用离散的 Kalman 滤波方程来实现最优估计。

离散的 Kalman 滤波方程在以下几点上将和连续的 Kalman 滤波方程有所不同。假定采样间隔时间为 ΔT,离散的时刻序号为 $k = 0$,$1, 2, \cdots$,则每次测量的时刻为 $t = k\Delta T$。

在系统的模型方程和测量方程中,状态变量仍分别为 $\boldsymbol{\Lambda}(k)$,$\boldsymbol{U}(k)$,$\boldsymbol{X}(k)$,$\cdots$。得到离散控制系统的模型方程为

$$\boldsymbol{\Lambda}(k + 1) = \boldsymbol{\Phi}(k + 1, k)\boldsymbol{\Lambda}(k) +$$
$$\boldsymbol{B}(k + 1, k)\boldsymbol{U}(k) + \boldsymbol{D}(k + 1, k)\boldsymbol{W}(k) \quad (3 - 29)$$

式中,$\boldsymbol{\Phi}(k + 1, k)$,$\boldsymbol{B}(k + 1, k)$,$\boldsymbol{D}(k + 1, k)$ 为已知的系数矩阵;$\boldsymbol{W}(k)$ 为模型噪声。

离散控制系统的测量方程为

$$\boldsymbol{X}(k + 1) = \boldsymbol{H}(k + 1, k)\boldsymbol{\Lambda}(k + 1) + \boldsymbol{V}(k + 1) \quad (3 - 30)$$

式中,$\boldsymbol{H}(k + 1, k)$ 为已知的系数矩阵;$\boldsymbol{V}(k + 1)$ 为测量噪声。

不失一般性,可以假定 $\boldsymbol{W}(k)$ 和 $\boldsymbol{V}(k + 1)$ 互不相关,$E[\overset{\circ}{\boldsymbol{W}}(k) \cdot \overset{\circ}{\boldsymbol{V}}^{\mathrm{T}}(\nu)] = 0$。它们都是零均值的白噪声,强度分别为

$$E[\overset{\circ}{\boldsymbol{W}}(k)\overset{\circ}{\boldsymbol{W}}^{\mathrm{T}}(\nu)] = \boldsymbol{Q}(k)\delta_{k, \nu}$$

$$E[\overset{\circ}{\boldsymbol{V}}(k)\overset{\circ}{\boldsymbol{V}}^{\mathrm{T}}(\nu)] = \boldsymbol{R}(k)\delta_{k, \nu}$$

式中,当 $k = \nu$,$\delta_{k, \nu} = 1$;当 $k \neq \nu$,$\delta_{k, \nu} = 0$。

参照连续的 Kalman 滤波方程式(3 - 24),可以推导出离散的 Kalman 滤波方程为

$$\boldsymbol{Y}(k + 1) = \boldsymbol{\Phi}(k + 1, k)\boldsymbol{Y}(k) + \boldsymbol{B}(k + 1, k)\boldsymbol{U}(k) +$$
$$\boldsymbol{A}(k + 1)[\boldsymbol{X}(k + 1) - \boldsymbol{H}(k + 1, k)\boldsymbol{\Phi}(k + 1, k)\boldsymbol{Y}(k) -$$
$$\boldsymbol{H}(k + 1, k)\boldsymbol{B}(k + 1, k)\boldsymbol{U}(k)]$$

$$(3 - 31)$$

式中,$\boldsymbol{A}(k + 1)$ 为离散的 Kalman 滤波方程的增益矩阵;式(3 - 31)的初始条件为 $\boldsymbol{Y}(0) = E[\boldsymbol{\Lambda}(0)]$。

如图 3-2 所示,离散的 Kalman 滤波器具有递推的形式,每获得一次测量数据 $\boldsymbol{X}(k)$,可以计算一次估计值 $\boldsymbol{Y}(k + 1)$。这种递推的计算过程非

常适合于计算机运算。测量数据送入计算机后立刻进行数据处理,不需要存储在计算机里。在 k 时刻和 $k+1$ 时刻之间,计算机中存储的信息如下

$$\boldsymbol{\Phi}(k+1,k), \boldsymbol{D}(k+1,k), \boldsymbol{Q}(k), \boldsymbol{H}(k+1,k),$$
$$\boldsymbol{R}(k+1), \boldsymbol{Y}(k), \boldsymbol{P}(k), \boldsymbol{M}(k)$$

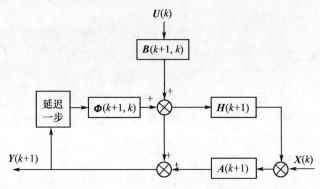

图 3-2 离散的 Kalman 滤波器方框图

在表 3-2 中,列出了离散的 Kalman 滤波方程。为了说明离散 Kalman 滤波方程的计算流程,在表 3-2 中,不失普遍性,可令 $\boldsymbol{U}(k)$ $=0$。在这种情况下,估计值 $\boldsymbol{Y}(k+1)$ 和估计误差的协方差 $\boldsymbol{P}(k+1)$ 成为 $k+1$ 计算周期的初始条件,离散 Kalman 滤波方程将递推进行,直至 $k=n$。图 3-3 为计算离散 Kalman 滤波方程的流程图。

表 3-2 离散的 Kalman 滤波方程

模型方程	$\boldsymbol{\Lambda}(k+1) = \boldsymbol{\Phi}(k+1,k)\boldsymbol{\Lambda}(k) + \boldsymbol{B}(k+1,k)\,\boldsymbol{U}(k) + \boldsymbol{D}(k+1,k)\,\boldsymbol{W}(k)$
测量方程	$\boldsymbol{X}(k+1) = \boldsymbol{H}(k+1,k)\boldsymbol{\Lambda}(k+1) + \boldsymbol{V}(k+1)$
已知统计特性	$\boldsymbol{W}(t), \boldsymbol{V}(t)$ 为互不相关的零均值白噪声,强度分别为 $\boldsymbol{Q}, \boldsymbol{R}$
Kalman 滤波方程	$\boldsymbol{Y}(k+1) = \boldsymbol{\Phi}(k+1,k)\boldsymbol{Y}(k) + \boldsymbol{B}(k+1,k)\,\boldsymbol{U}(k) +$ $\qquad \boldsymbol{A}(k+1)\big[\boldsymbol{X}(k+1) - \boldsymbol{H}(k+1,k)\boldsymbol{\Phi}(k+1,k)\,\boldsymbol{Y}(k) -$ $\qquad \boldsymbol{H}(k+1,k)\boldsymbol{B}(k+1,k)\,\boldsymbol{U}(k)\big]$
最优增益矩阵	$\boldsymbol{A}(k+1) = \boldsymbol{M}(k)\boldsymbol{H}^{\mathrm{T}}(k+1)\big[\boldsymbol{H}(k+1)\,\boldsymbol{M}(k)\boldsymbol{H}^{\mathrm{T}}(k+1) + \boldsymbol{R}(k+1)\big]^{-1}$ $\boldsymbol{M}(k) = \boldsymbol{\Phi}(k+1,k)\boldsymbol{P}(k)\boldsymbol{\Phi}^{\mathrm{T}}(k+1,k) + \boldsymbol{D}(k+1,k)\,\boldsymbol{Q}(k)\boldsymbol{D}^{\mathrm{T}}(k+1,k)$
Riccati 积分方程	$\boldsymbol{P}(k+1) = \big[\boldsymbol{I} - \boldsymbol{A}(k+1)\boldsymbol{H}(k+1,k+1)\big]\boldsymbol{M}(k)$
初始条件	$\boldsymbol{Y}(0) = E\big[\boldsymbol{\Lambda}(0)\big], \boldsymbol{P}(0) = \boldsymbol{P}_{\boldsymbol{\Lambda}}(0)$

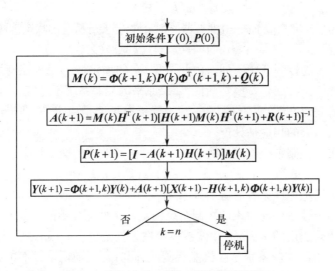

图 3-3 离散 Kalman 滤波方程计算的流程图

离散 Kalman 滤波器的增益矩阵可写为

$$A(k+1) = M(k)H^{\mathrm{T}}(k+1)[H(k+1)M(k)H^{\mathrm{T}}(k+1) + R(k+1)]^{-1}$$

$$(3-32)$$

式中 $M(k)$ 为引入的辅助矩阵，它可写为

$$M(k) = \boldsymbol{\Phi}(k+1,k)\boldsymbol{P}(k)\boldsymbol{\Phi}^{\mathrm{T}}(k+1,k) + \boldsymbol{D}(k+1,k)\boldsymbol{Q}(k)\boldsymbol{D}^{\mathrm{T}}(k+1,k)$$

$$(3-33)$$

式中 $P(k)$ 为滤波误差 $\varepsilon(k)$ 的协方差矩阵

$$P(k+1) = M(k) - A(k+1)H(\mathring{k}+1)M(k)$$

$$P(0) = E[\mathring{\boldsymbol{\Lambda}}(0)\mathring{\boldsymbol{\Lambda}}^{\mathrm{T}}(0)] = \boldsymbol{P}_{\Lambda}(0)$$

$$(3-34)$$

3.5 Kalman 滤波器的稳定性

离散 Kalman 滤波器的稳定性是指它的滤波方程而言。根据式 $(3-31)$，不考虑 $U(k)$ 项，它的滤波方程可写为

$$\boldsymbol{Y}(k+1) = [\boldsymbol{I} - \boldsymbol{A}(k+1)\boldsymbol{H}(k+1,k)]\boldsymbol{\Phi}(k+1,k)\cdot$$

$$Y(k) + A(k+1)X(k+1) \qquad (3-35)$$

为了研究离散 Kalman 滤波器的稳定性,需要分析它的状态转移矩阵

$$[I - A(k+1)H(k+1,k)]\Phi(k+1,k)$$

它和原来的控制系统不同。由此可见,它的稳定性和原来控制系统的稳定性不是一回事。换句话说,如果原来的控制系统不稳定,其输出信号随时间而发散,它的 Kalman 滤波器仍有可能是稳定的,即提供随时间不断增大的相应估计值。

按照控制系统稳定性的条件,Kalman 滤波器的稳定性条件应为

$$\det\{sI - \Phi(k+1,k) + A(k+1)H(k+1,k)\Phi(k+1,k)\} = 0$$

上述稳定性条件在设计中较难应用,它只是说明了 Kalman 滤波器的稳定性条件与原来的控制系统稳定性条件完全不同。

比较实用的 Kalman 滤波器稳定性条件是由 Kalman 本人推导的。如果原来的控制系统是随机能观测的,同时也是随机能控制的,那么,它的 Kalman 滤波器将是渐近一致稳定的,即在式(3-35)中,齐次差分方程的解将等于零

$$\lim_{t \to \infty} Y(k+1) = 0 \qquad (3-36)$$

上式表明,随着时间的增长,$Y(k+1)$ 将渐近地趋近于零,而且与初始条件无关。这里表明了 Kalman 滤波器的另一个特性:如果它具有稳定性,那么,它对初始条件就不敏感。随着运行中测量次数增多,错误设置的初始条件将逐渐被"遗忘"。

3.6 Kalman 滤波器的发散

在惯性和组合导航系统的初始对准和误差校准中,离散的 Kalman 滤波器得到了广泛应用。实践表明,它对控制导航系统随时间增长的误差具有显著的效果。为了使实际的 Kalman 滤波器发挥预期的作用,需要重视解决以下关键性的技术问题:

(1) 对导航系统进行误差分析,建立系统中的误差传播方程;

(2) 在模型噪声和测量噪声统计特性都不完整的情况下,寻求自适应 Kalman 滤波器的计算方程;

(3) 保证所设计 Kalman 滤波器的稳定性;

（4）在导航系统的工作过程中,保证所设计的 Kalman 滤波器不发散。

在组合导航系统的误差传播方程中,不仅应当包括载体 3 维速度、位置和姿态角等有用的导航信号,同时还必须包括导航系统中主要的误差项。例如,3 个陀螺仪的漂移速度、3 个加速度计的零位偏移以及 GPS 接收机的时钟误差等。这样,在设计 Kalman 滤波器时,组合导航系统模型方程的状态变量数量较大,例如,达到 15 个以上。这将使得所设计的 Kalman 滤波器在矩阵运算方面比较困难。为了使计算比较容易实现,需要简化 Kalman 滤波器的计算方程。

在组合导航系统进入工作状态之前(以下简称"验前"),很难准确地得到系统中模型噪声和测量噪声的统计特性。可是如前所述,为了实现 Kalman 滤波器,又必须具备这些统计特性。因此,需要在计算中设法修正 Kalman 滤波器的增益,使它适应真实的模型噪声和测量噪声统计特性。这就是设计自适应 Kalman 滤波器的思路。

在稳定的 Kalman 滤波器中,可以任意选择初始条件 $Y(0)$, $P(0)$。如果选择不当,经过几次递推计算之后,初始条件不再会影响估计值 $Y(k+1)$ 和估计误差协方差值 $P(k+1)$ 的精度。换句话说,估计值 $Y(k+1)$ 和估计误差协方差值 $P(k+1)$ 都不受初始条件 $Y(0)$, $P(0)$ 的影响。

在导航系统中,Kalman 滤波器的发散性是指估计值与实际值之间的差别较大,超出了允许的估计误差范围。由此可见,Kalman 滤波器的发散性和稳定性是两个完全不同的概念。在导航系统的设计中,人们更加关心 Kalman 滤波器的发散性问题。

在导航系统 Kalman 滤波器的设计中,造成发散的原因如下:

（1）导航系统的误差传播方程不够准确。对于实际的导航系统来说,任何数学描述的系统误差传播方程都是近似的。

（2）Kalman 滤波器所采用的计算方程是近似的。它与理论上推导的 Kalman 滤波方程不可能完全一致。

（3）受到计算机字长和舍入误差等的限制,Kalman 滤波方程的运算不够准确。

3.7 防止 Kalman 滤波器发散的方法

在 Kalman 滤波器中,由于系统模型噪声和测量噪声的统计特性(验前的信息)不够准确,导致对 $M(k)$, $A(k+1)$, $P(k+1)$ 的计算误差较大。Kalman 滤波器本身不可能纠正这些误差,因而造成 Kalman 滤波器估计误差的发散现象。

为了消除 Kalman 滤波器的发散现象,需要分析整个滤波器的工作过程,从中找出解决的办法。Kalman 滤波器的工作过程分为"粗估计"和"精估计"两个阶段。前者指 Kalman 滤波器开始工作时最初几步的递推计算,由于系统模型和初始条件等不准确,所得到的估计值误差较大。这时,由于 $M(k)$ 的模较大,因而滤波器的增益较大,测量信息可以得到充分的利用。在"精估计"阶段,随着递推计算次数的增多,在 Kalman 滤波器中测量信号的修正作用越来越小,不能抑制 Kalman 滤波器估计误差的发散现象。在这种情况下,需要改变 Kalman 滤波器的计算方程,或采用自适应的 Kalman 滤波器。

总结上述,防止 Kalman 滤波器发散的方法可分为两类:

(1) 在"粗估计"阶段,利用测量信息可以对估计误差加以修正,使之逐渐减小。

(2) 在"精估计"阶段,滤波器的增益逐渐减小,测量信息只能对估计误差作微小的修正。因此,必须改变 Kalman 滤波器的计算方程。例如,冻结 Kalman 滤波器的增益 $A(k+1)$,或对 $M(k)$ 加权等。

(3) 采用自适应的 Kalman 滤波器。

冻结 Kalman 滤波器增益的方法比较简单实用。为此,需要选择一个 Kalman 滤波器的"不发散判据"。在滤波器的估计误差超过这一判据时,立即中断增益的计算程序,保持增益 $A(k+1)$ 为常数。在滤波器的估计误差小于这一判据时,再恢复增益的计算程序。

式 $(3-37)$ 为 Kalman 滤波器计算方程中的"不发散判据"

$$Z^{\mathrm{T}}(k)Z(k) \leqslant \gamma \mathrm{tr}\{E[Z(k)Z^{\mathrm{T}}(k)]\} \qquad (3-37)$$

$$E[Z(k)Z^{\mathrm{T}}(k)] = H(k)M(k-1)H^{\mathrm{T}}(k) + R(k)$$

$$(3-38)$$

式中,$Z(k)=X(k)-H(k)\Phi(k,k-1)Y(k-1)$为 k 时刻的新息;γ >1 为储备系数;tr 为矩阵求迹的符号。

式(3-37)的左端是新息的平方和,代表实际的估计误差。式(3-37)的右端是与新息协方差矩阵有关的变量,要求实际的估计误差小于理论预期误差值的 γ 倍。

图 3-4 为冻结增益矩阵 Kalman 滤波方程的计算流程图。一旦发现 Kalman 滤波器不满足式(3-37)和式(3-38)的"不发散判据",增益矩阵将立即保持为常数。在这一判据重新得到满足时,再恢复 Kalman 滤波方程的计算流程。

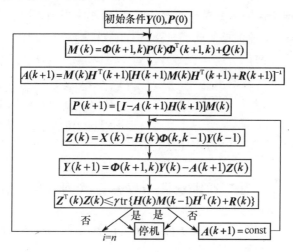

图 3-4　冻结增益矩阵 Kalman 滤波方程的计算流程图

自适应 Kalman 滤波器是解决发散问题的主要技术途径将在后面详细介绍。它的基本思路如下:在计算系统各个状态变量估计值的同时,需要不断修正滤波器计算方程中的系统模型和噪声等参数,使得 Kalman 滤波器的计算方程逐步与实际的系统相"适应"。

3.8　平方根滤波器

Kalman 滤波方程在采用数值计算时具有一定的难度,因为在计算估计误差的协方差矩阵 $\boldsymbol{P}(k)$ 时,计算机必须具有足够的字长,才能保证 $\boldsymbol{P}(k)$ 所需的数值计算精度。在高精度的导航系统中,模型噪声 $\boldsymbol{Q}(k)$ 较小;同时,测量噪声 $\boldsymbol{R}(k)$ 相对 $\boldsymbol{P}(k)$ 来说也比较小。在这种系统中,计算机字长不够的问题将更加突出,甚至会导致在协方差矩阵 $\boldsymbol{P}(k)$ 的对角线上出现负的元素。

为了避免发生上述情况,在进行计算时可以采用估计误差的标准差 $\boldsymbol{\delta}(k) = \sqrt{\boldsymbol{P}(k)}$ 来代替协方差 $\boldsymbol{P}(k)$。这种滤波器的算法被称为"平方根滤波器"。和 Kalman 滤波器相比,在保证同样估计精度的情况下,采用这种滤波器算法时,计算机的字长约可减小一半。

为了便于说明平方根滤波器的原理,暂不考虑系统中的模型噪声。在离散 Kalman 滤波器的式(3-28)中,令 $\boldsymbol{Q}(k) = 0$,得到

$$\boldsymbol{M}(k) = \boldsymbol{\Phi}(k+1,k)\boldsymbol{P}(k)\boldsymbol{\Phi}^{\mathrm{T}}(k+1,k) \qquad (3-39)$$

引入协方差的平方根 $\boldsymbol{L}(k)\boldsymbol{L}^{\mathrm{T}}(k) = \boldsymbol{M}(k)$,$\boldsymbol{S}(k)\boldsymbol{S}^{\mathrm{T}}(k) = \boldsymbol{P}(k)$,得到

$$[\boldsymbol{L}(k+1)][\boldsymbol{L}^{\mathrm{T}}(k+1)] = [\boldsymbol{\Phi}(k+1,k)\ \boldsymbol{S}(k)] \times$$
$$[\boldsymbol{S}^{\mathrm{T}}(k)\boldsymbol{\Phi}^{\mathrm{T}}(k+1,k)]$$

$$\boldsymbol{L}(k+1) = \boldsymbol{\Phi}(k+1,k)\ \boldsymbol{S}(k)$$

$$(3-40)$$

在测量信号为标量的情况下,$\boldsymbol{H}(k)$ 是一个列矩阵。把式(3-31)代入式(3-28)和(3-29),得到

$$\boldsymbol{S}(k+1)\boldsymbol{S}^{\mathrm{T}}(k+1) = \boldsymbol{L}(k)\ [\boldsymbol{I} - b(k)\ \boldsymbol{a}(k)\boldsymbol{a}^{\mathrm{T}}(k)]\boldsymbol{L}^{\mathrm{T}}(k)$$

$$(3-41)$$

式中,$\boldsymbol{a}(k) = \boldsymbol{L}^{\mathrm{T}}(k)\boldsymbol{H}^{\mathrm{T}}(k+1)$ 是一个 $n \times 1$ 矩阵;

$\dfrac{1}{b(k)} = \boldsymbol{a}^{\mathrm{T}}(k)\ \boldsymbol{a}(k) + \boldsymbol{R}(k+1)$ 是一个标量。

考虑到 $[\boldsymbol{I} - b\boldsymbol{a}\boldsymbol{a}^{\mathrm{T}}] = [\boldsymbol{I} - b\gamma\boldsymbol{a}\boldsymbol{a}^{\mathrm{T}}][\boldsymbol{I} - b\gamma\boldsymbol{a}\boldsymbol{a}^{\mathrm{T}}]^{\mathrm{T}}$,$\gamma = 1/[1 + \sqrt{b\boldsymbol{R}}]$,式(3-41)可变换为

$$\boldsymbol{S}(k+1) = \boldsymbol{L}(k) - b(k)\gamma(k)\boldsymbol{L}(k)\ \boldsymbol{a}(k)\ \boldsymbol{a}^{\mathrm{T}}(k) \quad (3-42)$$

在表 3-3 中,列出了平方根滤波器的计算方程。由于采用 $\sqrt{\boldsymbol{P}(k)}$,$\sqrt{\boldsymbol{M}(k)}$ 代替了 $\boldsymbol{P}(k)$,$\boldsymbol{M}(k)$,平方根滤波器的计算方程将比 Kalman 滤波器简单。

表 3-3　平方根滤波器的计算方程（$Q=0$）

误差传播系数	$a(k)=L^{\mathrm{T}}(k)H^{\mathrm{T}}(k+1)$ $1/b(k)=a^{\mathrm{T}}(k)\,a(k)+R(k+1)$ $\gamma(k)=1/\left[1+\sqrt{b(k)R(k+1)}\,\right]$
最优增益矩阵	$A(k+1)=b(k)L(k)\,a(k)$
平方根滤波方程	$Y(k+1)=\boldsymbol{\Phi}(k+1,k)Y(k)+A(k+1)\left[X(k+1)-H(k+1)\cdot\right.$ $\left.\boldsymbol{\Phi}(k+1,k)\,Y(k)\right]$
估计误差方程	$S(k+1)=L(k)-\gamma(k)A(k+1)a^{\mathrm{T}}(k)$

下面介绍 $Q\neq0$ 时的平方根滤波器。如果在控制系统的模型方程中增加干扰噪声，其强度为 Q，则 $M(k)$ 的计算方程应写为

$$M(k)=\boldsymbol{\Phi}(k+1,k)P(k)\boldsymbol{\Phi}^{\mathrm{T}}(k+1,k)+$$
$$D(k+1,k)Q(k)D^{\mathrm{T}}(k+1,k) \tag{3-43}$$

现在，需要写出 $L(k)$ 的计算方程。考虑到 $L(k)L^{\mathrm{T}}(k)=M(k)$，$S(k)S^{\mathrm{T}}(k)=P(k)$ 代入上式，得到

$$M(k)=\boldsymbol{\Phi}(k+1,k)\,S(k)S^{\mathrm{T}}(k)\,\boldsymbol{\Phi}^{\mathrm{T}}(k+1,k)+$$
$$D(k+1,k)Q(k)D^{\mathrm{T}}(k+1,k)$$

$$\tag{3-44}$$

由此得到平方根滤波器 $L(k)$ 的计算方程为

$$L(k)=\sqrt{M(k)}$$

在得到 $L(k)$ 的计算方程之后，利用表 3-3，可以得到 $Q\neq0$ 情况下的全部平方根滤波器计算方程。

除了平方根滤波器之外，得到实际应用的还有"$U-D$ 协方差因子分解滤波器"等简化的 Kalman 滤波器。在这种滤波器中，把 $M(k)$ 和 $P(k)$ 分别改写为

$$M(k)=P(k^-)=U(k^-)D(k^-)U^{\mathrm{T}}(k^-) \tag{3-45}$$
$$P(k)=P(k^+)=U(k^+)D(k^+)U^{\mathrm{T}}(k^+) \tag{3-46}$$

式中，$D(k^-)$，$D(k^+)$ 均为对角线矩阵；$U(k^-)$，$U(k^+)$ 均为三角形矩阵。可以看出，这种滤波器的计算方程和平方根滤波器很相似。

3.9 自适应的 Kalman 滤波器

在设计 Kalman 滤波器之前,首先必须建立组合导航系统的模型方程和测量方程。然后,需要分析该模型方程是否具有能观性和能控性。在组合导航系统中,只有那些具有能观性和能控性的状态变量才有可能被估计和受到控制。

从机理上讲,Kalman 滤波器的增益是根据具体系统中模型噪声和测量噪声的水平来确定的。因此,在设计 Kalman 滤波器时,还必须掌握组合导航系统中这些噪声的统计特性。要做到这一点,需要对实际系统所用的陀螺仪和加速度计性能进行长时间的测试,并辨识出它们的随机数学模型。众所周知,测试和辨识陀螺仪和加速度计的随机数学模型是一项难度很大的工程任务,需要高精度的测试设备和长时间稳定的测试环境。

在设计 Kalman 滤波器时,如果所用的模型噪声和测量噪声统计特性不完全符合导航系统的实际情况,那么,根据它们计算出来的 Kalman 滤波器增益 $A(k+1)$ 和估计误差 $P(k+1)$ 都将产生较大的误差,而且在后续的计算中不可能得到修正。这种现象就是前面所讨论的 Kalman 滤波器发散问题。解决这一问题的主要技术途径是建立自适应的 Kalman 滤波器。

自适应 Kalman 滤波器问题的提法可以归结为:在缺乏模型噪声 $Q(k)$ 和测量噪声 $R(k)$ 的控制系统中,怎样利用 Kalman 滤波器本身的计算方程去求得 $Q(k)$ 和 $R(k)$ 的最优估计值。

不难想像,可以采用多种方法来建立自适应的 Kalman 滤波器。下面介绍的一种方法是利用信息更新序列 $Z(k)$ 的相关函数 $E[Z(k)\cdot Z^{\mathrm{T}}(k)]$ 去推算模型噪声 $Q(k)$ 和测量噪声 $R(k)$ 的估计值,从而修正 Kalman 滤波器的增益矩阵。这里的信息更新序列 $Z(k)$ 是指

$$Z(k) = X(k) - H(k)\hat{\Lambda}(k,k-1) \tag{3-47}$$

$$\hat{\Lambda}(k,k-1) = \Phi(k,k-1)\hat{\Lambda}(k-1) \tag{3-48}$$

$$\hat{\Lambda}(k-1) = \sum_{i=1}^{k-1} C(i)X(i) \tag{3-49}$$

在式(3-47)中,信息更新序列 $Z(k)$ 不仅包含有当前时刻的测量信息 $X(k)$,而且还包含有控制系统中状态变量 $\Lambda(k)$ 的估计值 $\hat{\Lambda}(k, k-1)$。由式(3-48)和(3-49)可以看出,在 $\hat{\Lambda}(k, k-1)$ 中,包含有全部以前的测量信息 $\sum\limits_{i=1}^{k-1} C(i)X(i)$。

因此,利用信息更新序列 $Z(k)$ 的相关函数 $E[Z(k)Z^{\mathrm{T}}(k)]$ 可以检验 Kalman 滤波器的工作状况。如果 $E[Z(k)Z^{\mathrm{T}}(k)]$ 是一个白噪声,则表明所设计的 Kalman 滤波器能够适应控制系统中实际的噪声情况,从而间接地证明了所采用的 $Q(k)$ 和 $R(k)$ 是符合实际情况的。剩下的问题是如何计算 $Q(k)$ 和 $R(k)$ 的最优估计值,将在下一节中加以推导。

3.10 自适应 Kalman 滤波器的计算方程

已知 Kalman 滤波器中状态变量估计值的计算方程为

$$\hat{\Lambda}(k) = \hat{\Lambda}(k, k-1) + A(k)[X(k) - H(k)\hat{\Lambda}(k, k-1)]$$

$$(3-50)$$

式中,$\hat{\Lambda}(k, k-1) = \Phi(k, k-1)\hat{\Lambda}(k-1)$;

$A(k) = M(k-1)H^{\mathrm{T}}(k)[H(k)M(k-1)H^{\mathrm{T}}(k) + R(k)]^{-1}$;

$M(k-1) = \Phi(k, k-1)P(k-1)\Phi^{\mathrm{T}}(k, k-1) +$
$\qquad\qquad D(k, k-1)Q(k-1)D^{\mathrm{T}}(k, k-1)$;

$P(k) = [I - A(k)H(k)]M(k-1)$。

在式(3-50)中,在采用 Kalman 滤波器计算系统中状态变量的估计值 $\hat{\Lambda}(k)$ 时,增益矩阵 $A(k)$ 是信息更新序列 $Z(k)$ 的一个加权系数,它直接影响估计值的精度。可是,增益矩阵 $A(k)$ 主要取决于系统中模型和测量的噪声 $Q(k)$ 和 $R(k)$。此外,它也与系统的模型参数 $\Phi(k)$,$D(k)$ 有关,但并不直接取决于当时的测量值 $X(k)$。因此,如果所采用的模型和测量的噪声 $Q(k)$,$R(k)$ 不够准确,增益矩阵 $A(k)$ 的计算必将发生错误,导致 Kalman 滤波器发散。这是常规 Kalman 滤波器的一个重要缺陷。

针对这一缺陷,应当利用信息更新序列 $Z(k)$ 作为反馈,对增益矩

阵 $\cdot A(k)$ 的计算方程加以修正。这就是建立自适应 Kalman 滤波器的思路。

为了寻求自适应 Kalman 滤波器的计算方程,需要推导增益矩阵 $A(k)$ 和信息更新序列 $Z(k)$ 之间的关系式。根据式(3 - 47),得到 $Z(k)$ 的相关函数为

$$E[Z(k)Z^T(k)] = H(k)P(k, k - 1)H^T(k) + R(k)$$
$$(3 - 51)$$

现在计算增益矩阵 $A(k)$ 和信息更新序列 $Z(k)$ 二者之间的协方差矩阵

$$E[A(k)Z(k)Z^T(k)A^T(k)] = A(k)E[Z(k)Z^T(k)]A^T(k)$$
$$(3 - 52)$$

考虑到

$$A^T(k) = \{[H(k)M(k - 1)H^T(k) + R(k)]^{-1}\}^T H(k)M^T(k - 1)$$
$$(3 - 53)$$

根据定义,$M(k - 1)$ 和 $R(k)$ 都是对称矩阵,因此

$$\{[H(k)M(k - 1)H^T(k) + R(k)]^{-1}\}^T H(k)M^T(k - 1)$$
$$= [H(k)M(k - 1)H^T(k) + R(k)]^{-1}H(k)M(k - 1)$$
$$(3 - 54)$$

把式(3 - 53)和 (3 - 54) 代入式(3 - 52),得到

$$A(k)E[Z(k)Z^T(k)]A^T(k) = A(k)H(k)M(k - 1)$$
$$(3 - 55)$$

由式(3 - 50)得知

$$P(k) = [I - A(k)H(k)]M(k - 1) \qquad (3 - 56)$$

把式(3 - 55) 代入式(3 - 56),得到增益矩阵 $A(k)$ 和信息更新序列 $Z(k)$ 之间的关系式为

$$M(k - 1) = A(k)E[Z(k)Z^T(k)]A^T(k) + P(k)$$
$$(3 - 57)$$

在式(3 - 50)中

$$M(k - 1) = \Phi(k, k - 1)P(k - 1)\Phi^T(k, k - 1) +$$
$$D(k, k - 1)Q(k - 1)D^T(k, k - 1)$$
$$(3 - 58)$$

把式(3－57)和常规 Kalman 滤波器的式(3－38)相比较,发现自适应 Kalman 滤波器的特点为:

(1) 在估计误差的协方差方程 $M(k-1)$ 中,引入了信息更新序列 $Z(k)$;

(2) 在估计误差的协方差方程 $M(k-1)$ 中,参看式(3－51),需要验前准确地掌握测量噪声的统计特性 $R(k)$。

值得指出,在式(3－57)中,模型噪声 $Q(k)$ 根本没有出现。这证明了在这种自适应 Kalman 滤波器中确实不需要事先掌握模型噪声 $Q(k)$。但随之而来的是,在式(3－57)中没有出现控制系统的状态转移矩阵 $\boldsymbol{\Phi}(k)$,换句话说,没有考虑控制系统本身的动态特性。因此,对于能观测度较差的某些状态变量来说,增益矩阵 $A(k)$ 的误差可能将较大。例如,在 INS 中,陀螺漂移速度的能观测度较差,采用上述自适应 Kalman 滤波器计算方程有可能会出现问题。

总结上述,可以得到以下结论:在 INS 及其组合导航系统中,通常测量噪声是比较容易测定的。例如,在"零速修正"时,可以得到导航速度信号中的噪声;在采用 GPS 接收机时,可以得到导航位置信号中的噪声。因此,本节所介绍的自适应 Kalman 滤波器计算方程可以适用于 INS 及其组合导航系统。

关于自适应 Kalman 滤波器的论述较多,有兴趣的读者可以参考有关文献。例如,作者《最优估计与工程应用》一书中的 10.3.3 节等。

3.11 Kalman 滤波器的工程设计方法

为了控制 INS 的误差,在飞机上可以采用"Doppler / INS"组合系统的方案。下面通过一个实例说明组合导航系统中 Kalman 滤波器的设计方法。为了使读者熟悉国外文献中常用的一些符号,对原来的符号予以保留。它和本书第 1 章所用的符号略有不同,由此带来一些困难请读者见谅。

(1) 确定系统的模型方程。

在飞机的平台式 INS 中,采用了"当地水平和游移方位"(Local level and wandering azimuth)的系统结构方案,输出的导航信号是飞机在大地水准面中的位置 x, y,引入外部速度信号的目的是减小它们的误差 $\delta x, \delta y$。

在采用"Doppler / INS"组合系统后,系统的模型方程可写为

$$\delta\ddot{x} + \omega_s^2 \delta x + (\rho_2 \Omega_1 + \rho_1 \omega_2 - \dot{\rho}_3)\delta y = -f_3\psi_2 + f_2\psi_3 + B_1$$

$$\delta\ddot{y} + \omega_s^2 \delta y + (\rho_1 \Omega_2 + \rho_2 \omega_1 + \dot{\rho}_3)\delta x = f_3\psi_1 - f_1\psi_3 + B_2$$

$$\dot{\psi}_1 + \omega_2\psi_3 = \varepsilon_1 \tag{3 - 59}$$

$$\dot{\psi}_2 - \omega_1\psi_3 = \varepsilon_2$$

$$\dot{\psi}_3 + \omega_1\psi_2 - \omega_2\psi_1 = \varepsilon_3$$

式中,$\omega_s^2 = \dfrac{g}{R}$,$R$ 为地球的半径,g 为重力加速度;

$\omega = \Omega + \rho$,$\rho = v / R$;

ω 为"游移方位"平台转动的角速度,脚注 1,2,3 分别代表在平台三根轴上的分量,1,2 为水平轴,3 为垂直轴。在"游移方位"平台系统中,$\omega_3 = 0$;

Ω 为地球自转角速度,脚注 1,2 为在平台两根水平轴上的分量;

ρ 为飞机速度所造成的角速度向量,是飞机与地球之间的相对运动角速度;

v 为飞机相对于地球的线速度向量;

ψ_1, ψ_2, ψ_3 分别为平台沿三根轴方向的姿态角误差;

$\varepsilon_1, \varepsilon_2, \varepsilon_3$ 分别为三个陀螺仪的漂移速度;

f_1, f_2, f_3 分别为三个加速度计输出的比力信号;

B_1, B_2 分别为两个水平加速度计的零位偏移。

(2) 辨识系统的模型噪声。

系统的模型噪声主要来自陀螺仪和加速度计。为了建立它们的"随机数学模型",需要进行多次长时间的性能测试,只有这些测试数据具有平稳性和历经性,才能肯定它们是具有平稳性和历经性的随机过程。对于平稳随机过程,才能计算它们的"相关函数",根据相关函数就能建立相应的随机数学模型。

在导航系统中,将采用"成形滤波器"来描述陀螺仪和加速度计噪声的随机数学模型。同时,把原来的系统模型和"成形滤波器"合在一

起,组成一个新的系统,被称为"增广的系统"(Augmented system)。在增广的系统中,系统的模型噪声均已被变换为"白噪声"。

在典型的飞机 INS 中,多次长时间性能测试的结果表明,所用陀螺仪的成形滤波器为"一阶的 Markov 过程"[式(3-60)],所用加速度计的成形滤波器为"随机常数"[式(3-61)],它们都不是白噪声。

$$\dot{\boldsymbol{\varepsilon}}_i = -\beta_i \boldsymbol{\varepsilon}_i + A_i \sqrt{2\beta_i} W_i \qquad (3-60)$$

$$\dot{B}_i = 0 \qquad (3-61)$$

式中,$i = 1,2,3$ 表示三个陀螺仪和三个加速度计,它们的噪声模型参数有可能不相同。

一阶 Markov 过程的相关函数为指数衰减的时间函数

$$\boldsymbol{K}_X(\tau) = E[\boldsymbol{X}(t)\boldsymbol{X}(t+\tau)] = \sigma^2 e^{-|\tau|/T} \qquad (3-62)$$

式中,T 为相关时间;σ^2 为方差。

一阶 Markov 过程的成形滤波器是一个惯性环节

$$\dot{\boldsymbol{X}}(t) = -\frac{1}{T}\boldsymbol{X}(t) + \boldsymbol{W}(t)$$

$$\sigma^2 = \frac{1}{2}QT \qquad (3-63)$$

其中,输入量是一个零均值、强度为 Q 的白噪声 $\boldsymbol{W}(t)$;输出量为一阶 Markov 过程的随机过程。

对比式(3-60)和(3-63),可以得到所用陀螺仪的相关时间和白噪声的强度。它们反映了该陀螺仪的设计和工艺水平。

测试数据表明,加速度计的零位偏移在一次启动中虽然是一个常数,但在逐次启动中却是随机变化的,而且具有一定的扩散范围。因此根据测试数据,加速度计的零位偏移应当被描述为一个正态分布的随机变量,其统计特性为均值 m_0 和方差 σ^2。它们均为常数,与时间无关。这种随机过程被称为"随机常数"。

随机常数的成形滤波器是一个积分环节,它的初始值是随机变化的,具有一定的扩散范围,但没有输入量。通常,加速度计和速率陀螺仪的随机误差模型为随机常数。

(3) 建立增广系统的模型方程。

在模型噪声的成形滤波器确定以后,需要把它们纳入"Doppler /

INS"组合系统原来的系统模型中,构成增广的系统模型。在增广的系统模型中,模型噪声均为白噪声

$$\dot{X} = AX + LW \qquad (3-64)$$

式中,$X^T = [\delta\dot{x}\ \delta x\ \delta\dot{y}\ \delta y\ B_1\ B_2\ \psi_1\ \psi_2\ \psi_3\ \varepsilon_1\ \varepsilon_2\ \varepsilon_3]$;

$W^T = [w_1\ w_2\ w_3]$,$E[WW^T] = Q'\delta(\tau)$;

A,L 分别为相应的系数矩阵。

离散的增广系统可用以下差分方程来描述

$$X_k = \Phi_{k,k-1}X_{k-1} + \Gamma_{k,k-1}W_{k-1} \qquad (3-65)$$

式中,$\Phi = I + AT$,T 为离散周期;

$\Gamma = LT$;

$E[W_k W_k^T] = Q'/T = Q_k$。

(4)确定测量方程和测量噪声。

在连续的"Doppler / INS"组合系统中,测量方程为

$$
\begin{aligned}
z_1 &= \delta\dot{x} - \rho_3\delta y - \psi_3 v_2 - \delta v_{d1} \\
z_2 &= \delta\dot{y} - \rho_3\delta x - \psi_3 v_1 - \delta v_{d2}
\end{aligned}
\qquad (3-66)
$$

式中,$V^T = [\delta v_{d1}\ \ \delta v_{d2}]$为 Doppler 测速仪的误差。

上述测量方程也需要改写为差分方程的形式

$$Z_k = H_k X_k + V_k \qquad (3-67)$$

其中,测量噪声 V_k 是白噪声,其方差为

$$E[V_k V_k^T] = R'\delta(\tau)$$

(5)引入 Kalman 滤波器及误差补偿控制器。

在增广后的组合系统中,引入 Kalman 滤波器,并把输出的状态变量估计值反馈输入到组合系统中新增加的控制器。这样,具有控制器的组合系统状态方程为

$$X_k = \Phi_{k,k-1}X_{k-1} + \Gamma_{k,k-1}W_{k-1} + G\hat{X}_{k-1}^0 \qquad (3-68)$$

式中,$\hat{X}$ 为 12 个状态变量的估计值,其中包括 $\hat{B}_i$,$\hat{\varepsilon}_i$ 等,请参看(3-64)式;

$G = G^0 T$,G^0 为相应连续系统中控制器的系数矩阵,T 为离散周期。

Kalman 滤波器的计算方程为

$$\hat{X}_k = \Phi_{k,k-1}\hat{X}_{k-1} + G\hat{X}_{k-1}^0 + K_k(Z_k - H_k\Phi_{k,k-1}\hat{X}_{k-1} - H_kG\hat{X}_{k-1}^0)$$

$$K_k = P_{k/k-1}H_k^T[H_kP_{k/k-1}H_k^T + R_k]^{-1} \tag{3-69}$$

$$P_{k/k-1} = \Phi_{k,k-1}P_{k-1}\Phi_{k,k-1}^T + \Gamma_{k,k-1}Q_{k-1}\Gamma_{k,k-1}^T$$

$$P_k = (I - K_kH_k)P_{k/k-1}$$

按照式(3-69)进行递推计算,可以得到组合系统中所有 12 个状态变量的最优估计值,以及它们估计误差的方差值。

以上总结了 Doppler／INS 组合系统中 Kalman 滤波器的设计方法。

在 Doppler／INS 组合系统中,Doppler 测速仪是 INS 的外部测量装置。Kalman 滤波器根据 Doppler 测速仪提供的速度信号实现了以下两种功能:

(1) 对元件误差(状态变量)的"闭环控制",指周期性地"监测"和"控制"(补偿)系统中陀螺仪的漂移速度和加速度计的零位偏移;

(2) 对导航误差(状态变量)的"开环补偿",指对 Doppler 导航仪和 INS 分别提供的导航信号进行最优组合,使得 INS 的导航误差得到了抑制(补偿)。

3.12　简化的自适应 Kalman 滤波器

陀螺仪和加速度计的随机误差模型很难长时间保持稳定不变。同时,辨识它们也并非易事。因此,在有些导航系统中,可以把引入 Kalman 滤波器的目的只限于"对导航误差的开环补偿",不再寻求"对陀螺仪和加速度计误差的闭环控制"。这种 Kalman 滤波器在设计中不需要模型噪声等验前的信息,它是一种简化的自适应 Kalman 滤波器。

为了设计这种简化的自适应 Kalman 滤波器,需要把模型方程中的 12 个状态变量分为两类:

(1) $X_k^T = [\delta\dot{x} \quad \delta x \quad \delta\dot{y} \quad \delta y]$ 为需要估计的状态变量;

(2) $f_k^T = [B_1 \quad B_2 \quad \psi_1 \quad \psi_2 \quad \psi_3 \quad \varepsilon_1 \quad \varepsilon_2 \quad \varepsilon_3]$ 为不需要估计的状态变量。这样的系统模型方程不需要增广,可改写为

$$\dot{X} = AX + L^{\mathrm{I}}f$$
$$\dot{f} = \varphi f + L^{\mathrm{II}}W \tag{3-70}$$

相应的离散系统模型方程为

$$X_k = \Phi_{k,k-1}X_{k-1} + \Gamma_{k,k-1}^{\mathrm{I}}f_{k-1}$$
$$f_k = \Psi_{k,k-1}f_{k-1} + \Gamma_{k,k-1}^{\mathrm{II}}W_{k-1} \tag{3-71}$$

式中,$\Phi_{k,k-1} = I + AT$,$\Gamma_{k,k-1}^{\mathrm{I}} = L^{\mathrm{I}}T$,$\Gamma_{k,k-1}^{\mathrm{II}} = L^{\mathrm{II}}T$,$\Psi_{k,k-1} = I + \varphi T$;

T 为离散周期。

在测量方程式(3-66)中,和 Doppler 测速仪的噪声 $\delta v_{\mathrm{d}i}$ 相比较,$\rho_3 \delta y$ 等角速度都比较小,可以忽略不计。因此,式(3-66)中的系数矩阵可简化为

$$H = \begin{bmatrix} 1 & 0 & 0 & 0 \\ 0 & 0 & 1 & 0 \end{bmatrix}$$

对系统模型方程和测量方程进行上述简化处理之后,Kalman 滤波器的计算方程由原来的 12 维降到 4 维。简化 Kalman 滤波器的好处是验前不要求给定系统模型噪声的统计特性,可以省去对陀螺仪和加速度计性能的测试工作。

在上述 Doppler／INS 组合系统中,对简化 Kalman 滤波器的估计误差进行了仿真研究。仿真结果表明,和常规的 Kalman 滤波器相比较,速度和位置等导航信号的估计误差都小于 14 %。因此,在上述组合导航系统中,如果不要求对陀螺仪和加速度计的误差进行实时控制,采用简化的自适应 Kalman 滤波器是合宜的。

3.13　本章小结

在本章中,介绍了组合导航系统中 Kalman 滤波器的设计方法,步骤如下:

(1) 确定系统的模型方程;

(2) 确定系统模型噪声的统计特性;

(3) 选择实现 Kalman 滤波器和组合导航的计算机;

(4) 选择抑制 Kalman 滤波器发散的技术措施。

在实际的导航系统中,通常具有一些非线性的环节。为了设计线性系统中的 Kalman 滤波器,需要对非线性环节加以线性化,同时,还需要消除导航系统中较弱的交叉联系项,并去除(或归并)次要的状态变量项。为了做好系统模型方程的线性化和简化工作,设计者需要深入分析系统模型中误差产生的机理,并参考已有组合导航系统的成功经验。

一种简化 Kalman 滤波器设计的有效方法是把系统模型中的状态变量分为"需要估计的"和"不需要估计"的两大类,在 Kalman 滤波器的设计中,只考虑第一类状态变量。

在选择导航计算机时,字长过短将严重影响 Kalman 滤波器的计算精度和稳定性。因此,在根据"性能／价格比"选定导航计算机之后,应根据计算机的性能来选择合适的 Kalman 滤波器计算方程。例如,可以选择"平方根滤波器"等简化的计算方程来代替"常规的 Kalman 滤波器"计算方程。

理论上,应当根据实际的导航系统来建立其系统的模型方程。在采用准确的系统模型情况下,Kalman 滤波器将逐次计算其估计误差的协方差值,无需采用其他手段来评估滤波器是否发散。但是实际上,组合导航系统所采用的系统模型往往是简化的。因此,为了判断所设计的 Kalman 滤波器是否发散,必须采用其他的手段。例如,"外部"的参考定位信号等。

目前,多数高精度导航系统均已采用 GPS／INS 组合系统作为总体方案。在高精度导航系统中,Kalman 滤波器起着以下两个方面的作用:

(1) 对陀螺仪的漂移速度和加速度计的零位偏移进行实时的"闭环控制";

(2) 对 INS 的导航定位误差进行周期性的"开环补偿"。

根据 INS 的误差传播方程和外部参考导航信号,采用 Kalman 滤波器可以获得 INS 中陀螺仪漂移速度和加速度计零位偏移的瞬时估计值。这样,Kalman 滤波器起着"状态观测器"的作用。虽然它不是 INS 中的测量装置,但经过推算,可以间接地起到 INS 中测量装置的作用。如果在 GPS／INS 组合系统中引入补偿上述误差的控制器,那么，Kalman 滤波器输出的估计值可以作为控制指令，对 INS 中的上述误差进行实时的闭环控制。

20 世纪 90 年代，MEMS 和 MOEMS 技术发展迅速，出现了多种 MEMS 的陀螺仪和加速度计，MOEMS 陀螺仪的研制也取得了初步的成果。它们具有成本低，体积小等优点，可以在组合导航系统中推广应用。它们的不足之处是：MEMS 陀螺仪的精度还较低。因此，只能在灵巧炸弹等战术武器中应用。

在组合导航系统中，表面上 Kalman 滤波器计算出来的估计误差协方差值可以很小，但实际上 Kalman 滤波器已经发散。因此，在发展组合导航系统中，关键技术之一是如何发现和抑制 Kalman 滤波器的发散。

在组合导航系统中，造成 Kalman 滤波器发散的原因很多。为了消除 Kalman 滤波器的发散，需要采用自适应的 Kalman 滤波器。抑制 Kalman 滤波器发散的一种简易方法是冻结增益矩阵。

参 考 文 献

1 Kolmogorov A N. Interpolation and Extrapolation of Stationary Stochastic Sequences. In: Academy of Sciences USSR. Series Mathematics. Isvestiya: 1941

2 Wiener N. The Extrapolation, Interpolation and Smoothing of Stationary Time Series. New York: 1949

3 Kalman R E. A New Approach to Linear Filtering and Prediction Problems. Transaction ASME, Journal Basic Engineering, 1960, 82D (Mar.): 34~45

4 中国科学院数学研究所概率组. 离散时间系统滤波的数学方法. 北京: 国防工业出版社, 1975

5 言茂松. 最佳控制与观测, 基本原理及其在电力系统中的应用. 北京: 清华大学电力系, 1978

6 Kuzovkov N T, et al. Continuous and Discrete Control Systems, Methods of Identification (in Russian). Moscow: Machinostroenie

Press, 1978

7　库佐夫科夫. 控制系统的最优滤波和辨识方法. 章燕申译. 北京:国防工业出版社, 1984

8　Kuzovkov N T, Salychev O S. Inertial Navigation and Optimal Filtering(in Russian). Moscow:Machinostroenie Press, 1982

9　Maybeck P S. Stochastic Models, Estimation, and Control, Vol. 1, 2. New York:Academic Press, Inc. , 1979, 1982

10　Salychev O S. Scalar Estimation of Multidimensional Dynamic Systems (in Russian). Moscow:Machinostroenie Press, 1982

11　高钟毓. 工程系统中的随机过程—随机系统分析与最优滤波. 北京:清华大学出版社, 1989

12　章燕申. 最优估计与工程应用. 北京:宇航出版社, 1991

13　Salychev O S. Waveform Description of Disturbances in Solving the Error Estimation Problems for Inertial Navigation System(in Russian). Moscow:Machinostroenie Press, 1992

第 **4** 章

惯性测量与定位定向系统

4.1 引 言

1963 年,由于车辆导航和火炮控制的需要,"美国陆军工程测绘实验室"(The U. S. Army Engineer Topographic Laboratories, USAETL)提出了研制陆地导航系统的任务。1965—1972 年,美国 Litton 公司在"L-15"型飞机 INS 的基础上,利用停车时速度为零,作为外部提供的参考速度信号,设计了相应的 Kalman 滤波器,抑制了 INS 定位误差的增长。这项技术被称为"零速修正"(Zero Velocity Update, ZUPT)。采用 ZUPT 之后,"L-15"型 INS 的定位精度达到了 USAETL 提出的技术要求。这种专为陆地车辆导航所用的产品被称为"定位定向系统"(Position and Azimuth Determining System, PADS)。

1975 年,"PADS"投入批量生产,总共生产了 400 余套。它成为美国陆军的定型装备,并扩展成为民用市场上的通用产品,在军事和民用工程测量领域中,Litton 公司的 PADS 是第一个把野外测量作业自动化的产品。它引起了美国和加拿大等民用测绘部门和石油公司等许多用户的极大兴趣。

1977年10月，召开了第一届"惯性测量国际学术会议"（International Symposium on Inertial Technology for Surveying and Geodesy），开创了"惯性测量技术"（Inertial Surveying Technology）这门新的技术科学。它把INS的硬件和大地测量数据处理的软件紧密结合在一起，使得PADS的定位精度比"L–15"提高了3个数量级。

早在1975年，为了把INS的功能扩大到测量大地重力异常参数，并进一步实现空中和海上测量作业的自动化和高速化，美国国防测绘局（The Defense Mapping Agency，DMA）提出了研制"惯性测量系统"（Inertial Surveying Systems，ISS）的任务。1979年在DMA的支持下，Litton公司改进了PADS的设计。在硬件方面，采用高精度的"A-1000"型加速度计（阈值为1 μg）取代了"L–15"中的"A–200 D"型加速度计。在软件方面，为了实现对陀螺仪漂移速度和加速度计零位偏移的实时补偿（控制），在水平通道和垂直通道中分别采用了14维和4维的Kalman滤波器。1982年改型的产品投入了批量生产，分为以下两种型号：

（1）"自动测量系统（Litton Auto-Surveyor System，LASS）；

（2）"快速重力测量系统（Rapid Gravity Survey System，RGSS）。

除了资助Litton公司之外，1975年DMA同时还资助Honeywell公司研制静电陀螺的ISS。Honeywell公司选用的硬件是"标准精密导航仪／平台式静电陀螺飞机导航系统"（SPN／GEANS）。这是为美国空军B-52型战略轰炸机研制的定型产品。

1978年，GEANS被改型为ISS，并开始批量生产。静电陀螺ISS的产品型号为"大地测量／标准精密导航仪"（GEO-SPIN）。在GEANS的改型中，Honeywell公司采取的技术措施如下：

（1）选用了比GEANS精度更高的静电陀螺仪；

（2）采用了比GEANS维数更高的系统模型方程，使得Kalman滤波器的设计更加完善；

（3）延长了GEO-SPIN的初始对准和校准时间。

与此同时，为了降低成本和Litton公司的"LASS"相竞争，Honeywell公司还开发了激光陀螺的定位定向系统，取名为"模块式方位位置系统"（Modular Azimuth Position System，MAPS）。在MAPS中，硬件是 Honeywell 公司 1978 年研制成功的激光陀螺仪及其 INS"（Laser INS, LINS）。需要指出，1978 年美国 Boeing 公司曾定购了 1 200 套 LINS，用于 Boeing 757／767 型民航飞机。

由于"MAPS"是捷联式系统，它的可靠性较高，同时，它的成本仅为同等精度 LASS-II 型平台式系统的三分之一，1984 年，美国军方在榴弹炮武器系统中首先采用了 MAPS。此后，在美国及其盟国的车辆导航和火炮控制等领域，MAPS 得到了大量应用。

20 世纪 90 年代，法国"通用机械电气公司"（SAGEM）批量生产了"ULISS 30"型挠性陀螺平台式 ISS。在 1994 年举行的国际会议上，瑞典国家土地测绘局曾介绍了 ULISS 30 系统在野外使用的情况，效果良好。请参看本章所附的文献。

应当提到，SAGEM 公司目前还批量生产"SIGMA 30"型激光陀螺仪的 ISS。SIGMA 30 的精度较高，得到了各国采用。

本章将介绍 LASS-II, GEO－SPIN, MAPS, 以及清华大学研制的"GWX-1"等 ISS 的性能，重点是在野外测试中它们的精度水平。此外，还将介绍：

（1）ISS 的模型方程，以及 Kalman 滤波器的设计；

（2）在已知"L 形"测线上，ISS 的动态精度校准方法；

（3）ISS 模型噪声的辨识方法等。

除了研究 ISS 的硬件和软件之外，在惯性测量技术科学中，还包括研究对野外测量数据的：

（1）"测后平滑处理"；

（2）"测后区域调整"。

前者是利用测线上"终点的准确位置数据"修正测线上所有数据中的误差；后者则是利用整个测量地区中"已知控制点的准确数据"对所有的数据进行误差修正。这两项研究内容都涉及大地测量中的数据处理技术，它们属于大地测量学的范畴。考虑到它们均与 ISS 的硬件和软件设计没有关系，在本章中将不作介绍。

4.2　惯性测量系统的技术要求

按照功能来区分，ISS 可以分为以下两种类型：

（1）定位定向系统；

（2）重力测量系统。

定位定向系统的技术要求如表4-1所示。众所周知,标准的飞机INS定位误差为1 n mile/h(1.853 km/h),而测量作业所要求的定位精度小于1 m。如果测量100 km的测线需要1 h的作业时间,那么INS的定位精度需要提高3个数量级以上。由此可见,实现惯性测量难度很大。

在研制过程中,Litton公司曾采用激光测速仪和ZUPT两种外部提供的速度信号,对INS的误差进行修正。系统仿真和实验研究(主要是野外测试)的结果表明:在采用激光测速仪的PADS系统中,ZUPT的间隔时间最多只能延长到20 min,但ZUPT仍不能取消。考虑到激光测速仪的价格较高,它将使整个PADS系统的成本增大。最后得到的结论是:在PADS系统中,不需要采用激光测速仪,只需要采用ZUPT的方法。

表4-1　定位定向系统的技术要求

开环连续测量的时间和距离	>6 h, 200 km
ZUPT的间隔时间和每次停车的时间	10 min, 20 s
水平定位误差	<20 m (CEP)
垂直定位误差	<10 m (1σ)
方位角误差	<0.3 mil (1σ)

1 mil (密位) = 3.37′

重力测量系统的技术要求如表4-2所示。除了在车辆上进行测量之外,还要求新研制的重力测量系统能够在直升飞机上作业,需要在直升飞机处于悬停的状态下进行ZUPT。

表4-2　重力测量系统的技术要求

开环连续测量的时间	1 h
定位误差和测线长度	0.5 m, 100 km
方位角误差和测线长度	0.5″, 40 km
重力异常值的测量误差	2～3 mgal (1σ)
垂线偏差角的测量误差	1.5″

$$1 \text{ mgal(毫伽)} = 10^{-5} \text{ m/s}^2$$

4.3 液浮陀螺定位定向系统

1979 年,Litton 公司把 PADS 改型为 ISS,型号为"LASS-II"和 RGSS。它们都是当地水平的平台式 INS。在 IMU 中,采用了两只"G-300G 2"型二自由度液浮陀螺仪和三只"A-1000"型液浮加速度计。图 4-1 为"LASS-II"型 ISS 的外形及在测量车上的安装情况。

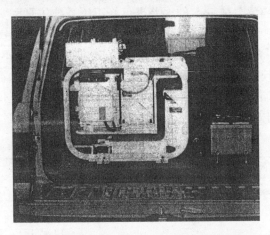

图 4-1 "LASS-II"的外形及在测量车上的安装情况

采用 LASS-II 系统进行野外测量作业的步骤如下:

(1) 输入测线起始点的位置。在 LASS-II 完成初始对准之后,操作者把测线起始点的地理经度、纬度和高程输入到系统中去。

(2) 测量测线上各点的位置。加速度计以 16 ms 的采样周期把所测的加速度值送入导航计算机。按照大地参考椭球体的形状,导航计算机以 16 ms 的计算周期得出载体的位置信号,同时向陀螺仪发出相应的加矩控制信号,使平台跟踪大地参考椭球体法线和当地子午线的运动,从而使平台始终保持与大地参考椭球体相切,并指向北方。

(3) 进行零速修正。在进行 ZUPT 时,根据载体速度为零这一外部测量信号,按照 Kalman 滤波器的计算方程,导航计算机将估计出平台姿态角、陀螺仪和加速度计等误差的瞬时值,并发出控制指令。通过控制回路,补偿陀螺仪和加速度计误差的均值(置于零位),同时,控制平台姿态角,使平台恢复水平,并指向北方。完成以上 ZUPT 过程的时间(停车)需要 30 s。

(4) 单向测量。依次测量测线上各点的位置。在 LASS-II 的磁带记录器中,把各个测点的位置信号贮存下来。

(5) 测线闭合。在测线的终端,应当设立另一个基准控制点,它的位置经过准确校正。在整个测线测量完毕之后,把该点的位置信号输入导航计算机。在导航计算机中,应当具有相应的"平滑调整"(Smoothing Adjustment)程序,对磁带记录器中所存储的各个测点位置和重力异常值进行"终端位置修正"。

在 Litton 公司的 RGSS 型 ISS 中,测量重力参数的工作原理如下:

(1) 采用垂直加速度计直接测量当地的重力异常值(δg);

(2) 控制平台跟踪大地参考椭球体法线和子午线的转动。如果平台偏离了当地的大地水准面,则通过东向和北向加速度计测出的重力加速度分量,可以算出当地的垂线偏差角(ξ, η)。

在陀螺平台姿态角控制完全准确的假设条件下,上述重力异常参数的测量方法是正确的。但是在实际上,液浮陀螺仪的零偏(漂移速度)稳定性(Bias non-stability)较差,它将影响平台跟踪大地参考椭球体法线和子午线转动的精度。因此,RGSS 很难测出垂线偏差值 ξ, η,只能测量重力异常值 δg。对 RGSS 进行的实验研究结果也证明了这一点。

1984 年,加拿大"能源与矿产资源部"和"国防部"分别购置了多台 LASS-II 系统。1985 年,他们联合进行了野外性能测试,选择的三种测线如下:(1)40~85 km 的"直线型"测线;(2)90 km 的"L 型"测线;(3) 100 km 的"曲折型"测线。

在不同的测线上往返测量 6 次,依据 LASS-II 系统磁带存储器中所记录的原始测量数据,计算和已知测线控制点准确位置之间的差值,即 LASS-II 系统的定位误差。

根据 INS 的工作原理,经度误差应当比纬度和高程的误差都大。因此,下面将只介绍经度的测量误差,这已足以说明 LASS-II 系统的性能。在图 4-2 和图 4-3 中,分别给出了在直线型测线上正向和反向原始的经度测量误差曲线,最大误差为 12 m。

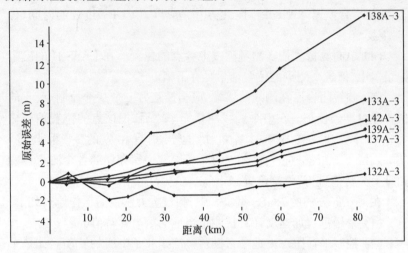

图 4-2　在＃1 测线上,正向测量的原始经度误差

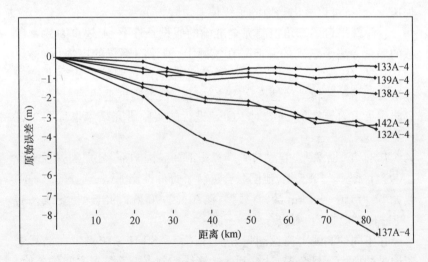

图 4-3　在＃1 测线上,反向测量的原始经度误差

当测线长度大于 50 km 后,经度测量误差显著增大,即误差是发散的。在两台 LASS-II 系统的测试中都有这种情况。野外测试试验的

结果还表明,经度测量误差的发散与 LASS-II 系统测前的校准精度并无关系。由此可以得出结论:在野外作业中,测线的长度应当选择小于 50 km。

经过测线闭合,并利用终端位置进行修正,得到的正向和反向经度测量最大误差为 14 m。采用终端位置修正后的测量误差反而比未加修正的情况差(如图 4-4 和图 4-5 所示)。这里的原因是:在 LASS-II 系统中,所采用的 Kalman 平滑算法并不实用,在误差修正中没有发挥出应有的作用。

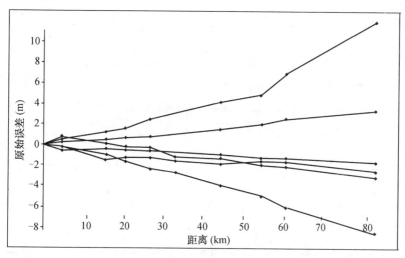

图 4-4 在♯1 测线上,正向测量未经测线闭合修正的经度误差

在图 4-6 和图 4-7 中,分别给出了在 L 型测线上平滑前和平滑后的经度测量误差曲线,最大误差分别约为 6 m 和 2 m。误差曲线还表明,LASS-II 系统具有"方位敏感效应"问题。这是平台式 INS 所共有的缺点,原因是在方位角改变时,台体的热平衡状态被破坏,导致陀螺仪和加速度计的精度受到影响。

图 4-8 为在"曲折型"测线上的经度测量误差曲线,其中 INS 的方位敏感效应也很明显,最大经度测量误差为 8 m。

在表 4-3 中,列出了在♯1 测线上经度和纬度实测数据的误差值,分为两种情况:(1)经过测线闭合处理;(2)未经过测线闭合处理,前

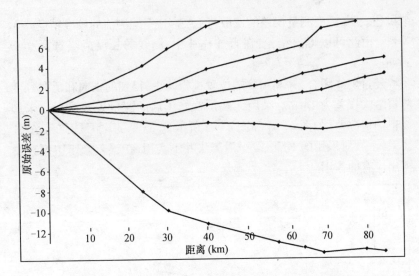

图 4-5 在 ♯1 测线上, 反向测量未经测线闭合修正的经度误差

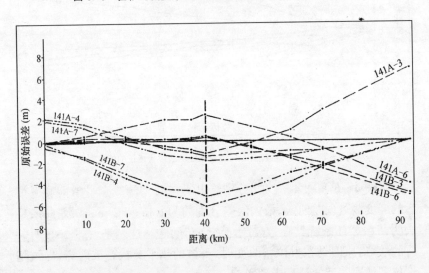

图 4-6 在"L 型"测线上, 平滑前的经度误差

者是指采用终端点已知位置对原始测量数据加以平滑的结果。由表 4-3 还可看出, 采用 LASS-II 系统固有的平滑软件, 经过测线闭合平滑处理的最大测量误差为 0.70 m, 而未经过测线闭合平滑处理的最大

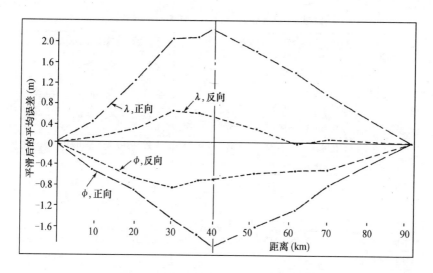

图 4-7 在"L 型"测线上, 平滑后的经度误差

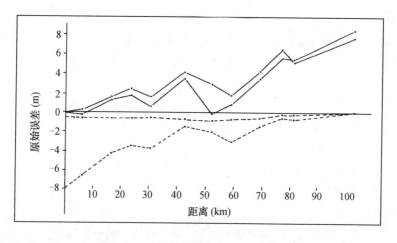

图 4-8 在"曲折型"测线上, 经度的测量误差

测量误差反而只有 0.26 m。这说明 LASS-II 系统所采用的平滑软件效果较差, 有待改进。在上述精度测试中, 高程的最大测量误差仅为 0.17 m, 远比水平位置的测量误差为小。

表 4－3　在#1 测线上,LASS-II 系统的测量误差　　　　　　m

测点序号	经过测线闭合平滑处理				未经测线闭合平滑处理			
	$\Delta\phi$	$\Delta\lambda$	σ_ϕ	σ_λ	$\Delta\phi$	$\Delta\lambda$	σ_ϕ	σ_λ
#1 起始点								
#2	0.31	0.69	0.52	0.57	0.09	0.50	0.52	0.70
#3	0.03	0.93	0.53	0.74	0.06	0.62	0.54	0.94
#4	0.28	1.01	0.70	0.73	0.12	0.41	0.46	0.74
#5	−0.15	0.69	0.63	0.80	−0.49	0.04	0.49	0.54
#6	0.09	0.56	0.50	0.65	−0.09	0.22	0.57	0.71
#7	0.00	0.73	0.67	0.74	−0.06	0.17	0.37	0.65
#8	−0.12	0.88	0.46	0.74	−0.06	0.17	0.37	0.65
#9	−0.31	0.13	0.50	0.39	−0.25	−0.15	0.35	0.40
#10 终端点								
平滑后均值	0.02	0.70			−0.09	0.26		
方差			0.21	0.80			0.22	0.37

根据以上大量的野外测试结果,可以得出以下结论:

(1) 在小于 50 km 的测线上,采用单向测量作业,经度、纬度和高程测量误差的均值和方差均小于 1 m;

(2) 经过测线闭合平滑处理,测量精度并未提高。

因此,是否有必要采用"测线闭合后"以及"双向测量后"进行平滑处理,这些问题都尚待研究。

在表 4－4 中,列举了 LASS-II 中 IMU 和 Kalman 滤波器的一些与精度有关的参数。可以看出,在提高测量精度方面,LASS-II 系统还具有潜力。

表 4－4　LASS-II 中 IMU 和 Kalman 滤波器的一些参数

名　　称	误差值(1σ)
加速度计零位偏移	5 μg
标度因数误差	50×10^{-6}
陀螺仪零偏不稳定性	0.005～0.01 (°)/h
补偿精度	0.000 03 (°)/h

名　称	误差值(1σ)
加速度计输出信号的脉冲当量	0.001 5 (m·s^{-1})/pulse
LASS-II 速度误差补偿精度	0.001 5 m/s
ZUPT 中速度信号测量噪声(R 值)	0.001 5 m/s
LASS-II 系统的模型噪声(Q 值) 速度噪声 水平陀螺漂移噪声 方位陀螺漂移噪声	 0.001 5 m/s 0.01 (°)/h 0.01 (°)/h
Kalman 滤波器估计误差(P_0 值) 水平位置 高程 速度 水平姿态角 方位角	 1 m 1 m 0.001 5 m/s 3 ″ 20 ″

综上所述,Litton 公司研制 LASS-II 的经验如下:

（1）专业技术人员必须配套,需要有"仪器"、"电子"、"软件"和"控制系统"等四个方面的专家,由控制系统工程师提出要求,合作完成。

（2）LASS-II 系统的精度主要取决于陀螺仪和加速度计。为此,陀螺仪的性能一定要经过 50 h 以上的长时间测试。

（3）LASS-II 系统的静态和动态校准非常重要。通过这些校准,系统才能达到规定的性能指标。

（4）ISS 和 INS 不同,对陀螺仪的零偏不稳定性(Bias drift)和加速度计的零位偏移都必须经常检查,包括在交付用户使用之后。为此,系统中需要有相应的软件,能够自动地对系统进行静态校准和补偿。

4.4　清华大学"GWX-1"型快速定位定向系统

1993－1997 年,中国清华大学接受了国家计划委员会下达的"快速定位定向车"研制任务。野外测试结果表明,所研制的"GWX-1"型快速定位定向系统样机达到了任务书规定的全部技术条件,如表4-5所示。下面分别介绍:对任务的分析、系统的总体设计、硬件选择、软件编制,以及野外测试等方面的研究成果。

表4-5 "GWX-1"型快速定位定向系统的技术要求

开环连续测量的时间和距离	>2 h, 80~120 km
ZUPT 的间隔时间和每次停车时间	10 min, <60 s
水平定位误差	<10 m (CEP)
垂直定位误差	<5 m (1σ)
方位角误差	<5″(1σ)

和 LASS-II 型等已有的定位定向系统相比较(参看表4-5和表4-1),这项任务的难点是要求的精度较高,尤其是方位角精度。对这项任务进行分析的结论如下:

(1) 为了保证表4-5中方位角的精度,必须采用专门的陀螺寻北仪;

(2) 现有电子气压式高度表能够保证表4-5中垂直定位的精度,应当选用。

根据以上分析,清华大学提出的总体设计方案如下:

(1) 选择俄国成熟的"I-21"型飞机 INS 作为基础,研制水平定位系统;

(2) 在载体垂直位置的测量方面,选用俄国成熟的电子气压式高度表及其稳定补偿传感器;

(3) 采用单独的陀螺寻北仪测量载体的方位角。

1993年,清华大学开展了"静电陀螺寻北仪"样机的研制。这是一种"自由陀螺"的寻北仪,在静电陀螺仪中,需要采用大角度的信号器。清华大学完成了这种光电信号器的设计,在俄国有关研究所的协作下,这种陀螺寻北仪的原理样机组装成功。在原理样机上进行的初步试验表明,即使所用静电陀螺仪的精度很高,采用"自由陀螺"的技术方案很难保证表4-5中要求的方位角精度。考虑到国家任务的迫切性,1997年,清华大学中止了静电陀螺寻北仪的研制工作,选用了德国的成熟产品"GYROMAT-2000"型陀螺经纬仪。

俄国"I-21"型 INS 是液浮陀螺当地水平的平台式系统,用于重型飞机的控制与导航。平台具有四个支架环。在平台的台体上,装有三只液浮加速度计和两只二自由度液浮陀螺仪。平台的减震系统装在平台的轴承之中,只对支架环实现减震。可以看出,它的结构和上述 Litton 公司的"L-15"型系统相似。俄国"I-21"型系统的性能如表 4－6 所示。

表 4－6　俄国 I-21 型飞机 INS 的技术性能 (1988 年)

项　目	条　件	性能指标
连续工作时间		＜30 h
定位误差	亚音速飞行 10 h 以内	3.7 km/h
	超音速飞行 5 h 以内	6 km/h
测速误差		＜12.6 km/h
加速度测量误差	数字信号	0.147/0.098 (m/s²)
	模拟信号	0.015/0.01 g
真航向测量误差	数字信号,10 h 以内	＜(0.200 + 0.025 t)°
水平姿态角测量误差	±20°以内	＜0.1°

在编写软件的过程中,需要了解该系统有关导航信息计算的特征,如表 4－7 所示。在俄国莫斯科包曼技术大学(Moscow State Technical University,MSTU)O. S. Salychev 等有关专家的合作下,除了保留 I-21 系统原有的导航计算机之外,增加了一台工业控制计算机,专门实现 ZUPT 中 Kalman 滤波器等控制软件。

在 I-21 系统中,受到导航计算机字长的限制,位置、速度和方位角的计算精度分别相当于表 4－7 所示的末位数值:0.3″,3.214 9 m/s 和 1.2″。以这样的精度来进行 ZUPT,显然是不够的。为此,生产 I-21 系统的莫斯科 Romensk 仪表厂曾对导航计算机作了必要的改进。

1979 年,对"GWX-1"系统进行了最终的车载精度测试。如图4－9所示,测线的起始点选在北京市昌平的"♯3 点",沿京密引水渠到达怀柔的桥梓镇"♯0 点"。然后,测线进入半山区,到达"♯2 点"。各个测点之间的距离约为 5 km,往返一次全程约 60 km。测线上各点的高程差约 70 m。

在 4 天内共进行了 7 次往返测试。"GWX-1"系统安装在"IVE-CO"型测量车上,最高车速为 50 km／h。每次行驶时间不少于 2 h,ZUPT 间隔时间平均为 10 min,每次停车修正的时间为 45 s。各测点的位置事先经过标定。要求测量车尽量接近测线上的测点,停车位置与测定之间的距离偏差小于 1 m。

表 4−7 俄国 I-21 型 INS 导航计算信息的特征(1990 年)

项　目	地　址	范　围	单　位	字　长	末位数值	更新频率/Hz
纬度	00010001	±π	rad	21	$\pi \cdot 2^{-21}$	10
经度	10010001	±π				10
北向速度	01101101	±6 068.639 6	km/h	19	$V_{max} \cdot 2^{-19}$	10
东向速度	11101101	±6 068.639 6				10
陀螺航向	11111101	±π	rad	19	$\pi \cdot 2^{-19}$	10
真航向	11011101	±π	rad	19	$\pi \cdot 2^{-19}$	10
倾斜	00011011	±π	rad	19	$\pi \cdot 2^{-19}$	20
俯仰	10011011	±π	rad	19	$\pi \cdot 2^{-19}$	20

根据 7 次测试的数据,算出"GWX-1"系统的定位精度如下:

(1) 水平位置圆概率误差(CEP)为 8.8 m。

$$CEP = 1.177\ 4 \times \frac{\sigma_N + \sigma_E}{2}$$

(2) 高程测量的中误差(PE)为 2.2 m。

$$PE = 0.674\ 5\sigma_D$$

式中 σ_N,σ_E,σ_D 分别为北、东、下三个方向定位误差的标准差。

根据 15 次在实验室寻北的测试数据,得到"GYROMAT-2000"型陀螺经纬仪的精度为:

(1) 基准棱镜法线方向的天文方位角　173°07′20.01″;

(2) 实测基准棱镜法线方向方位角的均值　173°07′18.73″;

(3) 以上两项之差　c　1.28″;

（4）寻北精度（标准差 σ）3.26″；

（5）方位角测定的总误差 $E = \sqrt{\sigma^2 + \dfrac{n}{n-1} c^2} = 3.52''$。

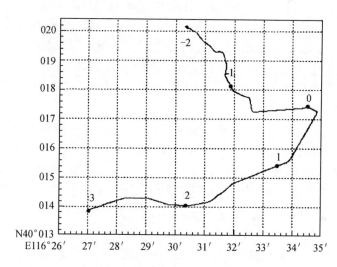

图4-9 "GWX-1"系统鉴定试验中所采用的测线

测试结果表明，"GWX-1"系统的样机达到了研制任务书的要求。该样机已交付给用户试用。

应当指出，1994年，俄国 O. S. Salychev 等人研制成功了俄国第一代的 ISS 产品，型号为"ITC-2"。在最优滤波理论及其在 INS 中的应用方面，他曾发表专著《标量滤波器理论》等。

4.5 静电陀螺大地测量系统

1975年，Honeywell 公司开始批量生产"标准精密导航仪"（Standard Precision Inertial Navigator, SPIN）。这是一种平台式 INS。在"SPIN"型 INS 的平台上，装有两只静电陀螺仪和三只 GG-177 型挠性加速度计。平台在惯性空间中保持稳定。静电陀螺仪及其支承电路的结构为模块式，外形近似于一个半球体。这样，在平台的台体上，上、下两只静电陀螺仪及其支承电路组装成为一个直径 208.2 mm 的球体。

三只 GG-177 型加速度计组装在一起,成为一个"速度测量装置"(Velocity Measurement Unit,VMU)。VMU 被固定在平台台体的侧面。

在"SPIN"中,静电陀螺仪的结构和主要参数如下:

(1) 空心转子——材料铍,直径 38 mm,转速范围 640~720 Hz;

(2) 支承电极——正六面体结构,与转子之间的间隙 50 μm;

(3) 转子位移测量——电容电桥,电源 三相 6 V,2MHz;

(4) 静电引力控制——支承电压的电源 三相 20 kHz;

(5) 热钛泵——电极球腔内的真空度 3×10^{-8} Torr(1 Torr = 133.322Pa);

(6) 光电信号器——测量转子相对于支承电极的微小偏角;

(7) 零偏漂移速度——长时间的重复性优于 0.000 4 (°)/h。

GG-177 型加速度计的量测范围为 10 g,零位偏移的长时间重复性为 2 μg。在 GG-177 中,采用了脉冲式的力平衡电路。每个脉冲的速度当量为 0.01 m/s,如果需要,可以减小为 0.000 4 m/s。

在"SPIN"型 INS 硬件的基础上,Honeywell 公司开发出"GEO-SPIN"型"大地"惯性测量系统。在"GEO-SPIN"系统中,采用了"ROLM 1664"型导航计算机为。"ROLM 1664"型计算机的字长为 32 位,存储量为 64 kbyte,可用 FORTRAN 程序运行,功能较强。这种计算机可以完成大地测量数据的多种在线处理。

在 GEO-SPIN 系统中,采用了 21 维的 Kalman 滤波器。在 ZUPT 工作状态下,ROLM 1664 型计算机可以进行实时的误差控制。在测量车到达测线上的控制点之后,可以输入控制点的位置信号,GEO-SPIN 系统可以对已测各个测点的数据进行实时的平滑处理。

根据 Honeywell 公司的测试报告,GEO-SPIN 系统的重力测量精度如表 4-8 所示,野外测试是在 60 个测点上进行的,这些测点分布在 2.0 km×4.0 km 的区域内。连续测量的工作时间为 6 h。

表 4-8　GEO-SPIN 系统的野外测试精度

连续测量时间	6 h
定位误差(采用双向测量方法)	2.48~3.95 cm (RMS)
定位误差(采用单向测量方法)	4.12~4.49 cm (RMS)
重力异常值的测量误差	2.2 mgal
垂线偏差角的测量误差	0.10″~0.53″

1984 年 11 月,德国 Munich(慕尼黑)国防军大学(The Federal Armed Forces University Munich,德文缩写为 UniBw)对 GEO-SPIN 系统的重力测量精度进行了野外测试。测试用的对比仪器为 LaCoste & Romberg 公司的"model G 688"型重力仪。对比仪器的重力测量精度为 ±0.05 mgal,考虑到 GEO-SPIN 系统中加速度计的精度为 1~2 μg (相当于 1~2 mgal)对比仪器的重力测量误差很小,可以忽略不计。

如图 4-10 所示,测线选在 Munich(慕尼黑)市以南的 Alpine(阿尔卑斯)山区,是一条曲折的山路,全长约 3.8 km。在测线上,事先标

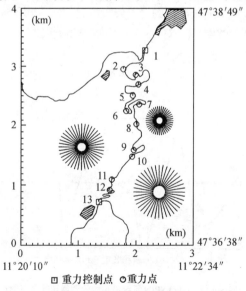

图 4-10　GEO-SPIN 系统重力测量试验的测线

定了两个重力控制站(♯1 和♯13),另有 11 个待测的重力站。各重力站的高程如图 4－11 所示,其中:

♯1 点	599 m
♯13 点	802 m
最高点	885 m

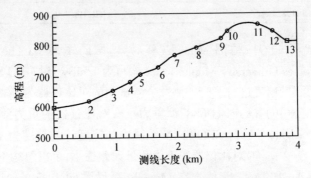

图 4－11 GEO-SPIN 系统重力测量试验测线的高程图

GEO-SPIN 系统野外测试的误差分布情况如图 4－12 所示。表4－9为测后经过平滑处理的数据。对 13 个重力站的测量误差求方差,得到

$$\sigma_g = \sqrt{\frac{\sum \varepsilon_g^2}{n}} = 0.89 \ \text{mgal}, n = 13$$

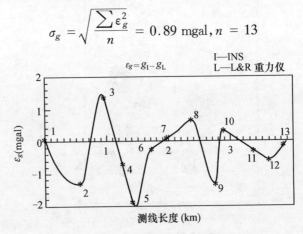

图 4－12 GEO-SPIN 系统沿测线的测量误差分布图

表 4-9 GEO-SPIN 系统测量重力加速度的误差　　m gal

重力站编号	GEO-SPIN 的测量值	L & G 的测量值	差值 ε_g
1	980 623.1	980 623.00	+ 0.10
2	980 620.2	980 621.54	− 1.34
3	980 615.2	980 613.85	+ 1.35
4	980 609.2	980 609.88	− 0.68
5	980 604.3	980 606.21	− 1.91
6	980 602.6	980 602.86	− 0.26
7	980 595.2	980 595.14	+ 0.06
8	980 591.9	980 591.22	+ 0.68
9	980 584.3	980 585.56	− 1.26
10	980 581.1	980 580.71	+ 0.39
11	980 579.1	980 579.36	− 0.26
12	980 579.4	980 579.93	− 0.53
13	980 589.1	980 589.21	− 0.11

UniBw 同时还租用了 Litton 公司的 LASS-II 系统和英国 Ferranti 公司的 FILS MK II 型系统,在该测线上先后进行了测点位置的测量。由于这两种系统都不能测量重力异常参数,因而无法和 GEO-SPIN 系统进行重力测量精度的对比试验。

应当指出,在建立大地重力网时,要求同时测定各点的位置和高程。在山区采用单独的重力仪和定位定向系统进行这种测量费用较大。因此,采用 GEO-SPIN 类型的定位和重力测量系统在经济上是有意义的。

4.6　激光陀螺定位定向系统

1985 年,Honeywell 公司生产的 MAPS 型系统通过了野战使用条件的评估试验,为 M-109 型自动榴弹炮、履带和轮式车辆等武器装备所选用。在 MAPS 中,采用了三只 GG-1342 型激光陀螺仪和三只 QA 型石英挠性加速度计。在 ZUPT 时,采用了 19 个状态变量的 Kalman

滤波器对陀螺仪和加速度计的误差进行实时补偿。如果和里程计相组合,MAPS 型系统在使用中可以不采用 ZUPT。表 4 - 10 为 MAPS 系统的性能指标。

表 4 - 10   MAPS 型激光陀螺定位定向系统的性能指标

启动时间	<15 min
方位角误差	1 mil
俯仰角、倾斜角误差	0.5 mil
水平位置误差	<10 m (CEP)
高程误差	<10 m
平均故障间隔实际(MTBF)	5 000 h

在野外测试中,MAPS 型系统实际达到的精度指标如下:

(1) 对准时间为 5 min 的情况下,方位角误差 0.35 mil (PE);

(2) 对准时间为 12 min 的情况下,方位角误差 0.25 mil (PE);

(3) 俯仰角、倾斜角误差 0.30 mil (PE);

(4) 水平位置误差 3.3 m (CEP);

(5) 高程误差 3.0 m。

在性能价格比上,激光陀螺定位定向系统具有明显的优势,各国测量工作者都重视这项技术的应用。例如,早在 1983 年,加拿大 Calgary 大学 的 K. P. Schwarz 已着手研究激光陀螺定位定向系统的导航计算和最优滤波器等软件。1994 年,他们发表了有关 GPS / MAPS 组合系统总体结构的论文。又如,1995 年,德国 UniBw 的 W. Caspary 等人采用 GG-1342 型激光陀螺仪研制成功了"动态测量系统"(The Kinematic Surveying System,KISS),为测量车提供定位信号,用于绘制军用电子地图收集所需的地理信息。

4.7　惯性测量系统的动态校准

下面以"FILS-II"型系统为例,介绍 ISS 动态校准的作业过程。"FILS-II"系统的硬件是英国 Ferrenti 公司批量生产的单自由度液浮陀螺平台式飞机 INS。

操作者: Nortech Surveys (Canada) 公司的工程师;

时间: 1983 年 5 月;

测线: 该公司在 Calgary 市郊 52 km 处(Husky 镇)的"L 形"专用测线,测线上共有经过精确标定的 16 个控制点(表 4 - 11)。

表 4 - 11 Nortech Surveys (Canada) 公司在 Calgary 市郊的专用测线[①]

控制点序号	纬 度	经 度	高程/m
7001(终端点)	51°7′54.773″	− 113°8′36.967″	961.46
8001	7′17.177″	8′35.452″	965.89
8181	5′38.390″	8′37.081″	911.28
8421	3′51.725″	8′35.891″	905.40
8501	2′17.627″	8′36.878″	899.43
9021	0′17.848″	8′35.897″	954.65
10001	50°58′24.487″	8′35.744″	1 004.27
10101	57′2.752″	8′36.965″	1 003.41
11101	55′16.408″	8′35.128″	935.43
12001	54′2.265″	8′34.895″	916.51
13001(转折点)	53′33.152″	9′37.516″	911.66
13061	53′33.825″	11′2.474″	916.15
14001	53′34.089″	13′39.086″	937.29
15001	53′32.505″	16′51.393″	939.22
15171	53′34.140″	19′45.718″	932.96
16001(起始点)	53′33.175″	21′49.906″	955.07

为了准确地测出测量车偏离控制点的"偏离距离"(Offset),并把测量数据自动地输入到 FILS-II 系统中去,在测量车内装有专用的红外测距仪。在测线的每个控制点上都竖立了测量标杆。在标杆的同样高度上,安装了四面体的反射棱镜。

---

① 各控制点纬度和经度的标定误差 $\Delta D \leqslant 0.001″$。由 16001(起始点)到 13001(转折点)为东西测线,长度约 22.6 km;由 13001(转折点)到 7001(终端点)为南北测线,长度约 21.6 km。

"FILS-II"系统在测量车上的安装情况如图 4-13 所示。在该公司的测量车上,可以安装两套 FILS-II,同时进行动态校准。在图 4-13 中,操作者正在使用车内安装的红外测距仪。该测距仪安装在一个带有码盘的双轴支架上,可以自动地测量测距仪光管的高度角和方位角。

图 4-13 "FILS-II"系统在测量车上的安装情况

当测量车开到控制点附近 10 m 以内时,操作者用红外测距仪的光管瞄准标杆上的四面体反射棱镜。在接收到反射的光信号之后,红外测距仪立即发出声响信号。这种声响信号表示"偏离距离"的测量过程已经结束,测量车可以继续前进到下一个控制点。这时,四面体反射棱镜与红外测距仪之间的斜距,以及它们之间联线的高度角和方位角都已经以数字信号的形式被送入了 FILS-II 的计算机。根据这些数字信号可以计算出测量车到控制点之间的"偏离距离",并对 FILS-II 的测量数据进行"偏离距离"的修正。

在"静态校准"和"ZUPT"中,加速度计的标度因数、非正交度、以及平台的初始方位对准误差等都无法测定。这些误差项必须在"动态校准"中采用"位置误差修正"的方法才能加以测定。为此,需要开发相应的"动态校准软件",根据 FILS-II 在每个控制点上实测的位置数据,其中含有这些误差项。这样,在测后经过推算,可以分离出各项误差的数值。

在动态校准中,已知各个控制点的位置误差为 0.001″,如果要求

以 $\Delta\psi \leqslant 1''$ 的精度测出 FILS-II 的初始方位对准误差,则测量车进行两次位置误差修正所在地之间的"南 - 北"距离

$$L \geqslant \frac{\Delta D}{\Delta \psi} = \frac{0.001'' \times 30 \text{ m}}{1'' \times 0.5 \times 10^{-5}} = 6 \text{ km}$$

式中,地理纬度 $1'' = \dfrac{1\,853.2 \text{ m}}{60} \approx 30 \text{ m}$。

对动态校准中实测的数据加以处理,可以得到被测 FILS-II 系统的多项误差补偿值。Nortech 公司称这些误差补偿值为 FILS-II 系统的特种函数(Special Functions,SF),表 4 - 12 为根据 1983 年 5 月 24 日实测数据推算得到的特种函数值。在当地水平的 INS 中,通常采用"东 - 北 - 天"(E-N-U)坐标系,在表 4 - 12 中,给出了特种函数的序号和物理含义。

表 4 - 12　FILS-II 系统的特种函数值

SF♯18	0.009 59 (°)/h		E-陀螺零偏漂移速度
SF♯19	0.014 02 (°)/h		N-陀螺零偏漂移速度
SF♯20	0.084 13 (°)/h		U-陀螺零偏漂移速度
SF♯21	− 0.070 21	0.000 1%	E-加速度计标度因数
SF♯22	0.017 20	0.000 1%	N-加速度计标度因数
SF♯24	− 0.255 08	0.000 1%	E-加速度计非正交度
SF♯25	0.247 87	0.000 1%	N-加速度计非正交度
SF♯26	0.033 20	0.000 1%	U-加速度计 E-向非正交度
SF♯27	0.048 73	0.000 1%	U-加速度计 N-向非正交度
α	133.412 913 ″		初始方位对准误差的均值
σ_a	14.175 208 ″		初始方位对准误差的方差
$\dfrac{\mathrm{d}\alpha}{\mathrm{d}t}$	0.048 495 1 (″) /s		方位对准误差的漂移

经过对 FILS-II 系统的各项特种函数补偿之后,最终得到经过测后处理的测试结果如表 4 - 13 所示。

表 4 - 13　经过测后处理,FILS-II 系统的测试数据

控制点序号	纬　度	经　度	高程/m	北向行程/m	东向行程/m
7001	51°7′54.773″	− 113°8′36.967″	961.46	5 666 457.16	350 013.50
8001	17.179″	8′35.449″	965.87	5 665 295.18	350 009.18
8181	5′38.395″	8′37.072″	911.08	5 662 245.04	349 888.74
8421	3′51.725″	8′35.873″	905.34	5 658 949.75	349 816.13
8501	2′17.266″	8′36.872″	899.32	5 656 032.87	349 711.77
8502	2′17.261″	8′36.887″	899.41	5 656 032.74	349 711.46
9021	0′17.851″	8′35.880″	954.44	5 652 344.12	349 623.78
10001	50°58′24.491″	8′35.707″	1 003.88	5 648 842.83	349 525.33
10101	57′2.755″	8′36.950″	1 003.33	5 646 319.07	349 427.70
11101	55′16.411″	8′35.121″	935.38	5 643 033.56	349 367.95
12001	54′2.265″	8′34.895″	916.51	5 640 743.44	349 305.85
13001	53′33.145″	9′37.500″	911.56	5 639 879.71	348 056.79
13061	53′33.808″	11′2.474″	916.08	5 639 949.05	346 397.47
14001	53′34.075″	13′39.094″	937.10	5 640 048.74	343 338.29
15001	53′32.493″	16′51.396″	939.53	5 640 114.63	339 580.35
15002	53′32.491″	16′51.404″	939.34	5 640 114.56	339 580.19
15171	53′34.142″	19′45.709″	932.86	5 640 271.90	336 176.92
16001	53′33.175″	21′49.906″	955.07	5 640 319.19	333 749.92

把表 4 - 13 和表 4 - 11 的数据相减,得到经过测后处理的测量误差值,如表 4 - 14 所示。FILS-II 系统的测量误差值(定位误差)显著减小,最大定位误差是在♯10001 点上,分别为:

$$\Delta\varphi = 0.010″ = 0.3 \text{ m}$$
$$\Delta\lambda = -0.037″ = 1.11 \text{ m}$$
$$\Delta H = -0.94 \text{ m}$$

由此得出结论:在 FILS-II 系统每次进行正式作业之前,必须安排动态校准,测定各项特种函数值。以上测试和数据处理的结果表明,经过动态校准和测后处理,FILS-II 系统的定位精度可以到达 30 cm

(1σ) 的水平。

表 4 - 14　经过特种函数补偿之后, FILS-II 系统的测试误差

控制点序号	纬度误差/ (″)	经度误差/ (″)	高程误差/m
7001	0	0	0
8001	0.002	− 0.003	− 0.02
8181	0.005	− 0.009	− 0.20
8421	0	− 0.018	− 0.06
8501	− 0.001	− 0.006	− 0.11
9021	0.003	− 0.017	− 0.21
10001	0.010	− 0.037	− 0.94
10101	0.003	− 0.015	− 0.08
11101	0.003	− 0.007	− 0.05
12001	0	0	0
13001	− 0.007	− 0.016	− 0.10
13061	− 0.017	0	− 0.07
14001	− 0.014	0.008	− 0.19
15001	− 0.012	0.003	0.31
15171	0.002	− 0.009	− 0.10
16001	0	0	0

Nortech 公司的工程师告诉作者, 在每次出发去外地(例如, 非洲)执行油田测量任务之前, 他们都对带去的四台 FILS-II 系统进行多次动态校准。这样, 在外地采用直升飞机野外作业时, 只需要 1~2 周的时间, 就可以完成几百千米见方地区的测量。回到 Calgary 之后, 他们一方面处理野外作业得到的原始数据, 另一方面, 仍然定期对该公司所有的 FILS-II 系统进行动态校准, 以保证系统处于良好的技术状态, 随时可以外出执行测量任务。

采用 FILS-II 系统在测量精度和经济效益上都是成功的。Nortech 公司的实践经验可以归纳如下:

(1) 作为液浮陀螺的 ISS, FILS-II 系统需要提前 2~3 h 启动, 达到热稳定之后才能开始动态校准。这样, 每次动态校准需要花费一个

整天的时间。

(2) FILS-II 系统的性能不够稳定,每次外出作业之前,都必须进行动态校准。频繁地进行多套 FILS-II 系统的动态校准是一件劳民伤财的事。正确的技术途径应当是提高 ISS 硬件的稳定性,使得一次动态校准能够管很长时间,例如至少一年。

(3) 在有的 FILS-II 系统动态校准中,得到的特种函数值重复性较差,无法投入实际测量作业。这种系统必须退回 Ferranti 公司返修。为此,Nortech 公司购置了四套 FILS-II 系统,仍然不能满足公司任务的需求。

(4) 在 FILS-II 系统中,没有相应的动态校准软件,只能在测后回到公司,才能计算各项特种函数。为此,今后需要开发实时的"位置误差修正软件"。

值得指出,在 ISS 中采用"位置误差修正"的效果较好。例如,在 1997 年清华大学和俄国 MSTU 合作研制的"GWX-1"系统中,俄方开发了"位置误差修正"软件,通过输入初始点和第二个控制点的位置信号,可以准确地修正"GWX-1"系统初始方位对准的误差。鉴定测试结果表明,这一技术措施保证了"GWX-1"型系统的定位精度。

应当指出,在国外目前液浮陀螺平台式 ISS 已被挠性陀螺平台式 ISS 所取代,后者没有温度控制系统,在使用时启动时间短,经济效益高。

4.8　重力测量与重力梯度仪

静态重力仪的读数是沿当地垂线方向的重力加速度值。在静态重力仪中,通常依靠气泡来调整仪器测量轴的方向。同时,为了校准重力仪的标度因数及其漂移误差,需要有已知重力场参数的基准点作为重力参考点。这里的漂移误差是指重力仪的读数随时间而变化。此外,地球自转运动使得太阳和月亮对重力仪的引力发生变化,即使安装在静止的地球表面上,在重力仪的读数中,仍将有周期为 24 h 的时变分量。

由此可见,在精确测定重力场的参数时,必须:

（1）已知测点的经度、纬度和高程；

（2）注明测量重力的时间。

静态重力仪不能承受载体的冲击加速度，在飞机和船舶上不能应用。为此，需要研制动态重力仪。从原理上讲，在运动的载体上建立静态重力仪是不可能的，因为静态重力仪类似于加速度计，无法区分重力加速度和运动加速度。

在运动的载体上，建立动态重力仪的技术方案是"重力梯度仪"。重力梯度仪的原理是测量重力的变化梯度，然后通过积分，得到测点所在地的重力参数值。

为了测量重力网各点的重力异常值和垂线偏差角，需要采用重力梯度仪。根据这样实测的重力参数，加上重力场的参考模型，可以计算出测点所在地的重力异常值和垂线偏差角。

1966 年，美国空军、海军和国防测绘局开始资助重力梯度仪的研制。1976 年，海军支持的 Bell 实验室研制成功了"旋转式的重力梯度仪"（Rotating Gravity Gradiometer，RGG），采用旋转敏感器件的方法，从频谱上消除了外部干扰对重力梯度信号的影响。

1972 年，美国 Stanford 大学的 D. B. DeBra 等人为美国空军研究重力异常参数对 INS 精度的影响。他们的第一项任务是测量有关地区的重力异常值和垂线偏差角；第二项任务是研究如何在 INS 中对重力异常的影响加以补偿。1979 年，他们提出了研究报告，建议采用"机载的重力梯度仪"直接测量重力异常值和垂线偏差角。他们设计了相应的滤波器，用于消除重力异常参数对 INS 的影响。

总结上述，可以认为，进行重力测量需要采用重力梯度仪。需要指出，Honeywell 公司的 GEO-SPIN 系统只能测量重力异常值，不能测量垂线偏差角。因此，在重力测量领域，并未看到推广应用的报道。

4.9 惯性测量系统的误差模型及 Kalman 滤波器

根据 INS 系统的机械编排方程，采用摄动法可以得到 INS 的误差模型方程，下面简称"系统模型方程"。它是描述导航信号误差与陀螺仪等主要误差源之间动态关系的状态方程。

在建立 INS 的系统模型方程时,问题的复杂性在于:

(1) 在系统模型方程中,多数变量是时变函数,但也有变量是位置向量的函数,例如,重力加速度。为了设计工程实用的 Kalman 滤波器,对系统模型方程需要进行线性化和简化处理。

(2) 为了简化系统模型方程,需要确定哪些是主要的误差源,把它们选定为方程中的状态变量,其余的各项误差源在方程中都可以归属为系统的模型噪声。

(3) 虽然有些误差源很重要,但需要分析它们是否具有能观性和能控性。只有具备能观性和能控性,它们才能被选为系统模型方程中的状态变量。

因此,在不同的 ISS 中,没有统一的系统误差模型。通常导航速度、位置、平台姿态角等输出信号的误差必须被选择为系统模型方程中的状态变量,如表 4-15 所示。

表 4-15 不同惯性测量系统中的误差模型方程

状态变量名称	FILS-II 系统 (Calgary 大学设计)	LASS-II 系统		GEO-SPIN 系统
		水平通道	垂直通道	
位置	3	2	1	3
速度	3	2	1	3
平台姿态角	3	3	0	3
陀螺漂移速度	3	3	0	3
加速度计零偏	(3)	2	1	3
加速度计标度因数				3
量化器		2	1	
重力异常参数	(6)			3

下面介绍在不同 ISS 中的具体设计。

(1)FILS-II 系统。原来没有实时估计的 Kalman 滤波器,只有测后处理的软件,而且不是 Kalman 滤波器。该软件把速度误差分为 3 个通道加以处理,采用"曲线拟合法"去修正速度误差,然后经过积分,得到修正后的位置信号。

在和 Nortech 公司合作中,Calgary 大学为 FILS-II 系统开发了测后处理的 Kalman 滤波器,选定的状态变量如表 4 – 15 所示。Calgary 大学还尝试建立更加完善的 Kalman 滤波器,包括加速度计零偏(3 项)、重力异常参数和重力梯度(6 项)等状态变量。

(2) LASS-II 系统。水平通道和垂直通道的 Kalman 滤波器是分开的,没有考虑重力异常参数项。从原理上看,这样设计 Kalman 滤波器是不正确的,而且状态变量的总数反而增加了,并不经济。但是,Litton 公司坚持这样做,幸亏这种设计在实际上造成的误差较小。

(3) RGSS 系统。Litton 公司把重力异常参数项混杂在陀螺零偏漂移速度和加速度计零偏之中,需要经过推算才能分出重力异常参数。

(4) GEO-SPIN 系统。Honeywell 公司的设计比较完善,系统模型方程和 Kalman 滤波器都采用了 21 个状态变量,为此,需要采用功能较强的计算机。

4.10 本章小结

大地测量和重力测量的特点是:精度要求很高;在静止状态下测量(包括直升机悬停);测线上各个控制点分布较近;允许多次重复测量等。和 INS 相比,对惯性测量系统提出的精度要求如下:

(1) 定位误差从"km"的量级减小到"cm"的量级;

(2) 定向误差从"角分"的量级减小到"角秒"的量级;

(3) 重力异常值的测量误差为"mgal"的量级;

(4) 垂线偏差角的测量误差为"角秒"的量级。

显然,单纯依靠 INS 系统本身很难保证上述精度要求。

在惯性测量系统中,充分利用了测量作业的上述特点,依靠外部提供的参考信号,采用 Kalman 滤波器对陀螺仪和加速度计的误差进行实时校准(估计与补偿)。在设计惯性测量系统时,采取了以下多种技术措施:

(1) 在对惯性测量系统进行"车载动态校准"之后,为了在很长的时间内(例如,1 年以上)保持它们的精度,需要采用高精度的陀螺仪和加速度计,它们的零偏稳定性必须达到"导航级"惯性信号器的水平,主要是长时间的稳定性和多次启动的重复性。

（2）为了对上述误差进行实时校准，在惯性测量系统中所采用的Kalman滤波器需要比较完善。

（3）在野外测量作业中，必须经常采用"零速修正"（ZUPT）。实践的结果表明，ZUPT是行之有效的。

（4）在野外测量作业中，还应尽可能采用"位置修正"（Position update）。实际上，惯性测量系统的"车载动态校准"就是一种很准确的"位置修正"。此外，在野外测量作业中，往往采用"往返测量"、"多次重复测量"以及"方位对准误差修正"等，都是"位置修正"的应用。采用GPS提供的准确定位信号是最好的"位置修正"，可以极大地提高惯性测量系统的精度。

（5）在测后，需要对"原始测量数据"（Raw data）进行"测线平滑处理"和"测量区域调整"等。

1975年以来，国外在研究和开发惯性测量系统产品方面取得了重大进展，它们主要应用于快速定位。国外采用惯性测量系统实现了大地测量和重力测量作业的自动化和高速化，获得了较大的社会和经济效益。同时，惯性技术在大地测量和重力测量中的应用也给现代控制理论带来了显著的学术成果。

20世纪80年代以前，惯性测量系统的产品都是平台式的，采用了液浮陀螺仪、挠性陀螺仪和静电陀螺仪等。它们的价格较高，很难在民用领域得到广泛应用。1980年以后，惯性测量系统改为激光陀螺捷联式系统。例如，美国的MAPS型和法国的SIGMA 30型等。它们在价格上降低了约2／3，因而得到了广泛应用。

应当指出，在方位角测量方面，单靠惯性测量系统很难保证"角秒"量级的寻北精度。目前的解决方法是采用陀螺经纬仪。在静止基础上，陀螺经纬仪的寻北精度为 $2''\sim3''$。

在重力测量方面，虽然GEO-SPIN系统达到了重力异常值测量的精度要求，但仅限于军用，未见在民用方面的报道。目前在重力测量作业中，"静态重力仪"仍然占有重要的位置。各国重视研制"重力梯度仪"，但未见实际应用。

惯性测量技术的发展极大地促进了导航技术的水平，尤其是在采用Kalman滤波器对误差进行实时控制方面。应当指出，和"速度修正"相比较,"位置修正"的应用效果更好。因此,GPS / INS 组合的惯性测量系统具有良好的发展前景。

参 考 文 献

1 Schwarz K P. Inertial Surveying and Geodesy. Review of Geophysics and Space Physics,1983,21(4)

2 Schwarz K P,Wong R V C,Hagglund J,Lachapelle G. Marine Positioning with a GPS-Aided Inertial Navigation System. The 1st National Technical Meeting of the Institute of Navigation,San Diego,1984

3 Schwarz K P. 惯性测量技术报告集. 章燕申等译. 北京:国防科工委科技部研究室,1984

4 Eissfeller B,Landau H,Hein G W. Results of a Gravity Survey with the Honeywell GEO-SPIN II in the Test Network "Werdenfelser Land (FRG)". Proceedings,The Third International Symposium on Inertial Technology for Surveying and Geodesy,Banff,Canada,1985

5 Penton C R,Penney R C. An Evaluation of the Positioning Capability of the Litton Auto Survey System, LASS II. Proceedings,The Third International Symposium on Inertial Technology for Surveying and Geodesy,Banff,Canada,1985

6 Schwarz K P. Inertial Techniques in Geodesy-State of the Art and Trends. Proceedings,The 2nd International Workshop on High Precision Navigation,Stuttgart / Freudenstadt,Germany,1991

7 Leiser K E. The RLG Modular Azimuth Positioning System (MAPS) comes of Age. First Article Test Results and Present Applications, (Abstract only). In: Record, IEEE PLANS' 92 Position Location and Navigation Symposium. 1992. 488

8 Salychev O S,Bykovsky A V,Arseniev V D, Voronov V V,Lukianov V V,Levtchenkov A V. ITC-2 A Russian Generation of Inertial Surveying Systems. Proceedings, International Symposium on Kinematic Systems in Geodesy,Geomatics and Navigation,Banff,Canada,1994

9　Becker J M, Lidberg M, Schell C. Practical Results from Inertial Surveying at the National Land Survey of Sweden. Proceedings, Commission 5, 20th International Congress of Surveyors (FIG), Melbourne, Australia, 1994

10　Schwarz K P, Wei W, Van Gelderen M. Aided versus Embedded—A Comparison of Two Approches to GPS / INS Integration. IEEE Position Location and Navigation Symposium (PLANS), Las Vegas, 1994

11　Schwarz K P. Modelling INS / GPS for Gravity and Attitude Applications— A Study on Non-Linear System Dynamics. Proceedings, The 3rd International Workshop on High Precision Navigation, Stuttgart, Germany, 1995

12　Heister H, et al. KISS—A Hybrid Measuring System for Kinematic Surveying. Proceedings, The 3rd International Workshop on High Precision Navigation, Stuttgart, Germany, 1995

13　Hock C, et al. Architecture and Design of the Kinematic Surveying System KISS. Proceedings, The 3rd International Workshop on High Precision Navigation, Stuttgart, Germany, 1995

第 **5** 章

静电陀螺仪的结构、工艺与支承系统

5.1 引 言

1954 年,美国 Illinois 大学的 A. T. Nordsieck 提出了"静电陀螺仪"(Electrically suspended gyroscope, ESG)的设想。1962 年,美国 Honeywell 公司在海军的支持下首先研制成功了 ESG 及其平台式 INS。与此同时,苏联也开始ESG 的研究,发表了大量理论性的论文。20 世纪 60 年代,美、苏两国都把 ESG 看作是核潜艇导航系统的核心器件,投入了大量人力和财力进行型号产品开发。

1959—1961 年在创办"导航与控制"专业的初期,清华大学接受国家委托,和有关部门合作开展了"高精度船用 INS"的研制工作。当时采用的总体方案为"单自由度液浮陀螺"及其"平台式 INS"。在研制过程中,清华大学对液浮陀螺仪中的主要部件进行了初步的实验研究,取得了有益的实际经验,其中包括液浮陀螺仪中的"电磁定中系统"等。

1965 年 4 月,清华大学决定恢复船用 INS 的研制,并把这项工程列为学校重点科研项目之一。经过充分论证,清华大学决定采用"ESG"的方案。同年 9 月,在有关的专业会议上,清华大学的 ESG 研制项目被列入国家的工程性研制计划。

1967—1990 年,清华大学、常州航海仪器厂、上海交通大学等合作研制成功了以下两种类型的 ESG 工程样机:

(1) 大过载 ESG 及其方位水平平台(1971—1976 年);

(2) 高精度 ESG(1980—1990 年)。

在本章中,将详细介绍清华大学、常州航海仪器厂、上海交通大学等合作研制 ESG 的主要成果,包括:

(1) 电场击穿试验;

(2) 转子的结构;

(3) 转子的工艺及其专用工艺装备;

(4) 支承电极的结构;

(5) 静电支承系统。

上述成果在 ESG 工程样机的研制中得到了应用和实验验证,包括:大过载 ESG 样机及其三轴稳定平台通过了飞机机载试验;高精度 ESG 样机在双轴伺服转台上通过了长时间(48 h)的精度测试和技术鉴定。

5.2 静电陀螺仪的结构与关键技术

清华大学、常州航海仪器厂、上海交通大学等合作研制的 ESG 工程样机包括转子、上支承电极组件、下支承电极组件、小钛泵、以及基座等部件,图 5-1 为各个部件的外形图。在研制中,解决的关键技术如下:

(1) 提高真空度和支承电场的击穿场强;

(2) 减小 ESG 的各项漂移速度误差系数;

(3) ESG 漂移速度误差的测试方法及测试装置。

在 ESG 中,通过控制支承电极上所施加的电压,把一个球形转子悬浮在电极球腔的中心位置上,构成一个三自由度的静电支承系统。为了保证转子和支承电极之间的电场不发生击穿,转子和支承电极必须处于超高真空的环境之中。ESG 的第一项关键技术是提高真空质量、正确选择转子和支承电极的表面材料和工艺,以保证所需要的电场

图 5-1 ESG 工程样机中各个部件的外形图

击穿场强。

在所研制的空心转子的 ESG 中,转子的直径为 38 mm、质量约为 10 mg。为了保证在过载小于 20 g 的情况下,支承 ESG 转子的电场不击穿,在电极与转子的微小间隙中,必须保证真空度优于 10^{-6} Torr (1 Torr = 133.322 Pa)。

ESG 的转子和支承电极之间没有机械接触,从而消除了干摩擦力矩。同时,由于转子处于超高真空的环境之中,剩余气体对转子的阻尼力矩几乎等于零。因此,对处于自由陀螺工作状态的 ESG 不宜施加任何控制力矩,包括误差补偿力矩。在 ESG 的 INS 中,平台将稳定在惯性空间之中,称为"空间稳定平台"。它和液浮陀螺 INS 中的"当地水平平台"区别较大。

为了使 ESG 的工作状态接近于理想的"自由陀螺仪",必须减小 ESG 的各项误差系数,包括规律性和随机性的漂移速度。它们来自转子所受到的以下干扰力矩:

(1) 机械干扰力矩;

(2) 静电干扰力矩;

(3) 电磁干扰力矩。

机械干扰力矩产生的原因是转子的质量不平衡。静电干扰力矩产生的原因是转子具有非球形误差,导致静电支承力不通过转子的质量中心,因而转子将受到静电支承力所造成的干扰力矩。电磁干扰力矩产生的原因是 ESG 对外磁场的屏蔽效果较差,转子在剩余磁场中高速旋转,因而造成干扰力矩。

在以上各项误差中,主要的误差来源是转子的"非球形误差"和"质量不平衡"。为此,必须对这些误差的允许值进行定量计算,并根据计算结果选择 ESG 的结构和工艺。

在平台上工作时,为了保证多块电极的支承力在非球形转子上产生的静电干扰力矩总和较小,需要:

(1) 采用对称分布的支承电极结构;

(2) 调整 ESG 顶端光电信器的位置,使电极球腔的对称轴始终保持与转子的自转轴重合;

(3) 调整转子的自转角速度,使转子的非球形误差和转子的动量矩之比达到最佳值;

(4) 调整转子在电极球腔中的位置(失中度),使转子处于静电干扰力矩为最小的最佳位置。

ESG 的特点是它的各项误差系数具有较强的规律性,稳定性和重复性较高。因此,保证 ESG 使用精度的重要措施是:辨识各项确定性误差系数的数值,并在 INS 中进行补偿。

为了提高对误差模型系数的辨识精度,ESG 的性能测试是一项复杂的工程。为此,需要建立伺服法测量的精密转台,并保持测试实验室的环境条件高度稳定,包括隔离震动等。

应当重视 ESG 随机性误差模型辨识方法的研究。从长时间误差测试的样本中,可以分析和确定 ESG 随机性误差的数学模型,包括成形滤波器结构形式和各项参数等。通过这项研究,可以发现 ESG 在结构和工艺设计方面的缺陷,为提高 ESG 的性能提供依据。

5.3 真空环境中电场的击穿强度

保证电极与转子之间不发生电场击穿是 ESG 可靠工作的前提。为了确定 ESG 的结构参数和材料,需要进行电场击穿强度的实验研究。1965 年,清华大学采用油浸的大功率高压变压器和油扩散泵真空机组,对不同电极材料和不同真空环境中的电场击穿强度进行了试验研究。

在真空环境中,观察到电场击穿的物理现象如下:

(1)"预击穿"指开始出现稳定的微小漏电流现象。

(2)"微击穿"指在电极之间观察到有亮点闪烁。这时,电极之间的电压将瞬时下降,但随后仍可增高。

(3)"电击穿"指电极之间出现火花,电极之间的电压急剧下降,漏电流急剧上升,真空绝缘完全被破坏。

试验中还发现,在同样的真空环境和电极材料情况下,发生"电击穿"的场强可以相差 1.5～3 倍。这表明电场击穿的机理比较复杂,对此在文献中有以下不同的解释。

(1)场致发射理论。当场致发射电流密度超过临界值时,对电极将产生电阻性加热,造成电极的温度升高,并产生电子的热发射。这一过程反复增强,最后电极表面温度升高到电极材料的熔点,引起爆发性的电弧击穿。

(2)粒子交换理论。场致发射的电子将撞击阳极所吸附的气体分子,使之电离,产生正离子。当正离子撞击阴极时,又导致发射电子。这一过程反复增强,最后引起爆发性的气体放电,即电击穿。

(3)小块击穿理论。电极表面有小块的凸出点,或吸附了一些小块的污染材料。在电场强度较高时,这些小块材料将带电,并被吸引移动到对面的电极上。小块材料的撞击导致电极二次发射电子。在电子增多时,将发生电击穿。

根据以上理论,为了提高 ESG 中支承电极和转子之间的击穿场强,应当选择:

(1)具有较大逸出功、并且熔点较高的材料作为支承电极和转子的表层材料;

(2)绝缘性能良好的高铝陶瓷作为支承电极的基体。在陶瓷表面上需要进行金属化。然后,再蒸镀一层导电的材料,作为电极的表层材料。

根据以上分析,清华大学采用平板形电极在油扩散真空机组上进行了电场击穿试验,试验得到的数据如表 5-1 所示。

表 5-1 在不同电极材料下,电场击穿的测试数据

电极表层材料 阳极	转子表层材料 阴极	预击穿场强/kV·cm^{-1}	电击穿场强/kV·cm^{-1}
铬	铝	200~235	294~353
铬	镍	316~500	500~615
铬	铬	300~467	500~660
铬	镍上镀氟化镁层	450~520	680~770

为了研究 ESG 对真空环境质量的要求,清华大学在不同的真空排气机组上进行了电场击穿强度试验(表 5-2)。在试验中,电极材料均为钢,电极之间的间隙均为 0.1 cm。

表 5-2 在不同真空环境中,电场击穿强度的测试数据

真空排气机组	油扩散泵	带冷阱油扩散泵	吸附泵与钛泵
真空度(Torr) (1Torr = 133.322Pa)	3×10^{-5}	3×10^{-6}	3×10^{-9}
击穿场强(kV/cm)	200~960	500~960	700~980

在表 5-2 中,发现:

(1) 击穿场强的最高值是相同的;

(2) 击穿场强的最低值差别很大,原因可能是电极的表面被油分子所污染。

为此:

(1) 必须采用无油的真空机组进行排气;

(2) 对转子和支承电极需要进行高标准的真空除气预处理,包括对器件的清洗、烘烤、以及真空储存等。

根据以上实验研究的数据,得到的结论如下:在 ESG 中,采用表 5-1 和表 5-2 所列的电极表面材料和真空工艺,可以保证电场击穿场强大于 500 kV/cm。

5.4 转子的结构

转子是 ESG 的核心元件。为了保证 ESG 的精度,转子的非球形误差应当尽量减小,包括加工误差和在高速旋转下的离心变形等。同

时,为了保证 ESG 的过载能力,转子的质量应当比较小。在结构上,转子可以是实心的[①],也可以是空心的。

在选定转子的结构和材料之后,可以确定转子的结构参数:直径与工作转速。在选择支承电极为正六面体分布的情况下,沿一根支承轴方向的最大静电吸引力为

$$F_{\max} = \frac{1}{2} \varepsilon_0 n_1 n_2 E_{\max}^2 S \qquad (5-1)$$

式中 ε_0 为介电常数;

$n_1 = 0.834$,为支承电极面积的投影系数;

n_2 为支承电压的波形系数;

$E_{\max}$ 为允许的最大电场强度;

$S = \frac{2}{3}\pi r^2$,为支承电极的面积,其中 r 为球面支承电极的曲率半径,可以认为等于转子的半径。

在设计大过载 ESG 时,假设要求的过载加速度为 Ng,其中 g 为重力加速度,N 为过载系数,则允许的转子最大质量为

$$m = \frac{F_{\max}}{Ng} = \frac{\pi \varepsilon_0 n_1 n_2}{3Ng} E_{\max}^2 r^2 \qquad (5-2)$$

在实心转子的情况下,假设转子材料的密度为 γ,则转子的质量为

$$m = \frac{4}{3}\pi r^3 \gamma \qquad (5-3)$$

在空心转子的情况下,假设转子的壁厚为 b,则转子的质量为

$$m = 4\pi r^2 b \gamma \qquad (5-4)$$

实心转子的最大半径为

$$r = \frac{\varepsilon_0 n_1 n_2}{4Ng\gamma} E_{\max}^2 \qquad (5-5)$$

空心转子允许的最大壁厚为

---

① 1972 年,美国 Rockwell International 公司研制成功了实心转子的 ESG,型号为"G-11A"。由于实心转子的直径较小,仅为 10 mm,在 G-11A 中采用了转子质量不平衡调制的转子角位置信号器。1973 年,由 G-11A 组成的空间稳定平台式 INS 通过了海上试验,INS 的型号为"N-88"。

$$b = \frac{\varepsilon_0 n_1 n_2}{12 Ng\gamma} E_{\max}^2 \qquad (5-6)$$

为了满足大过载的要求(假设 $N=30$),需要采用方波的支承电压,其波形系数 $n_2 = 0.8$,目的是增大静电支承力。如果 $E_{\max} = 500$ kV/cm,可以算出实心转子的半径和空心转子的壁厚分别如表 5-3 所示。

表 5-3 ESG 转子的结构参数

转子材料	密度 $\gamma/(\text{mg·cm}^{-3})$	实心转子的半径/cm	空心转子的壁厚/cm
铍	1.85	0.67	0.22
铝	2.68	0.46	0.15

在式(5-6)中,似乎空心转子的半径可以任意选择。实际上,空心转子的半径是有限制的,需要考虑转子高速旋转时允许的离心变形量。在薄壁空心转子的情况下,空心转子表面上各点的离心变形量为

$$\Delta r(\theta) = \frac{r^3 \omega^2 \gamma}{2Eg}\left[\nu + \frac{2+\nu}{\cos 2\theta}\right] \qquad (5-7)$$

为了保证 ESG 的过载能力,空心转子的半径可以选择为 $r=1.9$ cm。在采用铍(或铝)作为转子的材料时,根据式(5-7),可以算出空心转子在赤道上($\theta = 0°$)和极点上($\theta = 90°$)的离心变形量,如表 5-4 所示。

如表 5-3 和表 5-4 所示,和铝相比较,铍的 γ/E 比值为铝的 1/6,而 ν 为铝的 1/11。在给定了允许的离心变形量之后,可以确定转子的转速。在 $r=1.9$ cm 的情况下,如果两种空心转子的离心变形量相近,则铍转子的转速可以比铝转子高约 2.5 倍。显然,在高精度的 ESG 中,必须采用铍材料的转子。

表 5-4 半径 $r=1.9$ cm 空心转子的允许转速与离心变形量

转子材料	弹性模量 $E/$ (kg·cm^{-2})	Poisson 比/ ν	转速 $\omega/$ (r·s^{-1})	$\Delta r(0)/$ μm	$\Delta r(90°)/$ μm
铍	3.10×10^6	0.03	780	1.04	-1.01
铝	0.74×10^6	0.33	330	1.45	-1.09

在高速旋转情况下,实心转子表面上各点的离心变形量为

$$\Delta r(\theta) = \frac{r^3 \omega^2 \gamma}{Eg} \left[\frac{(1-\nu)\nu}{2} \cos^2\theta \left(1 - \frac{1}{3}\cos^2\theta \right) - \frac{1-\nu}{4}\sin^4\theta \right]$$

$$(5-8)$$

式中　θ 为转子表面上某点的余纬角;

　　　E 为转子材料的弹性模量;

　　　ω 为转子的自转角速度;

　　　ν 为转子材料的 Poisson 比。

实心转子的半径本身就比较小。根据式(5-8),可以算出实心转子表面上各点的离心变形量。如果允许的离心变形量和空心转子相近,则实心转子的转速可以大幅度地提高。

5.5　转子的工艺

在空心转子的工艺研究中,清华大学采用硬铝作为转子试件的材料,所设计的工艺路线如下:

(1) 在精密车床上,加工空心转子半球的内、外球面,为此需要精密转台;

(2) 采用氩弧焊工艺,在真空环境中,把两个半球焊接成整球;

(3) 采用光学样板球的研磨工艺,加工空心转子,直到转子的非球形误差达到规定的指标;

(4) 在静压空气支承上,测量转子的摆动周期,并标出转子质量不平衡量的位置;

(5) 重复工艺(3),并在光学研磨机上,采用手工研磨方法,去除转子的不平衡量;

(6) 交替进行工艺(4)和(5),直到转子的非球形误差和摆动周期(质量不平衡误差)都达到要求的指标。

按照上述工艺路线,清华大学和常州航海仪器厂加工了大量硬铝材料的空心转子。在组装成 ESG 后,测量 ESG 的精度。测试结果表明,上述转子的工艺路线是成功的。可以应用于铍材转子的加工,但铍材转子的加工必须在常州航海仪器厂的专用防护车间内进行。

在 Stanford 大学的"GP-B"型 ESG 中，采用了石英材料的实心转子，直径为 38 mm,转子非球形误差的设计要求为 20 nm(纳米)。

在 Stanford 大学的"GP-B"科研组，配置了"四轴球面研磨机"。这是美国有关公司专为加工 ESG 的转子而研制的。在这种研磨机中，采用了四根研磨轴托住被加工的转子。按照规定的时间程序，采用凸轮周期性地改变四根研磨轴的旋转方向。这样，在研磨过程中转子本身具有不规则的转动，使得转子表面经过研磨达到很高的圆球度。

1984 年,清华大学研制成功了微机控制的四轴球面研磨机,型号为"SQY-1"(图 5 - 2)。和美国的四轴球面研磨机不同,在"SQY-1"中,每根转轴都有自己独立的驱动电机,以便采用微机分别控制四根轴的旋转方向。不言而喻,采用微机可以很方便地改变控制程序。

图 5 - 2   清华大学"SQY-1"型四轴球面研磨机

在 SQY-1 上,清华大学加工了大量 ESG 的转子,并接受委托,加工了不同直径的精密轴承滚珠。加工件的检验结果表明,采用"SQY-1"型研磨机显著地提高了加工 ESG 转子的精度。

1987 年, 受 Stanford 大学的委托, 清华大学加工了一批"GP-B"型 ESG 的石英实心转子, 直径为 38 mm。Stanford 大学的技术人员在自己的 Talyrond 圆度仪上检验了这批转子。在三个正交的大圆面上，这批转子非球形误差的检验结果如表 5-5 所示，达到了规定的精度要求。

表 5-5   在 SQY-1 型研磨机上,石英实心转子的加工精度

转子编号	87-C6			87-C7			测量日期
正交大圆面的序号	1	2	3	1	2	3	
非球形误差/nm	16	18	22	18	18	20	1987-09-28
	17	21	22	17	18	22	1987-09-29
	16	19	19	17	18	19	1987-10-22

转子的质量平衡也是一项技术要求很高的工艺。允许的转子质量不平衡量可以计算如下。假定转子的自转轴处于水平状态,同时,转子的质心沿自转轴方向偏离其几何中心的距离为 ρ。在这种情况下,由于转子的质心与几何中心不重合,ESG 将受到干扰力矩为 $M_{max} = mg\rho$,产生的漂移速度为

$$\varepsilon_{max} = \frac{mg\rho}{J\omega} \qquad (5-9)$$

式中　J 为转子绕自转轴的转动惯量。

在空心转子的情况下

$$J = 2b\int_0^{2\pi}\int_0^{\pi/2}\gamma(r\sin\theta)^2 r^2\sin\theta d\theta\,d\phi = \frac{2}{3}mr^2$$

代入式(5-9),得到

$$\varepsilon_{max} = \frac{3g\rho}{2r^2\omega} \qquad (5-10)$$

例如,铍转子 ESG 的参数为 $r=1.9$ cm,$\omega=780$ r/s。如果 $\rho=100$ nm,则

$$\varepsilon_{max} = 8.32\times 10^{-7}\ \text{rad/s} = 0.011\,4\ (°)/h$$

如果要求 ESG 未经补偿的零位偏移漂移速度 $\varepsilon_{max}\leqslant 0.001$ (°)/h,则

$$\rho \leqslant 10\ \text{nm}$$

当时清华大学和常州航海仪器厂的平衡工艺都是在静压空气轴承上进行的。转子的质量不平衡量可通过测量其摆动周期来推算

$$T = 2\pi\sqrt{\frac{2r^2}{3g\rho}} \qquad\qquad (5-11)$$

在上述例子中，$\rho = 100$ nm，代入式(5-11)，得到 $T = 98.4$ s。

实践经验表明，在静压空气轴承上平衡 ESG 的转子时，T 很少能够超过 100 s。由此可见，这种平衡工艺不能满足 $\varepsilon_{max} \leqslant 0.001$ (°)/h。这是因为在静压空气轴承上，气流有干扰力矩，即使 $\rho < 100$ nm，转子的摆动周期也不可能增大。

据美国文献报道，他们采用静压空气轴承的平衡器，ESG 转子的摆动周期可以达到 180 s。如果要求保证 $\varepsilon_{max} \leqslant 0.001$ (°)/h，ESG 转子的质量不平衡量需要减小到 $\rho \leqslant 10$ nm。显然，采用静压空气轴承的平衡器是无法保证的。

为此，清华大学曾经研制了"静电支承转子平衡器"的试验装置，并取得了初步的实验结果。测试转子摆动周期的数据表明，在真空条件下只有静电干扰力矩，没有气流的干扰。同时，转子处于真空环境中，接近于 ESG 的实际工作情况。

但是，实验研究的结果表明，静电支承转子平衡器比较复杂，尤其是较难准确判断转子质量不平衡量的位置，因而较难得到实际应用。

俄国专家认为，为了分辨出转子的不平衡量，可以在双轴伺服转台跟踪状态下测量 ESG 的漂移速度，通过改变转子相对重力场的方向，建立 ESG 漂移误差的数学模型。这种对转子不平衡误差的测量和补偿方法无疑是正确的，在 ESG 的 INS 中应当采用。

5.6 空心转子与实心转子的比较

1974 年，Rockwell International 公司研制的 ESG 监控器(ESG monitor，ESGM)通过了海上试验。ESGM 的型号为"N-88"，其中实心转子 ESG 的型号为"G-11A"。由于该公司是生产液浮陀螺舰船导航系统的主要厂家，1976 年，美国海军最终选择了"N-88"作为监控器的方案，与该公司签订了产品生产合同。

此后，Honeywell 公司转向生产 B-52 等远程飞机所用的 GEANS 系统，批量较大。在本书的第 4 章中曾作介绍，根据对其改型为大地测量系统"GEO-SPIN"的测试结果,Honeywell 公司空心转子 ESG 的零偏漂移速度稳定性优于 0.000 4 (°)/h。据生产厂的专家介绍,经过挑选,个别的 ESG 甚至可以达到 10^{-6} (°)/h。

在平台式 INS 中,和空心转子的 ESG 相比较,实心转子的 ESG 在精度上并不具有优势。事实上,两种 ESG 的平台式 INS 都能达到核潜艇导航系统所要求的精度。为此,美国海军在早期研制阶段曾向 Honeywell 和 Rockwell International 两家生产 ESG 的公司都订购过产品。

值得指出,由于空心转子的离心变形较大,在大角度的工作环境中对陀螺漂移误差很难补偿,而实心转子的离心变形很小,可以成为捷联式的陀螺仪。因此,实心转子 ESG 是今后的发展的方向。

除了可以在捷联式工作环境中应用以外,和空心转子 ESG 相比,实心转子 ESG 还具有以下优势:

(1) 转子变形很小,可以减小支承电极和转子之间的间隙,从而降低支承电压。这样,支承系统可以不采用高压变压器,直接采用高压直流电源提供支承控制电压。这种支承系统的过载能力大、可靠性高、功耗小、工艺性好,因而成本低。但是,需要采取措施保证转子处于"地电位"。

(2) 转子的形状和平衡参数比较稳定。因此,实心转子的误差系数也比较稳定,可以缩短每次启动的校准时间。

(3) 实心转子 ESG 的误差系数受转子转速及其变化量的影响很小。因此,可以降低对转子恒速控制的要求。

(4) 实心转子热变形的稳定性较好。同时,在环境温度变化几十度的情况下,转子的热变形仍然很小。因此,可以降低对实心转子 ESG 恒温控制的要求。但是,需要采取措施,保证支承电极和转子之间的间隙保持为常数。

因此,20 世纪 90 年代,俄、美等国都高度重视研究和开发实心转子 ESG。作为捷联式的 ESG,研究重点为:

(1) ESG 的大角度信号器。例如,美国 Stanford 大学研制成功的超导电磁大角度信号器(SQUID)。

(2) 大角度工作状态下,ESG 漂移速度(误差)的数学模型。例如,俄国"电气仪表"研究所的专题研究。

总结上述,ESG 的应用领域比较广阔。以美国为例:

(1) ESGM 用于核潜艇导航;

(2) GEANS 用于远程飞机;

(3) GEO-SPIN 用于大地和重力测量;

(4) GP-B 型捷联式 ESG 用于相对论效应的实验。

在目前,捷联式 ESG 未能得到实际应用。可以预期,在航天飞行器中,微型的实心转子 ESG 将得到广泛应用,具有很好的发展前景。

5.7　支承电极的结构

支承电极的结构是指电极的数目、几何形状、电极和转子之间的间隙、电极之间的槽宽,以及电极表面材料及光洁度等。下面分别加以讨论。

(1) 支承电极的数目。支承电极的数目等于内接于电极球腔多面体的面数。最少的电极数目为 4,即四面体。四面体电极不能保证支承刚度在各个方向相等,因此很少得到实际应用。

通常选择六面体电极,即电极的数目等于 6。这时,采用三相正弦波支承电压可以保持转子处于地电位。在采用方波支承电压增大支承力时,需要把六面体的每块电极分为成对的电极,即 12 块电极,对它们施加幅值相等、极性相反的支承电压。这时,转子同样可以保持处于地电位。

在实心转子的 ESG 中,可以采用八面体电极。这时,需要采用四相正弦波支承电压,以保持转子处于地电位。

(2) 支承电极的几何形状。在空心转子的 ESG 中,考虑到空心转子在自转中将变形为椭球,为了使各块电极支承力对转子造成的静电干扰力矩互相抵消,电极的几何形状应当相对于转子自转轴为对称分布。考虑到电极球腔是由上、下两半合成的,为了简化结构和工艺,可以选择 12 块电极,其中上、下 4 块电极的形状为同心圆的形状,侧面 8 块电极的形状则为四边形。

在实心转子的 ESG 中,在采用方波支承电压的情况下,则需要采用 16 块电极。电极数目过多,显然将增加结构和工艺方面的难度。为此,建议采用直流支承电压,8块电极的形状则为三角形。

(3) 电极和转子之间的间隙。在同样的支承力情况下,支承电场的场强是相同的。如果间隙选择过大,将使支承电压过高,增加高压变压器的工艺难度。因此,应当尽量减小转子的变形,并提高电极组装的精度,在此基础上,尽量选择较小的间隙。考虑到转子和支承电极的工艺状况,选择的间隙为 70 μm。

(4) 电极之间的槽宽。根据俄国专家的研究结果,如果电极之间的槽宽大于 4 倍电极与转子之间的间隙,则相邻电极之间支承电压的相互作用可以忽略不计。由此可以算出电极之间应有的槽宽。

(5) 电极表面材料及光洁度。如前所述,为了提高支承电极和转子之间的击穿场强,需要选择具有较大逸出功、并且熔点较高的铬作为电极的表层材料。同时,在转子的表层,采用化学沉积工艺镀一层镍。

5.8 支承电极的工艺

电极球腔的非球形误差是造成静电干扰力矩增大的主要因素,为此必须控制:

(1) 上、下电极件的高程误差;

(2) 组装时,上、下电极件的同心度。

在研制 ESG 的初期,曾采用直销定位并采用纯金(或纯铟)垫圈进行上、下电极件的真空密封。在这种结构的 ESG 中,上、下电极件的高程误差和同心度误差都较大,因而 ESG 的零偏漂移速度过大。

为了保证组装中上、下电极件的高程误差很小,必须使上、下电极件的端面直接接触,同时采用锥销定位。

比较理想的结构是把电极的内球面作为组装时上、下电极件对准的基准面。为此,需要使电极的内球面及其外圆面保持同心。然后,以电极的外球面作为组装时的定位基准面。

在表 5-6 中,给出了上述三种电极结构的工艺研究结果,其中组装后电极球腔几何形状的精度是采用测量组装错位得到的。同时,通过测量各交叉(相对)支承电极与转子之间的电容差值也可判断组装的错位。

今后的一项重要研究任务是提高上、下支承电极件的组装精度,减小支承电极与转子之间的间隙。应当指出,支承电极的组装工艺是研制实心转子 ESG 的关键技术之一。

表 5-6　组装后,电极球腔几何形状的误差

上、下电极件的 组装结构	ESG 编号	组装错位/ μm	交叉电极与转子的 电容差值/pF
直销定位 采用纯金(或纯铟)垫圈	8309	3.0	10.5
	8310	3.0	6.0
	8311	3.7	3.8
	8312	2.5	3.1
	8314	1.7	2.0
	8315	2.5	2.5
锥销定位 上、下电极直接接触	8409	1.2	0.94~1.90
	8414	1.0	0.90~1.80
	8503	1.2	0.17
	8504	1.1	0.80
	8509	1.2	0.48
	8510	1.2	0.60
外圆定位 上、下电极直接接触	8403	1.0	0.80
	8412	1.0	0.48~0.66
	8415	0.5	0.58
	8416	1.0	0.44~0.98
	8502	0.5	0.40
	8507	1.0	0.50

5.9　测量转子位移的电容电桥

为了保证转子精确地处在球腔的中心位置上,测量转子位移电容电桥的分辨率应优于 0.05 μm。在大过载的 ESG 中,为了保证支承电极的面积较大,支承电极必须同时用于测量转子的位移。为此,支承电路与测量电路需要采用不同的电源频率,在图 5-3 中,支承电压通过

高压变压器和隔直电阻加到相应的支承电极上。同时,采用高压电容把支承电压和测量电压隔离开,由电桥的测量变压器引出转子位移的测量信号。

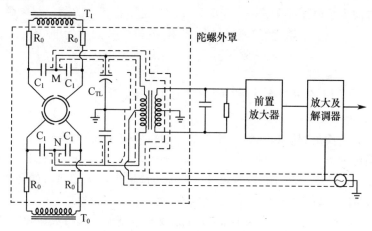

图 5 - 3　测量转子位移的电容电桥

在测量转子位移电容电桥的研制中,关键问题是如何保证转子在电极球腔中的定中精度优于 0.05 μm,为此,需要采取以下措施:

(1) 采用晶体稳频、数字分频、移相、滤波等集成电路合成三相正弦波高频电源,以保证频率、幅值和相位的稳定性。

(2) 在方波支承电压换向时,脉冲电流较大,引起很强的空间和地线干扰。为此,在高压变压器的输出端,需要串联很大的电阻,对支承电压的振荡加以阻尼,同时,隔离高频测量电路和高压变压器之间的联系。

(3) 减小固有的分布电容,并采取严格的屏蔽措施。例如,从电极的引针到高压电容之间必须采用硬线连接,并固定其位置。经测算,60 mm长的引线将产生分布电容约 0.3 pF,可能造成转子在球腔中的位移约为 0.2 μm。

(4) 电桥测量变压器的磁芯应严格挑选,其参数随温度的变化不应影响转子的定中精度;

(5) 电桥测量信号的放大器和鉴相器均应严格挑选和调试,尽量减小干扰噪声,以保证电桥的分辨率。

(6) 由于方波的频谱很宽,支承电压经过测量电桥在实际上是不平衡的。为此,需要在电桥测量变压器的输出端采用带通滤波器,以消除方波支承电压的干扰。

采取以上措施之后,测试结果表明,电桥的分辨率为 0.05 μm,标度因数为 13 mV/μm,达到了静电支承系统的要求。

5.10 具有变模式控制的静电支承系统

为了满足舰船和飞机的环境条件和精度要求,静电支承系统的设计指标如下:

(1) 过载、抗振动,以及抗冲击的能力应能满足重型飞机的环境条件,其中过载能力为大于 8 g;

(2) 空心转子的转速小于 780 Hz,支承系统的通频带大于 800 Hz;

(3) 支承系统的刚度应优于 1 N/μm,相当于 0.01 μm/gf。

在通常的静电支承系统中,支承回路的控制规律为

$$U = U_0 \pm \Delta U \qquad\qquad (5-12)$$

式中 U 为支承电压;U_0 为预载电压;ΔU 为控制电压。

在采用这种控制规律的系统中,最大的控制电压 ΔU 必须小于预载电压 U_0。在有些载体上,虽然大部分时间处于过载很小(小于 2 g)的状况下,但为了保证短时间的过载能力,预载电压必须选择较高,否则静电支承系统将不能工作。由于选择较高的预载电压,静电支承力将不必要地增大,使得转子受到的静电干扰力矩和静电支承系统的功耗都随之增大,ESG 的精度和可靠性将受到负面的影响。

针对在静电支承系统中如何设置最优预载电压的问题,国内外的专家做了大量工作。例如,Stanford 大学 R. A. Van Pattern 提出的方案为"分挡变换预载电压"。

下面介绍清华大学提出的变模式控制支承电压方案。在这种支承系统中,根据载体的过载情况,可以自动地改变支承电压的控制规律,从通常"线性的双边支承系统"转换为"具有非线性补偿的单边支承系统"。如图 5-4 所示,X,Y 分别为支承电极和转子的位移;$K_1G_1(s)$

为转子位移测量环节与校正环节的传递函数;K_2 为支承回路的增益;N 为饱和阈值;K_3 为支承电压到静电支承力的传递系数;F 为静电支承力;$K_4G_4(s)$ 为转子的动态特性。

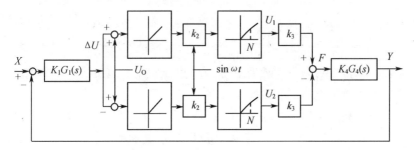

图 5−4 具有变模式控制的静电支承系统方框图

支承电压的控制规律可以自动地改变为以下三种之一。

(1) 线性的双边支承控制规律;

(2) 非线性的单边支承控制规律;

(3) 具有非线性补偿的单边支承控制规律。

在采用线性的双边支承控制规律时,

$$U_1 = K_2(U_0 + \Delta U)\sin\omega t \qquad 0 \leqslant U_0 + \Delta U < N \quad (5-13)$$

$$U_2 = K_2(U_0 - \Delta U)\sin\omega t \qquad 0 \leqslant U_0 - \Delta U < N \quad (5-14)$$

式中 ω 为支承电压的角频率。

静电支承力 F 与支承电压 U_1, U_2 之间的关系式如下

$$F = 4.51 \times 10^{-10} \varepsilon K_s S \frac{1}{\delta_0^2} \frac{1}{2\pi} \int_0^{2\pi} (U_1^2 - U_2^2)\mathrm{d}\omega t \qquad (5-15)$$

式中 $\varepsilon, K_s, S, \delta_0$ 为 ESG 的结构参数。

当 $|\Delta U| \leqslant U_0$ 时,由式(5−13),(5−14),(5−15)得到静电支承力 F 为

$$F = 2K_f K_2^2 U_0(\Delta U) \qquad (5-16)$$

式中 $K_f = 4.51 \times 10^{-10} \varepsilon K_s S \frac{1}{\delta_0^2}$。

在这种控制模式中,双边电极都产生静电吸引力。静电支承力 F 为两边静电吸引力的差值,它与控制电压 ΔU 成线性关系。这是通常

静电支承系统的工作模式。

在采用非线性的单边支承控制规律时, $|\Delta U| > U_0$, 而 $U_0 + \Delta U < N$, 支承系统仅由单边电极支承。例如,转子仅由上电极支承。静电支承力 F 为

$$F = K_f \frac{1}{2\pi} \int_0^{2\pi} U_1^2 \mathrm{d}\omega t = \frac{1}{2} K_f K_2^2 (U_0 + \Delta U)^2 \quad (5-17)$$

在式(5-17)中,静电支承力 F 是支承电压 $(U_0 + \Delta U)$ 的二次函数,系统工作于单边支承的非线性模式。

当过载继续增大,控制电压 ΔU 将随之增大,使得支承电压 $U_0 + \Delta U > N$。在这种情况下,静电支承力 F 是支承电压 $(U_0 + \Delta U)$ 的二次函数,相当于支承系统的增益不断增大,导致系统不稳定。这时,必须引入非线性补偿,使得系统成为具有非线性补偿的单边支承系统。

实现变模式静电支承系统需要采用两个非线性环节:

(1) 负信号切断器;

(2) 非线性补偿器。

在大偏差的情况下,前者使系统成为单边电极的支承系统,后者是一个交流的限幅放大器。限幅放大器的输出具有"渐饱和的"非线性特性,对单边电极支承力所具有的"平方性"非线性特性可以起到补偿的作用。

实现上述功能的变模式静电支承系统如图 5-5 所示。在大偏差的情况下,"过零比较器"的输出信号将控制"选择开关",使得"加(减)法器"的正输出信号直接通过"选择开关",而负输出信号则被切断。通过"选择开关"的正输出信号将经过调制器变换为正弦波信号。当信号幅值大于饱和阈值 N 时,交流限幅放大器输出信号的波形将如图 5-6 所示。

在交流限幅放大器输出信号的前半个周期中,加到支承电极上的

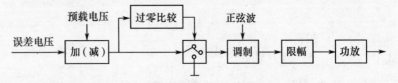

图 5-5 变模式静电支承系统中的非线性环节图

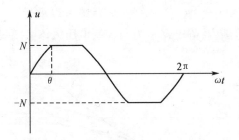

图 5-6 交流限幅放大器输出信号的波形

电压可分为以下三种情况：

$$U = K_2(U_0 + \Delta U)\sin\omega t \qquad 0 \leqslant \omega t < Q$$

$$U = N \qquad Q \leqslant \omega t < \pi - Q$$

$$U = K_2(U_0 + \Delta U)\sin\omega t \qquad \pi - Q \leqslant \omega t < \pi$$

式中 $Q = \arcsin^{-1}\dfrac{N}{K_2(U_0 + \Delta U)}$。

这样，转子由单边电极支承，电极上所加的支承电压是饱和的正弦波电压。在每半个周期中，分别把上述三段不同的支承电压幅值代入式(5-17)，得到的静电支承力 F 为

$$F = \frac{2K_f}{\pi}\left[N^2\left(\frac{\pi}{2} - Q\right) + K_2^2(U_0 + \Delta U)^2 \times \left(\frac{1}{2}Q - \frac{1}{4}\sin 2Q\right)\right]$$

$$(5-18)$$

上述新的支承系统在清华大学研制的 ESG 中得到了应用。虽然在大部分的工作时间中，载体的过载加速度很小(小于 2 g)，但为了保证支承系统所需要的刚度，预载电压 U_0 仍应选择较大，即相当于载体的过载加速度为 2 g。

所研制的 ESG 结构参数如下：

$$U_0 = 0.6\ V, K_2 = 744, K_f = 5 \times 10^{-5}\ g_f/V^2$$

把上述数据代入式(5-16),(5-17)和(5-18)，得到在不同饱和阈值 N 的情况下，静电支承力 F 与预载电压 U_0 之间的关系曲线(图 5-7)。不难看出：

(1) 在选择 $N = 2K_2U_0$ 时，最大的静电支承力将受到限制，达不到要求的过载能力；

(2) 在选择 $N = 3K_2U_0$ 时,支承系统可以承受 $6\ g$ 的过载,并且在 $6\ g$ 的过载范围内,静电支承力与控制电压大体上成线性关系。

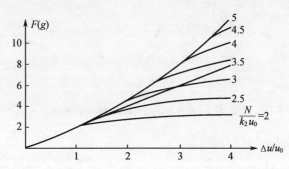

图 5-7　静电支承力 F、控制电压 ΔU 与预载电压 U_0 之间的关系曲线

因此,在所研制的 ESG 中,应当选择 $N = 3K_2U_0$,其优点如下:

(1) 如图 5-8 所示,在 $6\ g$ 的过载范围内,支承系统增益的变化较小(小于 $3\ dB$)。根据有关文献中的计算,该支承系统的稳定裕度为 $40\ dB$。因此,具有变模式控制支承系统在 $6\ g$ 的过载范围内能够稳定工作。

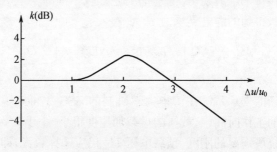

图 5-8　具有变模式控制静电支承系统的增益变化曲线

(2) 在 $6\ g$ 的过载范围内,变模式控制的支承系统增益将略有增大,能够保持系统的支承刚度不变。

(3) 和常规的静电支承系统相比较,该支承系统的功耗由 $24\ V$,$2\ A$ 降低为 $24\ V$,$0.8\ A$。

上述具有变模式控制的 ESG 通过了技术条件所规定的环境试验,并在英国"OMT"型双轴光学分度头上进行了精度测试。下面介绍这两项试验的结果。

（1）环境试验结果如下。

在变模式控制系统的支承下，ESG 的振动和冲击试验结果分别如表 5-7 和表 5-8 所示。

表 5-7　振动试验的测试结果

振动频率/Hz	40	100	200	400
振动加速度/g	6	6	7	6

表 5-8　冲击试验的测试结果

冲击加速度/g	2	4	7	8.5
脉冲宽度/ms	20	20	10	10
脉冲间隔时间/s	1	1	0.67	0.67
转子位移/μm	3.9	8.4	16.8	20

在上述环境试验中，振动和冲击的加速度都大于 2 g。因此，变模式支承系统是交替工作的，包括上述三种控制模式。在 100 Hz，6 g 振动试验情况下的支承电压波形表明，变模式支承系统确实在单边电极和双边电极两种模式下交替工作(图 5-9)。

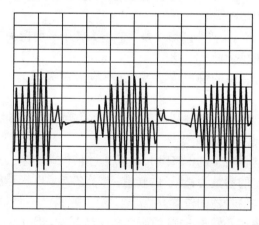

图 5-9　在振动(100 Hz，6 g)情况下，变模式系统的支承电压波形

(2) 精度测试结果如下。

在静止基础上测试时,ESG 没有受到任何过载。在这种情况下,变模式支承系统将始终在双边支承的线性模式下工作。采用力矩反馈法测出的 ESG 零偏漂移速度如表 5－9 所示。

表 5－9　采用力矩反馈法,ESG 的精度测试结果

ESG 的编号	8901		8904		9001	
ESG 的工作轴	X 轴	Y 轴	X 轴	Y 轴	X 轴	Y 轴
标度因数/[(°)·h^{-1}]·V^{-1}	5.318 0	5.391 7	5.866 8	5.868 7	3.338 4	3.299 7
标度因数误差/10^{-6}			48	15	99	1
零偏漂移速度/(°)·h^{-1}	0.162 0	0.939 2	0.365 8	0.283 3	0.586 8	0.511 7
零偏稳定性/10^{-3}(°)·h^{-1}			0.945	0.704	0.758	0.619

5.11　本章小结

在 ESG 工程样机的研制中,清华大学获得的成果如下。

(1) 采用无油真空机组排气,并采用钛吸附泵动态地保持 ESG 的真空度。提高 ESG 的真空工艺质量是保证 ESG 工程样机长期储存和工作可靠性的基础。

(2) 减小转子的"非球形误差"和"增大转子平衡摆动的周期"是保证 ESG 精度的两项关键工艺。

(3) 采用有源的静电支承系统(不应采用无源的谐振式支承系统)。

(4) 采用"变模式控制"的静电支承系统可以显著地减小预载电压,从而减小静电干扰力矩。

(5) 在空心转子的 ESG 中,可以通过整机调整来提高 ESG 的精度。可供调整的参数为:转子的转速;转子在支承电极球腔中的位置;以及顶端光电信号器的位置。

应当重视实心转子 ESG 的研究和产品开发。空心转子的 ESG 只能应用于平台式 INS。在捷联式的 INS 中,必须采用实心转子的 ESG。

考虑到转子的直径较小,转子与支承电极之间的间隙必须很小。由此要求转子和支承电极等关键部件的加工和组装工艺都必须达到很高的精度。应当指出,研制实心转子 ESG 的工艺难度较大,必须在工艺和计量等方面做好技术上的准备。

参 考 文 献

1 Nikirk J R. Fabrication of an Electronic Suspension Subsystem for a Cryogenic Electrostatically Suspended Gyroscope for the Relativity Experiment. Final Report on NASA Contract NAS8-27333, Stanford University Center of Systems Research, 1973

2 刘延柱. 静电陀螺仪动力学. 北京:国防工业出版社, 1979

3 章燕申,赵长德,姚健. 惯性导航中的静电支承系统. 北京:清华大学科学报告 QH 800014 (No. 63), 1980

4 Lipa J A, Siddall G J. High Precision Measurement of Gyro Rotor Sphericity. Precision Engineering, 1980, 2:123~128

5 Van Patten R A. Flight Suspension for the Relativity Gyro. Proceedings of the Third Marcel Grossmann Meeting on General Relativity. Amsterdam: North-Holland Publishing Co. , 1983. 1455

6 Zhang Y S. Error Analysis of ESG. Proceedings of the Third International Symposium on Inertial Technology for Surveying and Geodesy, Banff, Canada, 1985

7 Yang W Q, Teng Y H, Zhang Y S. Methods for Improving the Accuracy of Electrostatic Suspension System. International Symposium on Experimental Gravitational Physics, Guangzhou, China, 1988

8 Martynenko U G. Motion of the Rigid Body in Electric and Magnetic Fields. Moscow: Nauka Press, 1988

9 Zhang Y S (章燕申), Teng Y H (滕云鹤), Yang W Q (杨五强), Jiang H S (蒋鸿昇), Gu G J (古国钧). Development of a Strapdown North-finder using Electro-statically Suspended Gyroscope. Proceedings of the First International Symposium on Inertial Technology,

Beijing, China, 1989

10 顾启泰, 章燕申, 刘学斌, 叶京生. 静电陀螺转子的超精密圆度测量. 中国惯性技术学会仪表专业委员会第二届学术会议, 重庆, 1990

11 滕云鹤, 才德容, 章燕申. 静电陀螺支承系统的最优参数及设计调整方法. 中国惯性技术学报, 1991, 1

12 Teng Y H. Optimal Design of Electrostatic Suspension System and Trimming Methods of ESG. Proceedings of the Second Soviet-Chinese Symposium on Inertial Technology, Saint Petersburg, Russia, 1991

13 金志华, 田蔚凤. 静电陀螺仪光电传感器. 见: 高精度静电陀螺仪. 上海: 上海交通大学, 1991

14 Yang W Q, Zhang Y S. Electrostatic Suspension System with Sliding Mode Control. IEEE Transaction on Aerospace and Electronic Systems, Vol. 28, No. 2. 1992

第 **6** 章

静电陀螺仪漂移误差的测试与模型辨识

6.1 引 言

ESG 的结构比较简单,在工作状态下不需要施加任何力矩,包括加转力矩和控制力矩。这两项特点使得 ESG 的漂移误差具有很好的规律性和长时间的稳定性,成为目前精度最高的陀螺仪。实验研究和产品测试的结果表明,在现有的结构和工艺保证条件下,ESG 有可能达到以下水平:

(1) 随机漂移误差 10^{-6} (°)/h 的量级;

(2) 未经补偿的零偏漂移误差 0.3 (°)/h;

(3) 经过补偿的零偏漂移误差 0.1×10^{-3} (°)/h。

和目前其他导航级的陀螺仪相比较,ESG 的实际使用精度要高出 1~2 个数量级。这种情况反映在采用 ESG 的平台式 INS 导航精度上,以美国 Honeywell 公司生产的两种系统为例,用于飞机导航的"GEANS"系统和用于舰船导航的"ESGM"系统,它们的定位精度分别为 0.1 n mile/h 和 0.02 n mile/h。

应当指出,在上述两种平台式的 INS 中,所采用的 ESG 在结构上是相同的。导致它们在导航精度上的巨大差别原因是在 INS 中所采用的 ESG 漂移误差模型不同。换句话说,在"ESGM"系统的导航计算中,采用了更为精确的 ESG 漂移误差模型,因而提高了误差补偿的精度。

因此,在研制高精度的 ESG 及其 INS 时,有必要解决以下三个方面的技术问题:

(1) 提高对 ESG 漂移误差测试的精度,保证长时间测试的准确性,以便获得在统计意义上足够精确的测试数据样本;

(2) 辨识 ESG 漂移误差数学模型的方法,以下简称"建模";

(3) 对 ESG 漂移误差进行实时估计与控制(补偿)的方法。

Honeywell 公司的专家甚至认为,在提高 ESG 及其 INS 的精度方面,改进 ESG 误差校准软件的重要性不亚于改进 ESG 的硬件本身。

显然,在测试和辨识 ESG 漂移误差的数学模型中,基础是建立 ESG 漂移误差的测试设备,其难度在于测试设备本身的计量精度,包括测量角速度(通过测量角度与时间)的分辨率、以及长时间测量的稳定性等。不言而喻,测试设备的精度必须优于对被测 ESG 所提出的"建模"精度要求,即优于 0.1×10^{-3} (°)/h。

在本章中,将介绍工程上实际采用的几种 ESG 漂移误差模型辨识方法、以及实时补偿的措施:

(1) 在 INS 中,ESG 漂移误差的测试与建模。

(2) 在船用 ESGM 中,引入壳体旋转结构补偿 ESG 的部分漂移误差。采用双轴伺服转台对 ESG 的漂移误差进行测试和建模。

(3) 研制 ESG 的干扰力矩测试系统。

(4) 在速率陀螺工作状态下,ESG 寻北仪的实验研究。

(5) 采用双轴伺服转台对 ESG 的漂移误差进行测试和建模。

(6) ESG 随机漂移误差模型的分析。

6.2　在导航系统中静电陀螺仪漂移误差模型的辨识方法

下面以美国 Honeywell 公司的"GEO-SPIN"型系统为例,介绍在 INS 中 ESG 的漂移误差模型辨识方法。GEO-SPIN 的软件分为以下三个部分:

（1）导航计算软件，用于系统的"导航"工作状态；

（2）校准软件，用于系统的"初始校准"状态，目的是计算和补偿 ESG 和加速度计的各项误差系数；

（3）离线处理软件，用于处理系统工作中所记录的测量数据。

导航计算软件包括以下子程序：

（1）根据加速度计的输出信号，计算载体的速度和位置信号的子程序；

（2）根据平台的转角信号，计算载体姿态角信号的子程序；

（3）根据外部辅助性的导航信号，计算组合导航系统输出信号的子程序。

校准软件包括以下子程序：

（1）加速度计和平台角度测量器件的校准子程序；

（2）ESG 的校准子程序；

（3）ESG 多余轴加矩（Redundant Axis Torqueing，RAT）的校准子程序。

在校准过程中，ESG 平台的初始位置是垂直安装的，两台 ESG 中的三根工作轴上都处于"自由"状态，即没有施加控制力矩。与此同时，对 ESG 的转子也没有施加保持转子"恒速"的控制力矩。

在上述情况下，由于地球自转的影响，两个 ESG 的自转轴都将不断改变相对于重力加速度 g 的方向，因而可以测出与 g^1 和 g^2 有关的各项 ESG 漂移误差系数。由于这种初始校准方法是依靠地球自转来实现的，所以校准的时间至少需要 24 h，通常建议采用 30 h。

在 ESG 的校准子程序（软件）中，有一部分是和导航计算软件相同的，另一部分是专门的校准子程序。根据在静止基础上 INS 系统输出信号中的误差值（速度和位置误差），校准软件将推算 ESG 和加速度计的各项误差系数值。

在 GEO-SPIN 系统中，按照在静止基础上系统的导航方程编写了"ESG 的校准子程序"。这是一种 Kalman 滤波器，通过它的计算可以得到两个 ESG 中三根工作轴的各项误差系数，总共有 17 项误差系数（表 6 -1）。

表 6-1　在 GEO-SPIN 系统中,ESG 的各项漂移误差系数值

ESG 漂移误差系数的名称/单位	初始值	允许值	辨识结果
与 g 无关项 10P/$[10^{-3}(°)\cdot h^{-1}]$	1.0	0.20	0.13
10	1.0	0.20	0.13
20	1.0	0.20	0.14
与 g 有关项 12P/$[10^{-3}(°)\cdot h^{-1}]\cdot g^{-1}$	1.0	0.20	0.11
12	1.0	0.20	0.11
13P	1.0	0.20	0.26
13	1.0	0.20	0.26
23	1.0	0.20	0.17
与 g^2 有关项共 9 项/$[10^{-3}(°)\cdot h^{-1}]\cdot g^{-2}$	0.2	0.20	未测

  在 GEO-SPIN 系统中,Honeywell 公司认为没有必要采用 Kalman 滤波器对与 g^2 有关的 9 项误差系数进行辨识。因此,在表 6-1 中,只给出了两台 ESG 中三根工作轴与 g^0 和 g^1 有关的 8 项误差系数估计值。和 GEO-SPIN 系统相类似的飞机 INS"GEANS"系统,与 g^2 有关的 9 项误差系数均应采用 Kalman 滤波器加以估计。

  在 GEO-SPIN 系统中,两台 ESG 中还有第四根轴是多余的,它被施加的控制力矩所"锁定",被称为"多余的加矩轴"(RAT)。为了测定 RAT 轴上所施加力矩对 ESG 工作轴的影响,需要采用另外的"RAT 校准子程序"来计算"力矩耦合系数"。这一校准过程被称为"RAT 校准"。

  在进行 RAT 校准时,为了消除地球自转速度的影响,被测 ESG 的自转轴应当安装在地球自转轴的方向上。在这种初始位置上,依次对 ESG 施加"正"和"负"两个方向最大的锁定力矩"+RAT"和"-RAT",同时,测定 ESG 工作轴的漂移速度。漂移速度与"+RAT"和"-RAT"锁定力矩之间的比值就是需要辨识的"RAT 力矩耦合系数"。

  这样,在 GEO-SPIN 系统中,ESG 的漂移误差模型总共有 10 项误差系数;在 GEANS 系统中,则总共有 19 项误差系数。

6.3 船用监控器中静电陀螺仪的漂移误差模型及其辨识方法

在俄国的船用 ESGM 中,ESG 被安装在一个附加的"旋转壳体"中。在工作状态下,ESG 的支承电极组件绕转子的自转轴作正、反方向周期性的旋转。利用壳体旋转从硬件上可以补偿与支承电极有关的静电干扰力矩,目的是减少从软件上需要补偿的误差系数个数。实践表明,在俄国早期的 ESGM 中,采用这种结构是成功的。它保证了 ES-GM 的精度,同时,降低了对支承电极组件结构和工艺的精度要求,并减少了对导航计算机的计算量。此外,引入壳体旋转结构有利于 ES-GM 系统长时间(几个月)工作。同时,在这种结构的 ESGM 系统中,可以采用双轴伺服转台测定单个 ESG 的各项漂移误差系数。

考虑到这种在器件层次上测试 ESG 的方法比较方便,具有通用性,下面将详细介绍测试和建模的步骤:

(1) 分析 ESG 中干扰力矩产生的机理;

(2) 建立 ESG 漂移误差的数学模型;

(3) 设计测试 ESG 的实验系统,目的是得到实测的 ESG 漂移运动轨迹;

(4) 采用"曲线啮合法",把实测的 ESG 漂移运动轨迹和根据数学模型算出的 ESG 运动轨迹相比较,得到 ESG 漂移误差模型中各项系数的数值;

(5) 检验在 ESGM 中对 ESG 漂移误差补偿的效果(出于保密,俄方未予透露)。

6.4 静电干扰力矩产生的机理

为了建立 ESG 的漂移误差模型,需要深入分析转子表面各点所受到的力,以便计算它们对转子质心所构成的干扰力矩。如图 6-1 所示,在转子表面的任意点 Q 上,可以建立一个三面体,包括三个单位向量$[\tau, n, b]$,其中 τ 处在 Q 点的切平面中,指向 Q 点的速度向量方向;n 沿 Q 点转子表面的法线方向;b 与 τ,n 二者正交,即 $b = [\tau, n]$。

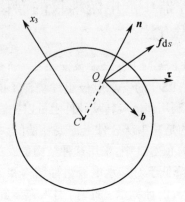

图 6-1 转子表面各点所受到的力

在普遍的情况下,在 Q 点面积元 $\mathrm{d}S$ 上,受到的力为 $f\mathrm{d}S$,其中 f 为 Q 点所受力的密度

$$f\mathrm{d}S = f_\tau \mathrm{d}S\tau + f_n \mathrm{d}Sn + f_b \mathrm{d}Sb \qquad (6-1)$$

式中 $f_n \mathrm{d}S$ 为法线方向的力,主要是静电支承力。在非球形转子的情况下,它是造成 ESG 漂移误差的主要因素;

$f_\tau \mathrm{d}S$ 为切线方向的力。在电极球腔中真空状况不理想的情况下,它主要是气流阻力,使转子减速,但不会导致 ESG 漂移。此外,在转子表面不是等电位面的情况下,也可能产生切向力 $f_\tau \mathrm{d}S$;

$f_b \mathrm{d}S$ 的作用方向为 b。当转子在磁场中转动时,作用于带电粒子力的作用方向为 b。目前,很少人研究 $f_b \mathrm{d}S$ 所造成的干扰力矩。

在实际的 ESG 中,转子肯定具有非球形误差,转子表面各点法线方向的力并不通过转子的质心 C。为了计算法向力 f_n 所造成的力矩,需要对整个转子表面的法向力进行积分

$$\boldsymbol{M}_n = \iint\limits_S f_n [\boldsymbol{r}, \boldsymbol{n}] \mathrm{d}S \qquad (6-2)$$

式中 r 为转子的半径向量。

为了计算对转子的干扰力矩,转子的表面形状可以描述为各次谐波之和

$$r(\theta,\varphi) = r_0\Big[1 + \sum_{n=1}^{\infty}\sum_{m=0}^{n}(\varepsilon_{nm}^{s}\sin m\varphi + \varepsilon_{nm}^{c}\cos m\varphi)P_n(\cos\theta)\Big]$$

$$(6-3)$$

式中 (θ,φ) 为 Q 点的球面坐标位置；r_0 为转子的平均半径；ε_{nm}^{s}，ε_{nm}^{c} 为转子非球形误差的小参数。

在 ESG 的设计中，一条重要的原则是保证转子具有轴对称的表面形状。这样，与 φ 角有关的各项干扰力矩其平均值均为零。在这种转子中，式(6-3)可改为

$$r(\theta,\varphi) = r_0\Big[1 + \sum_{n=1}^{\infty}\varepsilon_n P_n(\cos\theta)\Big] \qquad (6-4)$$

如图 6-2 所示，各项谐波分量所造成的转子表面形状如下：

(1) 当 $n=1$ 时，$r(\theta,\varphi) = r_0[1 + \varepsilon_1\cos\theta]$，转子表面形状只有一次谐波分量，即轴向不平衡量 $r_0\varepsilon_1$；

(2) 当 $n=2$ 时，转子表面形状为椭球体；

(3) 当 $n=3$ 时，转子表面形状为梨形；

(4) 当 $n=4$ 时，转子表面形状为四方形。

把式(6-4)代入式(6-2)，可以算出法向力 f_n 所造成的力矩，包括转子表面形状各项奇次谐波分量所造成的干扰力矩，它们都只与过载的一次方成正比。

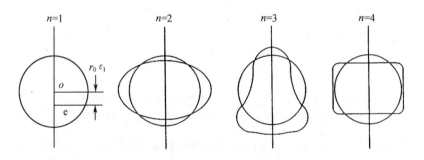

图 6-2　转子表面的形状

在实际计算中，需要考虑支承电极面积和位置分布的工艺误差，以及转子在电极球腔中的失中度等。因此，这种计算比较复杂。很多俄

国学者研究了这一问题,有兴趣的读者可以参考有关的文献。

在测试中,如果把 ESG 的动量矩调整到平行于重力 g 的方向上,ESG 两根轴实测的漂移速度并不等于零,而是等于与重力 g 无关的常值分量 n_0, m_0。俄国专家称它为"壳体力矩"造成的 ESG 漂移。在方向上,它与支承电极坐标轴的方向有关。显然,"壳体力矩"是一种与支承电极位置有关的干扰力矩。

由于不能直接推导出非球形转子中壳体力矩的计算公式,俄国专家认为:"产生壳体力矩的机理目前还不清楚"。他们提出的一种解释如下:

"在空心转子的 ESG 中,如果在转子两个铍材料的半球之间夹上一片铝垫圈,则 n_0, m_0 将显著增大"。根据这一现象,他们建议,"转子中的铝垫圈必须取消",并认为:"壳体力矩可能是由不同金属接触面之间的电位差造成的"。

但是,即使转子中没有铝垫圈,所谓的"壳体力矩"仍然存在。因此,上述解释值得商榷。实质上,与重力 g 无关的所谓"壳体力矩"是由支承电路的预载力造成的。针对这一问题,清华大学提出了具有变模式控制的静电支承电路(参阅第 5 章),通过减小支承电路的预载力可以减小"壳体力矩"。

6.5 静电陀螺仪漂移误差的数学模型

由于在结构上采用了"壳体旋转法",在建立 ESG 的漂移误差模型时,可以忽略次要因素,只考虑重力 g 这一主要因素。在 ESGM 中,考虑到载体运动加速度较小,作用时间也较短,可以加以忽略,只考虑重力 g。在图 $6-3$ 中,设转子动量矩 L 和重力 g 之间的夹角为 β。当 $\beta \neq 0$,或 $\beta \neq \dfrac{\pi}{2}$ 时,转子受到的干扰力矩 $M(\beta)$ 可以分解为以下分量:

(1) $M_n(\beta)$ 垂直于转子动量矩 L 和重力 mg 构成的平面 P;

(2) $M_m(\beta)$ 处于平面 P 之中。

在 $[0, \pi]$ 区间中,考虑到 $M_n(\beta)$ 为未知的连续函数,在此区间的两个边界上均为零,$M_n(\beta)$ 可以分解为收敛的 Fourier 级数。如果只取前

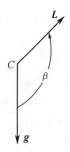

图 6-3 转子动量矩 L 和重力 g 的方向

两项,则

$$M_n(\beta) = (n_1\sin\beta + n_2\sin2\beta) \frac{[e_L, e_g]}{\sin\beta} \qquad (6-5)$$

式中 n_1 与转子的轴向不平衡量成正比;n_2 与转子的椭球度成正比;$\dfrac{[e_L, e_g]}{\sin\beta}$ 为垂直于平面 P 的单位向量。

同理,可以得到

$$M_m(\beta) = (m_1\sin\beta + m_2\sin2\beta) \frac{[e_L, [e_L, e_g]]}{\sin\beta} \qquad (6-6)$$

式中 $\dfrac{[e_L, [e_L, e_g]]}{\sin\beta}$ 为垂直于动量矩 L、处于平面 P 中的单位向量;系数 m_1, m_2 为 ESG 真空度和磁场屏蔽质量较差所引起的干扰力矩。在 ESGM 系统中,m_1, m_2 可以忽略不计。

总结上述,在 ESGM 系统中,ESG 误差模型只有以下 4 项系数:n_0, m_0, n_1, n_2。如果考虑 ESG 的真空度和磁场屏蔽较差,则需要增加 m_1, m_2。

$$\omega_x = n_0 + n_1\sin\beta + n_2\sin2\beta$$
$$\omega_y = m_0 \qquad (6-7)$$

式中 ω_x, ω_y 为 ESG 的漂移速度。

6.6 双轴伺服转台测试系统与实验设计

俄国专家采用的 ESG 漂移误差测试方法为"双轴伺服法",在测试

中,ESG 和双轴伺服转台组成一个闭环控制系统。该系统的状态方程和测量方程分别为

$$\dot{\boldsymbol{\alpha}} = \boldsymbol{C}(\boldsymbol{\alpha}, t) + \boldsymbol{F}(\boldsymbol{\alpha}, t)\boldsymbol{P} \qquad (6-8)$$

$$\boldsymbol{\alpha}_j = \boldsymbol{\alpha}(t_j) + \nu_j, j = 0, 1, 2, K \qquad (6-9)$$

式中　$\boldsymbol{\alpha}$ 为 l 维向量,分别表示 ESG 动量矩的角位置 ρ, σ 等变量;

　　$\boldsymbol{C}$ 为 l 维向量,与辨识的参数无关;

　　$\boldsymbol{P}$ 为 k 维向量,分别表示 $n_0, n_1, n_2, m_0, m_1, m_2$ 等需要辨识的参数,此外,还应包括 ESG 在双轴伺服转台上的安装误差角等;

　　$\boldsymbol{F}$ 为 $l \times k$ 维矩阵;

　　$\boldsymbol{\alpha}(t_j)$ 为 t_j 时刻的测量值;

　　ν_j 为整个伺服转台测角信号中的噪声。

假设 L 为 ESG 的动量矩;$M_{\xi 1}, M_{\xi 2}$ 分别为 ξ_1, ξ_2 轴上的干扰力矩,则式(6-8)中 ESG 在惯性坐标系 $\xi_1 \xi_2 \xi_3$ 中的漂移速度为

$$\begin{aligned} \dot{\rho} &= \frac{M_{\xi 1}}{L} \\[2mm] \dot{\sigma} &= \frac{M_{\xi 2}}{L \sin \rho} \end{aligned} \qquad (6-10)$$

在测试实验的设计中,ESG 动量矩相对于地球自转轴的初始位置角 α_1^0, α_2^0 均应选择较小(小于 5°)。这样,在整个测试过程中,ESG 动量矩偏离地球自转轴的角度将始终较小,地球自转角速度的影响可以忽略。通过长达 1~2 昼夜的测试,可以直接测出 ESG 漂移运动的轨迹。

6.7　采用曲线啮合法计算静电陀螺仪的各项漂移误差系数

在伺服转台测角信号的采样间隔 $[t_j, t_{j+1}]$ 中,计算式(6-9)对时间的积分值,即可得到实测的 ESG 漂移角度为

$$A_j \boldsymbol{P} = \boldsymbol{b}_j, j = 0, 1, 2, K \qquad (6-11)$$

式中　$A_j = \int_j^{j+1} \boldsymbol{F}(\boldsymbol{\alpha}, \tau) \mathrm{d}\tau ; \boldsymbol{b}_j = \boldsymbol{\alpha}_{j+1} - \boldsymbol{\alpha}_j - \int_j^{j+1} \boldsymbol{C}(\boldsymbol{\alpha}, \tau) \mathrm{d}\tau 。$

曲线啮合法的优点是不需要对转台测角装置的输出信号进行微分计算。把实测的 ESG 漂移曲线和根据误差模型计算的曲线相比较,采用最小二乘法进行曲线啮合,可以得到 ESG 各项误差系数的估计值

$$A^* \boldsymbol{P} = \boldsymbol{b}^* \qquad (6-12)$$

$$\hat{P} = (A^{*\mathrm{T}} A^*)^{-1} A^{*\mathrm{T}} \boldsymbol{b}^* \qquad (6-13)$$

式中 $A^{*\mathrm{T}} = [A_0 \ A_1 \ \Lambda \ A_{r-1}]; \boldsymbol{b}^{*\mathrm{T}} = [\boldsymbol{b}_0 \ \boldsymbol{b}_1 \ \Lambda \ \boldsymbol{b}_{r-1}]$。

在 ESG 动量矩偏离地球自转轴的角度较小时,式(6-8)中的 ρ, σ 可以改用小角度 α_1, α_2 来表示,$\sin\alpha_i \approx \alpha_i$。设 φ 为 ESG 安装地点的纬度。经过线性化,式(6-8)可改为

$$\dot{\alpha}_1 = -\alpha_1(m_1\sin\varphi - 2m_2\sin^2\varphi) + \alpha_2(1 - n_1\sin\varphi - 2n_2\cos2\varphi) - m_0 + m_1\cos\varphi - m_2\sin2\varphi$$

$$\dot{\alpha}_2 = -\alpha_1(1 - n_1\sin\varphi + 2n_2\sin^2\varphi) - \alpha_2(m_1\sin\varphi + 2m_2\cos2\varphi) + n_0 + m_1\cos\varphi - m_2\sin2\varphi$$

$$(6-14)$$

在式(6-14)中,采用了无量纲的时间,并把地球自转角速度取为 1,得到 ESG 理论计算的运动轨迹为对数的螺旋线

$$\alpha_1(t) = \alpha_{c1} + \mathrm{e}^{-\lambda t}(r_1\cos\nu t + r_2\sin\nu t)$$
$$\alpha_2(t) = \alpha_{c2} + \mathrm{e}^{-\lambda t}(-r_2\cos\nu t + r_1\sin\nu t) \qquad (6-15)$$

考虑到 $n_0, m_0, n_1, n_2, m_1, m_2$ 均远小于1,最后得到

$$\alpha_{c1} = n_0 + m_1\cos\varphi - m_2\sin2\varphi$$
$$\alpha_{c2} = m_0 - n_1\cos\varphi + n_2\sin2\varphi$$
$$\lambda = m_1\sin\varphi + m_2(1 - 3\sin^2\varphi)$$
$$\nu = 1 - n_1\sin\varphi - n_2(1 - 3\sin^2\varphi) \qquad (6-16)$$
$$r_1 = \alpha_1^0 - \alpha_{c1}$$
$$r_2 = \alpha_2^0 - \alpha_{c2}$$

选择式(6-15)中的各项常数值 $\alpha_{c1}, \alpha_{c2}, \lambda, \nu, r_1, r_2$,使得实测的 ESG 漂移运动轨迹和理论计算的运动轨迹互相啮合。然后,用这些 $\alpha_{c1}, \alpha_{c2}, \lambda, \nu, r_1, r_2$ 的数值代入式(6-16),即可算出 ESG 的 6 项漂移误差系数 $n_0, m_0, n_1, n_2, m_1, m_2$。

6.8　静电陀螺仪的力矩测量系统

1976 年,中国清华大学研制成功了"ESG 方位水平平台"。为了使平台稳定在当地的水平面和子午面中,在垂直和方位 ESG 中分别采用了以下的修正回路:

(1) 控制垂直 ESG 的水平修正回路;

(2) 方位 ESG 多余轴的加矩锁定回路;

(3) 方位 ESG 初始位置的控制回路。

在平台上,水平修正回路由液体开关和电磁加矩线圈组成。在方位 ESG 中,多余轴锁定回路由 ESG 顶端光电信号器和相应的电磁加矩线圈组成,另一根方位轴的控制回路则是开环的。在"初始对准"工作状态下,需要采用外部的方位指令,经过转换为电磁加矩线圈中的控制电流,使方位 ESG 的初始位置被控制在当地子午线的方向上。

在 ESG 本身的结构中,如果采用顶端光电信号直接去控制加矩线圈中的电流,则 ESG 的动量矩将被锁定。在这种情况下,ESG 处于"速率陀螺"工作状态,成为一个捷联式的 ESG。在这种工作状态下,加矩线圈中的电流可以用来测量 ESG 中的干扰力矩。

1980 年,清华大学研制铝转子 ESG 的技术指标如下,在固定方位 8 h 的测试中:

(1) 零偏漂移误差(均值)　< 0.5 (°)/h;

(2) 随机漂移误差(1σ)　$< 1 \times 10^{-3}$ (°)/h;

(3) 逐次启动零偏漂移误差的重复性(1σ)　< 0.05 (°)/h。

1985 年,铝转子 ESG 的工程样机研制成功,需要测定它的精度。当时中国没有高精度陀螺仪的测试设备。双轴伺服转台作为一项重大的陀螺仪测试设备已在国内安排研制,但尚未完成。在这种情况下,为了鉴定铝转子 ESG 样机的精度,清华大学决定自行研制测试设备。考虑到当时在中国 ESG 还处于器件研制的阶段,铍转子 ESG 的样机较少,尚未组成 INS,清华大学只能在器件的层次上进行 ESG 的精度测试。

在过去研制铝转子 ESG 平台式方位水平仪的基础上,1985 年清华大学研制成功了"ESG 的力矩测量系统",并在当年 ESG 样机的精度鉴定中得到了应用,测量精度优于 $0.5 \times 10^{-3}(°)/h$。这种 ESG 测试设备是中国独创的,下面对该系统进行详细介绍。

实践表明,力矩法和伺服法都应当采用,前者直接测量 ESG 的漂移速度,它的频带较宽,能够充分测出漂移速度随时间的变化特性;后者只能测量 ESG 漂移的角度,接近于 ESG 在空间稳定平台上的实际工作状态。

应当指出,由于对 ESG 施加力矩的精度受到多种因素的限制,进一步提高其测量精度是有一定难度的。在采用双轴伺服转台的测试中,通过延长对 ESG 漂移角度的采样间隔时间,可以换算出很低的漂移速度。因此,在 ESG 的误差模型辨识中,两种测试设备都应采用。

在 ESG 中,力矩测量系统由三对正交的电磁加矩线圈(图 6－4)及相应的控制电路(图 6－5)所组成。设转子的自转速度为 ω。如果在 X, Y, Z 轴方向电磁加矩线圈所产生的磁通密度分别为 B_X, B_Y, B_Z,则对转子所施加的力矩为

$$M_X = K_X \omega B_Z B_X \qquad (6-17)$$
$$M_Y = K_Y \omega B_Z B_Y \qquad (6-18)$$

式中 K_X, K_Y 均为常数,其数值与电磁加矩线圈及 ESG 的结构有关。

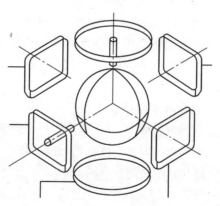

图 6－4　ESG 力矩测量系统的三对正交电磁加矩线圈

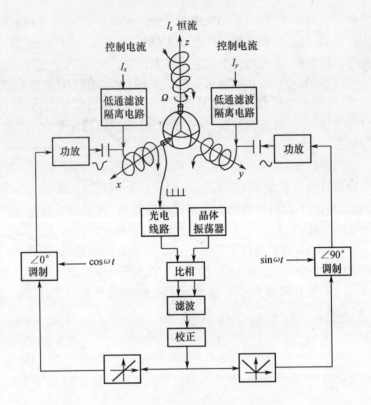

图 6 - 5　ESG 力矩测量系统的控制电路

　　载流线圈产生的磁通密度 B 与流经线圈的电流 I 成正比。根据式(6 - 17)和(6 - 18),可以分别得到 M_X,M_Y 和加矩线圈控制电流 I_X,I_Y 之间的标度因数。

　　力矩测量系统的分辨率和标度因数稳定性将直接影响测量 ESG 漂移误差的精度。误差分析表明,它们取决于以下因素:

　　(1) ESG 结构中的剩磁与加矩线圈的磁滞回环;

　　(2) 光电信号器及其电路的分辨率;

　　(3) 转子自转速度 ω 的重复性;

　　(4) Z 轴电磁线圈电流 I_Z 的稳定度;

　　(5) 测量控制电流 I_X,I_Y 的精度。

　　为了减小结构中的剩磁与加矩线圈的磁滞回环,清华大学重新设计了 ESG 样机中基座的结构（图 6-6）：

（1）ESG 基座材料采用微晶玻璃（原用无磁不锈钢）；

（2）在加矩线圈中，不采用铁心的磁路结构；

（3）在顶端光电信号器的安装座上，增加了位置微调装置；

（4）在 ESG 的组装中，以支承电极球腔的对称轴作为基准面，向外精确传递，保证支承电极球腔坐标系和电磁加矩线圈的坐标系方向一致。

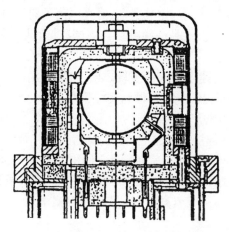

图 6-6　清华大学 ESG 样机的结构图

为了保证施加力矩的线性度，采用直流电流 I_X，I_Y，I_Z 激励相应的线圈。Z 轴方向的线圈分为上、下两个部分，其结构均为圆柱形。它们相距较远，比较容易在转子中产生均匀磁场。侧面四个线圈分别为 X 轴和 Y 轴方向的加矩控制线圈，其结构均为圆弧形。在它们的设计中，必须保证在转子中产生的磁场分布均匀。此外，为了保证 X 轴和 Y 轴方向加矩的耦合系数很小，并保持为常数，在尺寸和几何位置上，这些线圈应当对称，并正交。

ESG 力矩测量系统的有关设计分述如下。

（1）光电信号器及其电路的设计。当转子轴偏离顶端信号器光斑的中心位置时，顶端信号器将输出交流的幅值信号，其频率与转子的转速相同。转子每旋转一圈，赤道信号器将输出一个脉冲信号，它给出转子偏角的相位信号。这样，转子偏角的幅值和相位信号经过相敏解调和放大,成为 X 轴和 Y 轴方向加矩线圈的控制信号。如果直接用来锁定转子的自转轴,则构成转子所受力矩的测量系统。

不难看出,顶端和赤道信号器光斑的尺寸、照度及其均匀性等都将直接影响它们的分辨率。此外,前置放大器和滤波器等对提高顶端光电信号的信噪比也有重要作用。

在 ESG 漂移误差测试的情况下,可以采用低通滤波器和积分校正装置来提高力矩测量系统的分辨率。

在静压气浮转子的标定装置上,对光电信号器的精度进行了测试,输出信号中的主要误差是高频跳动。测试数据表明,它的分辨率优于 $0.5''$(角秒)。

(2) 转子自转速度的控制系统。转子的转速由赤道信号器测出,在和标准晶体振荡器比较后,得到相位偏移信号。这一信号经过滤波器、校正环节,调制器等变换,成为相角差 90° 的交流电压,分别送入 X 轴和 Y 轴方向的加矩线圈,产生旋转磁场,控制转子的转速。

表 6-2 为实测的转子旋转周期,所用仪器为"FC-882A"型多功能频率计。这种 ESG 锁相转速控制系统的精度很高,可以认为,在多次启动中,转子的转速为常数,可以保证力矩测量系统标度因数的重复性。

表 6-2　ESG 锁相转速控制系统的精度测量数据

转子旋转周期的均值/μs	转子旋转周期的标准差/μs	转速的稳定性/10^{-6}
3 000.182 9	0.004 7	1.56

在 ESG 测试过程中,控制转子转速的交流旋转磁场只需要克服转子在电极球腔中受到的微小阻尼力矩,交流控制电流非常小。在磁场和发热方面,它对直流的力矩测量系统干扰都很小,可以忽略不计。

(3) Z 轴线圈电流 I_Z 的稳流器。为了使力矩测量系统的标度因数保持为常数,专门研制了高精度的直流稳流器。在改变电源电压和环境温度的情况下,5 h 实测的性能如表 6-3 所示。测试所用的仪器为"7075"型数字电压表。

表 6 - 3　ESG 力矩测量系统中稳流器的精度测量数据

电流的均值/mV	电流的标准差/mV	电流的稳定性/10^{-6}
6 239.086	17.5	2.8

（4）标度因数的稳定性。在"OMT"型双轴光学转台上,采用力矩测量系统锁定静电陀螺,并使其转子轴处于地垂线的方向。在这种安装位置上,ESG 的两根工作轴将测量地球自转水平角速度在 X 轴和 Y 轴方向的两个分量。转动转台,使其中一个方向的角速度为最小,作为初始位置 $0°$。然后,转台每次转 $90°$ 得到一组数据,如表 6 - 4 所示

表 6 - 4　在 $0°,90°,180°,270°$ 四个位置上, X 轴和 Y 轴的测量数据

转台位置	$0°$	$90°$	$180°$	$270°$
V_X/mV	14.159	3 233.967	15.873	$-3\ 191.406$
V_Y/mV	3 903.242	65.437	$-3\ 719.806$	154.054

设 K_X, K_Y 分别为 X 轴和 Y 轴加矩线圈的标度因数, H 为 ESG 的动量矩, ψ 为在初始位置 $0°$ 时 X 轴加矩线圈偏离正东 E 的角度, γ 为 X 轴和 Y 轴加矩线圈的不正交角, M_X, M_Y 分别为 ESG 中 X 轴和 Y 轴方向的干扰力矩。已知测试实验室所在地的纬度为 $39°59'47''$；地球自转角速度为 $\Omega = 15.041\ 07\ (°)/\text{h}$,水平分量为 $\Omega_H = 11.522\ 74\ (°)/\text{h}$。

根据表 6 - 4 中在 $0°,90°,180°,270°$ 四个位置上的测量数据,可以得到

$$K_X V_X(0°) + H\Omega_H \sin\psi + M_X = 0 \qquad (6-19)$$

$$K_Y V_Y(0°) - H\Omega_H \cos(\psi - \gamma) + M_Y = 0 \qquad (6-20)$$

$$K_X V_X(90°) - H\Omega_H \cos\psi + M_X = 0 \qquad (6-21)$$

$$K_Y V_Y(90°) - H\Omega_H \sin(\psi - \gamma) + M_Y = 0 \qquad (6-22)$$

$$K_X V_X(180°) - H\Omega_H \sin\psi + M_X = 0 \qquad (6-23)$$

$$K_Y V_Y(180°) + H\Omega_H \cos(\psi - \gamma) + M_Y = 0 \qquad (6-24)$$

$$K_X V_X(270°) + H\Omega_H \cos\psi + M_X = 0 \qquad (6-25)$$

$$K_Y V_Y(270°) + H\Omega_H \sin(\psi - \gamma) + M_Y = 0 \qquad (6-26)$$

由于 ψ,γ 均为很小的角度($\ll 1°$),根据式(6-19)~式(6-26),可以得到标度因数等参数的计算公式如下

$$SF_X = \frac{2\Omega_H}{V_X(90°) - V_X(270°)} \qquad (6-27)$$

$$SF_Y = \frac{2\Omega_H}{V_Y(0°) - V_Y(180°)} \qquad (6-28)$$

$$\psi = \frac{V_X(180°) - V_X(0°)}{V_X(90°) - V_X(270°)} \qquad (6-29)$$

$$\psi - \gamma = \frac{V_Y(90°) - V_Y(270°)}{V_Y(0°) - V_Y(180°)} \qquad (6-30)$$

把表6-4的数据代入式(6-27)和(6-30),得到

$$SF_X = 3.586\ 618\ (°)/\text{h} \cdot \text{V}$$

$$SF_Y = 3.023\ 116\ (°)/\text{h} \cdot \text{V}$$

$$\psi = 0.000\ 267\ \text{rad} = 54.4''$$

$$\gamma = 0.011\ 3\ \text{rad} = 40.88'$$

为了估计标度因数的稳定性,上述测试重复进行了 20 次,得到的统计特性如表6-5所示。

表6-5　ESG 力矩测量系统标度因数的稳定性

参数名称	均　值	标准差	稳定度
X 轴加矩线圈	3.587 1 $(°) \cdot \text{h}^{-1} \cdot \text{V}$	0.067×10^{-3} $(°) \cdot \text{h}^{-1} \cdot \text{V}$	187×10^{-6}
Y 轴加矩线圈	3.023 5 $(°) \cdot \text{h}^{-1} \cdot \text{V}$	0.023×10^{-3} $(°) \cdot \text{h}^{-1} \cdot \text{V}$	75×10^{-6}
X 轴偏离 E 的角度	68.4''	10.6''	

(5) 分辨率的测定。为了测定力矩测量系统的分辨率,在光学双轴转台上,把 ESG 的动量矩安装在平行于地垂线的方向上,并使一根力矩测量轴 X 轴指向东方。转台每次转约 10′(角分),相当于输入微小的角速度。顺时针和逆时针各转 5 次,对 10 次力矩电流的测量数据进行统计特性计算。类似的测试进行了 3 次。在测试中,复测了力矩测量系统的标度因数,和表6-5的数据略有区别,为 3.596 4 $(°)/\text{h} \cdot$

Ⅴ.测量力矩线圈控制电流 I_X 所用的仪器为"7075"型数字电压表。分辨率测定的结果如表 6-6 所示。

表 6-6　ESG 力矩测量系统的分辨率

测试序号	#1	#2	#3
分辨率/10^{-3} (°)$\cdot$h^{-1}	0.59	0.44	0.43

(6) ESG 漂移误差的测试。根据在 $0°,90°,180°,270°$ 四个位置上的测量数据,可以计算 ESG 的漂移误差如下

$$\varepsilon_X = -\frac{M_Y}{H} = -SF_Y \frac{V_Y(0°) + V_Y(180°)}{2} \qquad (6-31)$$

$$\varepsilon_Y = \frac{M_X}{H} = SF_X \frac{V_X(90°) + V_X(270°)}{2} \qquad (6-32)$$

把测试数据代入式(6-31)和(6-32),得到 ESG 的漂移误差为

$$\varepsilon_X = -0.277\ 27\ (°)/h$$

$$\varepsilon_Y = 0.076\ 33\ (°)/h$$

在 1985 年的鉴定中,ESG 被安装在 OMT 光学双轴转台上,动量矩平行于地球的自转轴。启动后,经过一段热稳定时间,约 3.5 h,进行误差测试,测试样本的长度为 12 h。铍转子和铝转子 ESG 的漂移误差测量结果分别如表 6-7 和表 6-8 所示。

表 6-7　#8405 铍转子 ESG 漂移误差的测试结果(样本长度 24 h)

测试日期	ε_X 均值/(°)$\cdot$h^{-1}	ε_X 标准差/(°)$\cdot$h^{-1}	ε_Y 均值/(°)$\cdot$h^{-1}	ε_Y 标准差/(°)$\cdot$h^{-1}
1985-09-25	0.180 8	0.002 0	0.234 1	0.001 3
1985-10-06	0.230 4	0.001 3	0.215 5	0.002 9

表 6-8　#8416 铝转子 ESG 漂移误差的测试结果(样本长度 12 h)

测试日期	ε_X 均值/(°)$\cdot$h^{-1}	ε_X 标准差/(°)$\cdot$h^{-1}	ε_Y 均值/(°)$\cdot$h^{-1}	ε_Y 标准差/(°)$\cdot$h^{-1}
1985-11-30	-0.137 631	0.000 636	0.079 945	0.000 388
1985-12-02	-0.143 331	0.000 476	0.065 266	0.000 455
1985-12-03	-0.143 144	0.000 943	0.067 284	0.000 505

测试日期	ε_X 均值/$(°)\cdot h^{-1}$	ε_X 标准差/$(°)\cdot h^{-1}$	ε_Y 均值/$(°)\cdot h^{-1}$	ε_Y 标准差/$(°)\cdot h^{-1}$
1985-12-04	-0.141 482	0.000 404	0.066 760	0.000 430
1985-12-09	-0.145 730	0.000 784	0.066 670	0.000 422
1985-12-12	-0.137 469	0.000 382	0.060 057	0.000 321
1985-12-14	-0.135 599	0.000 390	0.059 840	0.000 287
逐次启动均值标准差	-0.140 627	0.003 76	0.066 546	0.006 69

如表 6-9 所示,在铝转子 ESG 的 24 h 测试样本中,ε_X 和 ε_Y 的均值基本未变,标准差增加也不明显。

表 6-9   ♯8416 铝转子 ESG 漂移误差的测试结果(样本长度 24 h)

测试日期	ε_X 均值/$(°)\cdot h^{-1}$	ε_X 标准差/$(°)\cdot h^{-1}$	ε_Y 均值/$(°)\cdot h^{-1}$	ε_Y 标准差/$(°)\cdot h^{-1}$
1985-12-14	-0.135 541	0.000 370	0.060 079	0.000 402

在 1985 年的初步鉴定中,没有进行辨识 ESG 漂移误差模型的测试。

6.9   静电陀螺仪伺服法测试的研究

在中国高精度 ESG 的研制中,规定了以下的测试大纲:

(1) 正确性测试;

(2) 力矩测量系统标度因数的测试;

(3) 确定性误差的测试;

(4) 随机性误差的测试。

在正确性测试中,不仅需要检测 ESG 及其控制电路的主要参数,还必须检测 ESG 自转轴相对其基座安装面之间的角度。这样才能保证在测试中 ESG 的正确安装位置,即 ESG 的自转轴和测试转台的旋转轴互相正交。

力矩测量系统标度因数的测试方法请参阅 6.8 节。

关于确定性误差的测试叙述如下。

ESG 未经补偿的漂移误差必须采用伺服法在双轴伺服转台上进行测试。由于在使用 ESG 导航系统的载体中运动加速度通常较小。在测试中,只需要辨识和补偿与 g^0 和 g^1 有关的误差系数项,不需要辨识和补偿与 g^2 有关的误差系数项,就足以保证导航系统的精度。

在伺服法测试中,ESG 的安装应使自转轴的初始位置偏离地球自转轴约 $6°$。这种初始位置既能保证与 g^1 有关的误差系数项能够被辨识出来,同时,又能保证转台内环轴转角的幅度始终被限制较小。后者对于保证伺服转台控制回路的稳定性是有益的。更为重要的是,转角幅度较小有利于保证伺服转台输出角度信号的精度。

如图 6 - 7 所示,地心坐标系为 $OX_eY_eZ_e$;伺服转台坐标系为 $OXYZ$,其外环轴 OY 处于水平面之中,并指向东方;ESG 坐标系为 $Oxyz$,其转子轴 Oz 的安装应与伺服转台台面的法线方向平行。

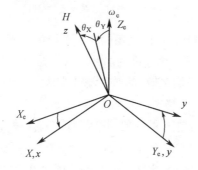

图 6 - 7　伺服法测试中,ESG 自转轴的运动

在伺服状态下,ESG 将自由漂移,伺服转台转角 θ_X,θ_Y 与地球自转角速度 ω_e 和 ESG 漂移速度 ω_{dx},ω_{dy} 之间将有以下的函数关系

$$\dot{\theta}_X = \omega_e\sin\theta_Y + \omega_{dx} \qquad (6 - 33)$$

$$\dot{\theta}_Y = - \omega_e\cos\theta_Y\tan\theta_X + \omega_{dy}\sec\theta_X \qquad (6 - 34)$$

典型的伺服法测试原始数据曲线如图 6 - 8 所示。图中 θ_X,θ_Y 为伺服转台的转角,均为时间序列。需要把它们转换为伺服转台的角速度 $\dot{\theta}_X,\dot{\theta}_Y$,才能代入式(6 - 33)和(6 - 34),算出 ESG 的漂移速度 ω_{dx}, ω_{dy}。

显然,这种转换不能采用"微分"的方法来进行,因为"微分"将产生

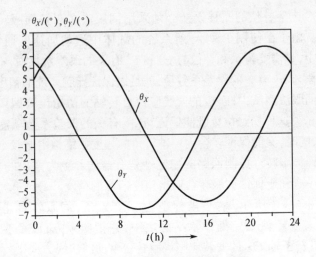

图 6-8 伺服法测试的原始数据曲线

较大的数据处理误差。可以采用的方法有以下三种:

(1) 计算伺服转台角速度的曲线啮合方法;

(2) 计算 ESG 漂移速度的数字滤波方法;

(3) 估计 ESG 漂移速度的 Kalman 滤波方法。

在曲线啮合方法中,可以把伺服转台的转角 θ_X, θ_Y 写成一个时间序列

$$\{\theta_i\} = a_{0i} + a_{1i}\Delta t + a_{2i}\Delta t^2 + \Lambda + a_{ki}\Delta t^k$$
$$i = 1,2,\Lambda,N; k = 1,2,\Lambda \tag{6-35}$$

式中 Δt 为采样间隔时间;

N 为测试数据样本的长度。

在所采用的双轴伺服转台中,内环和外环测角器件的分辨率分别为 $1''$ 和 $1.25''$。为了保证角速度的分辨率优于 0.1×10^{-3} $(°)$/h,必须延长计算角速度的间隔时间为 $\Delta T = 30$ min。采用曲线啮合方法,令 k $=3 \sim 5$,每取 $3 \sim 5$ 个点的测试数据可以算出式(6-35)中的各项系数 a_{1i}, a_{2i}, Λ。有了这些系数,可以很容易算出伺服转台的角速度 $\{\dot{\theta}_i\}$。

把伺服转台的角速度 $\{\dot{\theta}_i\}$ 代入式(6-33)和(6-34),可以算出 ESG 的漂移误差 ω_{dx}, ω_{dy}。在实际的测试中,为了提高 ESG 漂移误差

系数的辨识精度,角度采样间隔时间可以选用 $\Delta t = 1$ min,然后对测试得到的原始数据进行低通数字滤波处理。经过数字滤波处理的测试数据曲线如图 6 - 9 所示。

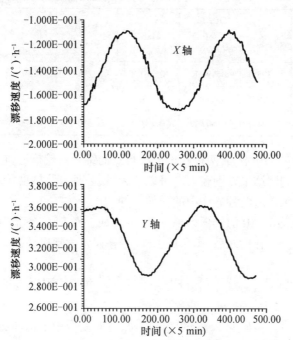

图 6 - 9　经过数字滤波处理的 ESG 漂移速度曲线

由于 W_x, W_y 确定性漂移速度 ω_{dx}, ω_{dy} 的变化 W_x, W_y 很缓慢,"ESG - 双轴伺服转台"系统的动态方程可以描述为

$$\dot{\theta}_X = \omega_e \sin\theta_Y + \omega_{dx} + \varepsilon_x$$
$$\dot{\theta}_Y = -\omega_e \cos\theta_Y \tan\theta_X + \omega_{dy}\sec\theta_X + \varepsilon_y\sec\theta_X$$
$$\dot{\omega}_{dx} = W_x \qquad\qquad (6-36)$$
$$\dot{\omega}_{dy} = W_y$$

式中　ε_x, ε_y 为 ESG 的随机漂移速度。

在"ESG - 双轴伺服转台"系统中,观测变量为 θ_X, θ_Y。根据观测变量 θ_X, θ_Y 可以设计相应的 Kalman 滤波器,得到 ESG 各项确定性误差系数的估计值。

用三种不同辨识方法得到的结果列于表 6-10。

表 6-10　三种不同辨识方法得到的 ESG 漂移误差系数

辨识方法	$D(x)_0/$ $(°)\cdot h^{-1}$	$D(x)_x/$ $[(°)\cdot h^{-1}]$ $\cdot g^{-1}$	$D(x)_{yz}/$ $[(°)\cdot h^{-1}]$ $\cdot g^{-2}$	$D(y)_0/$ $(°)\cdot h^{-1}$	$D(y)_y/$ $[(°)\cdot h^{-1}]$ $\cdot g^{-1}$	$D(y)_{zx}/$ $[(°)\cdot h^{-1}]$ $\cdot g^{-2}$
曲线啮合	0.395 0	0.496 8	0.101 2	0.294 8	0.505 3	0.355 8
数字滤波	0.298 7	0.512 1	0.070 2	0.341 3	0.533 7	0.350 5
Kalman 滤波	0.294 0	0.507 2	0.014 4	0.333 7	0.531 3	0.000 1

在表 6-10 中,后两种辨识方法得到的结果比较接近,它们与第一种方法得到的结果差别较大。可以认为,第一种方法精度较差,不应采用。应当采用后两种方法中的任何一种。

根据表 6-10 的辨识结果,可以准确地补偿 ESG 各项确定性漂移误差系数。在补偿之后,剩余的 ESG 漂移误差为随机性误差。

6.10　静电陀螺仪随机性误差模型的初步研究

为了进一步研究 ESG 的精度极限,有必要应用平稳性随机过程的理论去辨识其随机性误差的数学模型。

关于平稳随机过程的理论叙述如下。

根据平稳性随机过程的理论,任何平稳的随机过程都可以看作是一些基本平稳随机过程的线性组合。这些基本的平稳随机过程是相应动态环节的输出信号,它们的输入信号均为白噪声。这些动态环节被称为各种基本的"成形滤波器",它们的线性组合可以用来描述各种特定的平稳随机过程,其中当然可以包括 ESG 随机性漂移误差的数学模型。

由此可见,ESG 随机性漂移误差的数学模型是指相应的成形滤波器结构。它的辨识步骤如下:

（1）设计测试实验,得到 ESG 的随机漂移误差曲线;

（2）检验平稳性;

(3) 去除随机漂移误差测试数据中残留的时间趋势项；

(4) 计算相关函数和功率谱密度；

(5) 通过曲线啮合的方法，寻求成形滤波器的结构，即 ESG 随机性漂移误差的数学模型。

以上各步骤中的有关内容分述如下。

在设计测试实验时，首先需要论证，并建立工程上可以实用的 ESG 随机性漂移误差测试设备。应当指出，采用伺服法测试不可能获得 ESG 的随机漂移误差曲线。众所周知，伺服法只能测定 ESG 漂移的角度，而采用"微分"的方法计算角速度，将带来较大的噪声。因此，首选的测试设备是前面介绍的 ESG 力矩测量系统。

在采用力矩法测试时，为了减少外界角速度对测量 ESG 漂移误差的影响，ESG 动量矩的初始位置应当与地球的自转轴平行。这时，X，Y 轴力矩器的电流将直接测量 ESG 所受到的全部干扰力矩，从中可以分离出 ESG 的随机性漂移误差。

如图 6-10 所示，经过约 15 h，ESG 力矩器的输出信号已趋于平稳。这时开始记录 X，Y 轴力矩器的输出信号。为了保证统计计算具有足够的可信度，需要选择测试数据的样本长度大于 30 h，即一次测试的时间需要 45 h。在测试中，采样间隔时间选择为 1 min，并采用截止频率为 $f_c = 0.001\,6$ Hz 的数字滤波器对原始信号进行处理，目的是去除力矩器输出信号中电子线路带来的噪声。

图 6-11 为 ESG X，Y 轴力矩器处理后的测试数据。

在平稳性检验中，发现在图 6-11 滤波处理后的数据中还残留有微小的时间趋势项。它们的模型为

$$V_X = C_0 + C_1 t + R_X \qquad (6-37)$$

$$V_Y = D_0 + D_1 t + R_Y \qquad (6-38)$$

式中　$C_0 = 0.020\,32$ V

$C_1 = -1 \times 10^{-5}$ V/h

$D_0 = 0.029\,51$ V

$D_1 = -1 \times 10^{-6}$ V/h

这些残留的微小时间趋势项需要去除。剔除时间趋势项后的漂移速度

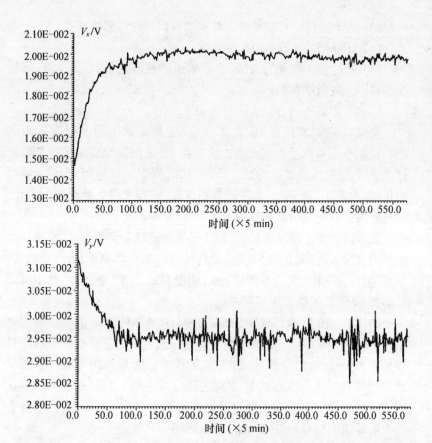

图 6 - 10　ESG X, Y 轴力矩器输出的测试数据

分别为 R_X, R_Y。

根据 R_X, R_Y 数据序列，计算出 ESG X, Y 轴随机漂移误差的功率谱密度(PSD)和相关函数，分别如图 6 - 12 和图 6 - 13 所示。

把实测的功率谱密度和相关函数曲线分别和特定成形滤波器相应的理论曲线相啮合，可以得到实测随机过程的成形滤波器如式(6 - 39)和 (6 - 40) 所示

$$S(\omega) = \frac{2\sigma^2/\tau_1}{\omega^2 + (1/\tau_1)^2} + Q + B\delta(\omega) \qquad (6 - 39)$$

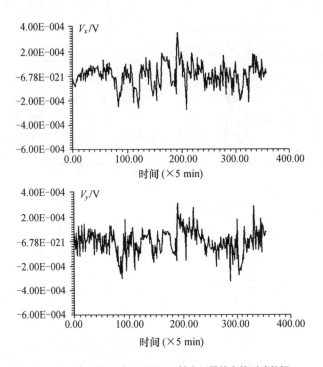

图 6-11　滤波处理后，ESG X,Y 轴力矩器输出的测试数据

$$K(\tau) = \sigma^2 \mathrm{e}^{-\frac{|\tau|}{\tau_1}} + Q\delta(\tau) + B \qquad (6-40)$$

在式(6-39) 和(6-40)中，ESG 随机漂移误差的数学模型是以下三种基本平稳随机过程的线性组合：

(1) 一阶 Markov 过程(σ,τ_1)，由白噪声通过惯性环节所形成，亦称"一阶指数相关的随机过程；

(2) 随机游走(Q)，由白噪声通过积分环节所形成，它的二次矩将随时间而增长，亦称"扩散过程"；

(3) 随机常数 B，为积分环节的初始值。在一次启动的测试数据中，B 为常数。但在逐次启动的测试数据中，不一定具有重复性。

采用曲线啮合方法，可以得到 ESG 随机漂移误差数学模型中的各项模型参数值(表 6-11)。

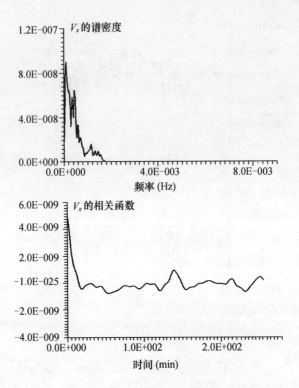

图 6 - 12　ESG X 轴随机漂移误差的功率谱密度和相关函数

表 6 - 11　中国 ESG 随机漂移误差数学模型的初步研究结果

模型参数	$\sigma/10^{-3}$ $(°)\cdot h^{-1}$	τ_1/min	$Q/10^{-3}$ $(°)\cdot h^{-1/2}$	$B/(°)\cdot h^{-1}$
X 轴	0.51	≈30	0.004 8	0.141 5
Y 轴	0.45	≈30	0.047 2	0.099 5

如前所述,在 ESG 的研制任务书中规定的技术指标有三项:

(1) 零偏漂移误差　<0.5 (°)/h;

(2) 随机漂移误差(1σ)　<0.001 (°)/h;

(3) 逐次启动零偏漂移误差的重复性　<0.05 (°)/h。

前两项指标采用伺服法测试,均已达到。最后一项指标采用力矩法测试,测试结果如下:

(1)X - 轴零偏漂移误差的重复性　0.003 76 (°)/h;

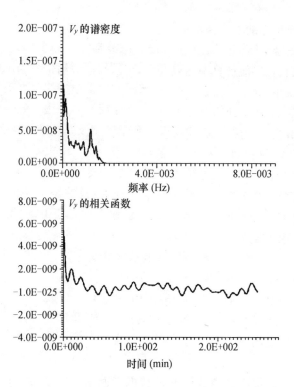

图 6-13　ESG　Y 轴随机漂移误差的功率谱密度和相关函数

(2) Y-轴零偏漂移误差的重复性　0.006 69 (°)/h。

应当指出,实测的结果表明:

力矩法测试设备的分辨率为 0.000 43~0.000 59 (°)/h。

测试设备的分辨率比 ESG 逐次启动零偏漂移误差的重复性指标高两个数量级。因此,可以得出结论:清华大学研制的 ESG 力矩测量系统是合格的。

6.11　本章小结

ESG 的特点是漂移误差具有较强的规律性和很高的稳定性,可以通过理论分析建立比较准确的漂移误差数学模型。

在器件的层面上,通过"力矩法"和"伺服法"可以测定 ESG 漂移误差数学模型中的各项误差系数。

在 INS 的层面上,通过"Kalman"滤波器也可以实时地估计 ESG 的误差系数,在导航计算中加以补偿,达到提高导航信号精度的目的。

在本章中,介绍了辨识 ESG 漂移误差数学模型的两个实例:

(1) 在 GEO-SPIN 和 GEANS 等 INS 系统中,美国 Honeywell 公司通过理论分析建立的 ESG 漂移误差数学模型及其校准子程序;

(2) 在船用 ESGM 系统中,俄国"电气仪器"中央研究所通过理论分析建立的 ESG 漂移误差数学模型。

在 GEO-SPIN 等 INS 系统中,两只 ESG 总共有 17 项漂移误差系数,另外还有多余轴加矩的耦合误差系数 2 项。在 INS 的层面上,通过较长时间的"初始校准",可以辨识出这些漂移误差系数。在 GEO-SPIN 系统中,实测的 ESG 漂移误差系数分别为:

(1) g^0 项　　$(0.13\sim0.14)\times10^{-3}$ (°)/h;

(2) g^1 项　　$(0.11\sim0.26)\times10^{-3}$ (°)$\cdot$h^{-1}/g。

在 ESGM 系统中,由于采用了 ESG 壳体旋转的结构,每个 ESG 只有 4~6 项漂移误差系数。这些漂移误差系数需要在双轴伺服转台上加以测定。

ESG 漂移误差的测试样本是辨识误差模型的依据。在器件的层次上,可以采用以下两种设备测试 ESG 的漂移误差:

(1) 双轴伺服转台;

(2) 力矩测量系统。

中国研制的 ESG 工程样机两次成功地通过了技术鉴定:

(1) 采用力矩法(1985 年),力矩测量系统由清华大学研制;

(2) 采用伺服法(1990 年),双轴伺服转台是由哈尔滨工业大学和某研究所合作研制的。

技术鉴定的结果表明,样机达到的性能指标如下:

(1) 在逐次启动中,零偏漂移速度的重复性为

X - 轴—— 0.003 76 (°)/h,Y - 轴—— 0.006 69 (°)/h;

(2) X - 轴的零偏漂移速度为

均值—— 0.141 5 (°)/h,标准差—— 0.000 51 (°)/h;

(3) Y - 轴的零偏漂移速度为

均值——0.099 5 (°)/h,标准差——0.000 45 (°)/h。

在研制 ESG 硬件,以及"力矩法"和"伺服法"两种精密测试设备方面,中国和美、俄并列成为世界上掌握 ESG 技术的国家。

参 考 文 献

1 章燕申,高钟毓.静电陀螺稳定平台的设计与实验测定.清华大学学报,1979,19(3):44~45

2 Hadfield M J. High Precision Positioning and Gravity Measurement with GEO-SPIN—an Update, Honeywell Inc., Military Avionics Division, Florida. The Third International Symposium on Inertial Technology, for Surveying and Geodesy, Banff, Canada, 1985

3 章燕申.静电陀螺漂移误差的计算与调整.中国造船,1986 (3):89~95

4 Zhang Y S. Design and Test of a Strapdown North-finder Using an Electrostatic Gyroscope. Symposium on Gyro Technology, Stuttgart, Germany, 1987

5 Gao Z Y, Sorg H, Hua Q F, Kistner A. Optimization and Application of Identifying the Gyro Drift Error Model by Using a Servo Turntable. The First International Symposium on Inertial Technology, Beijing, 1989

6 李渊涛.静电陀螺漂移测试及转子质量不平衡信号器的研究:[学位论文].北京:清华大学,1991

7 Zhang Y S. Test and Evaluation of Random Error in Electrostatic Gyro. The 2nd International Workshop on High Precision Navigation, Stuttgart / Freudenstadt, Germany, (1991)

8 Landau. B Ye. Electrostatic Gyroscope with a Solid Rotor. The III China-Russia Symposium on Inertial Technology, Nanjing, China, 1992

9 Buravlyov A P, Demidov A N, Landau B Ye, Levin S L, Shevelyova I I. Free ESG Drift Rate Model and Methods of Parameter Identifica-

tion. The IV Russian-Chinese Symposium on Inertial Technology, Saint Petersburg, Russia, 1993

10 Dmitriev S P, Landau B Ye, Levin S L, Martynenko Yu G. An Electrostatic Gyroscope with a Solid Rotor. Application for a Spacecraft Attitude Control System. The 2nd Saint Petersburg International Conference on Gyroscopic Technology and Navigation, Saint Petersburg, 1995

11 熊永明. 静电陀螺误差模型辨识及测试平台的研究: [学位论文]. 北京: 清华大学, 1993

12 高钟毓. 静电陀螺仪技术. 北京: 清华大学出版社, 2004

第 **7** 章

静电陀螺导航系统与空间定向系统

7.1 引 言

随着战略核潜艇发射弹道导弹的射程和在水下连续航行的时间不断增大,核潜艇所采用的液浮陀螺导航系统在"定位精度"和"重调周期"上已经不能满足要求。根据报道,美国 MK 2 Mod 7 型液浮陀螺船用导航系统的定位精度为 0.2 n mile/72 h,重调周期为 14 d(天)。1975 年,美国海军首先在战略核潜艇中采用了 ESGM 型监控器,其定位精度为 0.2 km/14 d ,比 MK 2 Mod 7 高出约 1 个数量级。

1978 年,美国空军在 B-52D / G / H 等型号的远程轰炸机上装备了"GEANS"型飞机导航系统,被称为"标准精密导航仪"(SPN),其军用型号为 AN / ASN-101。SPN 的定位精度为 0.04 n mile/h,比液浮陀螺(或挠性陀螺)的飞机导航系统高约 2 个数量级。

在实际使用中,ESG 的可靠性较高。同时,在大批量生产(720 套)中,SPN 的价格约为 14 万美元。在高精度导航系统中,SPN 的优势比较明显。在飞机导航方面,SPN 被改型为 AN / ASN-136 系统,装备了 F-117A 和 B₁ 等新型远程飞机。在大地和重力测量方面,SPN 被改型为 GEO-SPIN 系统。GEO-SPIN 系统可以同时给出定位信号和重力加速度测量信号,在地球重力网的测量中得到了应用。

1959 年,美国的 L. I. Schiff 和 G. E. Pugh 等人建议研制验证"广义相对论效应"的陀螺仪。根据广义相对论的计算,在地球自转、公转和卫星运动的共同影响下,陀螺仪将产生微小的进动角速度。这种物理现象被称为"广义相对论效应"。如果能够在卫星上建立:

(1) 高精度的陀螺仪;

(2) 跟踪恒星方向的天文望远镜(作为惯性空间中的测量基准),则在长时间的测量中,通过测出陀螺仪由于相对论效应产生的进动角度,可以验证广义相对论的正确性。

1976 年,Stanford 大学物理系 C. W. F. Everitt 和航空航天系 D. B. DeBra 等人提出采用 ESG 建立上述实验装置的技术方案。为了达到"广义相对论效应"引力场实验的精度要求,他们在航海和航空 ESG 产品的基础上,采用了实心转子和超低温工作环境等措施。在美国宇航局(NASA)的资助下,Stanford 大学建立了"引力测试-B"(Gravity Probe B,GP-B) 科研组。

1984 年,NASA 采纳了 Stanford 大学的"GP-B"工程研究计划,和 Stanford 大学签订了合同"在空间飞行器上进行广义相对论验证试验"(Shuttle Test Of the Relativity Experiment,STORE)。

合同规定由 Stanford 大学总负责,主要是研制和生产 GP-B 试验用的 ESG 和天文望远镜。原合同规定的进度如下:

(1) 1991 年,在航天飞机上进行试验;

(2) 1994 年,发射空间飞行器,进行正式试验。

由 Stanford 大学分别和 Lockheed 公司,以及 NASA 的 Marshall 空间飞行中心签订子合同。前者负责研制和生产 GP-B 试验专用的空间飞行器,后者负责完成上述空间飞行器的发射和正式试验。20 世纪 80 年代,由于 NASA 优先发展 GPS 和航天飞机等原因,发射 STORE 专用空间飞行器的计划被推迟。

2001 年,Stanford 大学的"GP-B"型 ESG 已经转入批量生产,数量超过 100 台。按技术条件规定,每台 ESG 在车间必须通过 1 000 h 的可靠性试验。

2004 年 4 月,上述"GP-B"专用的空间飞行器已经发射,并在网上定期发布了飞行器上 ESG 的工作情况。迄今为止,ESG 的工作正常。

应当指出,NASA 资助"GP-B"的目的是为了在其他空间飞行计划中采用 ESG 建立"空间定向系统"。在航天飞行器失重的环境中,ESG 在高精度、长寿命和低功耗等方面的优点更加突出,具有很好的应用前景。

考虑到在第 6 章中已经介绍了船用 ESG 导航系统的特点,在本章中将主要介绍在航空和航天领域中 ESG 导航系统和定向系统的研究成果,包括:

(1) 中国 721 型 ESG 航姿系统;

(2) 美国 SPN 型 ESG 飞机导航系统;

(3) 美国 Stanford 大学的 GP-B 型 ESG;

(4) 俄国的实心转子 ESG 及其空间定向系统。

7.2 中国 721 型静电陀螺航姿系统的结构

中国 721 型 ESG 航姿系统的技术要求如下:

(1) 在"初始对准"工作状态下,ESG 平台应当跟踪当地水平面和子午面的角运动,是一台方位水平仪;

(2) 在"导航"工作状态下,ESG 处于自由陀螺状态,平台始终保持初始的姿态角,给出载体的俯仰、倾侧和偏航等三个姿态角信号。

为了保证平台的姿态角精度,除了选择 ESG 之外,对平台的结构和稳定回路在设计上提出了以下要求:

(1) 在给定载体的动态环境中,平台的结构不产生谐振,为此,平台的自振频率应高于环境的振动频率;

(2) 尽量减小平台的干扰力矩,包括摩擦力矩和不平衡力矩;

(3) 必须解除平台三轴稳定回路之间的交叉联系;

(4) 在给定的载体动态环境中,平台的稳定精度应优于规定的姿态角技术指标。为此,平台的稳定回路应具有较高的动态刚度。

关于平台的结构叙述如下。

考虑到载体的特点，在所设计的平台中，采用了两台铝转子的ESG。平台的主要部件如表7－1所示。

表7－1　721型平台的主要部件

部件名称	型号	尺寸/mm	质量/kg	生产单位
ESG	721型	$\Phi 92 \times 115$	1.34	常州航海仪器厂
力矩电机	SYL－10 A	$\Phi 105 \times 27$	0.72	北京微电机厂
多极旋转变压器	110DXF 4CTH	$\Phi 110 \times 28$	1.20	西安微电机研究所
成对滚珠轴承	C1240804XJ	$\Phi 32 \times \Phi 20 \times 7$		哈尔滨轴承厂

为了减小平台的体积和转动惯量，平台的内、外框架均采用了扁平带状的横截面结构，并采用了加强筋。在材料选择方面，台体和平台框架均采用高强度铝合金，经过多次高、低温人工时效，充分消除了材料中的内应力，以保证框架的变形较小。平台底座的结构应尽量坚固。组装后的平台结构参数如表7－2所示。

表7－2　721型平台的主要结构参数

结构参数	台体	内环	外环
转动惯量/g·cm²	2.66×10^5	5.87×10^5	12.50×10^5
体积/mm³	356 mm×356 mm×288 mm		
质量/kg	25		

图7－1为组装后的721型三轴平台。在台体上，各个部件的布置比较紧凑，整个台体成为一个球体，半径为93.5 mm。为了增大台体结构的刚度，在设计中把台体上、下轴头安装孔之间的距离缩短为151 mm。

以下分析平台所受到的干扰力矩。

在平台的组装中，必须合理地调节成对滚珠轴承的预紧力，目的是消除平台各框架轴上的轴向间隙。这样，平台的质心位置比较稳定，通过对平台各组合件的静平衡，可以减小剩余的不平衡力矩。与此同时，对成对滚珠轴承施加的预紧力不宜过大，以免导致平台各框架轴上的摩擦力矩增大。

图 7 - 1　721 型平台的结构图

在采取以上措施后,721 型平台各框架轴上实测的摩擦力矩均小于 0. 015 68 N·m(160 gf·cm)。静平衡在平台组装后进行,因而与平台各框架轴上的摩擦力矩有关。721 型平台各框架轴上实测的不平衡力矩均小于 0. 019 60 N·m(200 gf·cm)。(1 kgf = 9. 806 65 N)

应当指出,减小平台干扰力矩的重要前提条件是保证平台框架和底座上轴承孔和轴头安装孔之间的同心度和垂直度。如本书第 8 章所介绍,应当采用组合机床加工这些孔,并采用光学方法调整和检验机床主轴的几何位置。

对平台结构的自振频率进行了测试。

为了测试平台的自振频率,在平台的结构上选择一些测试点,采用电磁式激振器施加交变的激振力,使平台的结构产生强迫振荡。与此同时,采用位移传感器,测量平台结构上另一些测试点的变形幅值。在测试中,连续地改变激振频率,观察平台结构是否发生了谐振现象。

测试结果表明,721 型平台结构的自振频率大于 160 Hz。对比表 7 - 3 所列的技术条件,在工作环境中,721 型平台不会发生谐振现象。

进行环境试验的结果如下。

在 721 型平台的 ESG 中,采用了铝转子和方波支承电路,转子重 10 g,支承电路的通频带为 800～1 000 Hz。如表 7 - 3 所示,ESG 通过了离心过载试验,整个平台通过了振动和冲击试验,包括扫描振动试验。

表 7 - 3　721 型平台环境试验的测试结果

环境试验项目	离心过载试验	振动试验	冲击试验
测试结果	20 g	25～50 Hz,4 g 50～90 Hz,6 g	上升时间 30 ms 冲击加速度 15 g

7.3　721 型静电陀螺平台的稳定回路

在载体上,721 型平台的安装情况如图 7 - 2 所示,图中 $X_p Y_p Z_p$, $X_n Y_n Z_n$ 和 $X_w Y_w Z_w$ 分别为平台的台体、内环、以及外环坐标系;台体轴 Z_p 与载体的垂直轴(航向轴)Z_h 方向一致,外环轴 X_p 指向载体的纵轴方向,内环轴 Y_n 则指向载体的左翼方向。

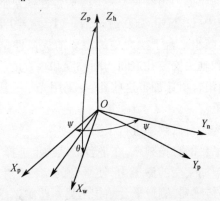

图 7 - 2　平台的台体、内环和外环坐标系

在平台的台体上,两只 ESG 的安装情况如图 7 - 3 所示,图中,垂直 ESG 的自转轴垂直于台体的安装面,其坐标系 $X_t Y_t Z_t$ 和台体坐标系 $X_p Y_p Z_p$ 互相重合。因此,垂直 ESG 光电信号器将输出绕 X_p 和 Y_p 轴的转角信号 U_{xp},U_{yp}。方位 ESG 在台体上的安装位置应保证其自转轴与垂直 ESG 的自转轴互相垂直。在图 7 - 3 中,方位 ESG 的坐标

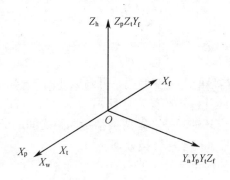

图7-3 在平台上,垂直和方位 ESG 的安装位置

系为 $X_f Y_f Z_f$。因此,方位 ESG 光电信号器将输出绕 Z_p 和 X_p 轴的转角信号 U_{zp}, U_{xp}。

对三轴稳定回路之间的交叉联系分析如下。

当载体具有偏航角 ψ 和俯仰角 θ 时,平台各轴之间将产生交联运动。载体绕外环、内环和航向轴的角速度可以通过坐标转换矩阵 C 变换到台体坐标系的各轴上

$$\begin{bmatrix} \omega_{xp} \\ \omega_{yp} \\ \omega_{zp} \end{bmatrix} = C \begin{bmatrix} \omega_w \\ \omega_n \\ \omega_b \end{bmatrix} \tag{7-1}$$

式中

$$C = \begin{bmatrix} \cos\theta\cos\psi & -\sin\psi & 0 \\ \cos\theta\sin\psi & \cos\psi & 0 \\ 0 & 0 & 1 \end{bmatrix}$$

$$\tag{7-2}$$

在平台的控制系统中,U_{xp}, U_{yp} 和 U_{zp} 信号用于控制平台外环、内环和台体轴上的力矩电机,U'_{xp} 信号则用来锁定方位 ESG 的高度角。从两只 ESG 的输出信号到平台各轴的控制信号 U_w, U_n 和 U_h 之间有以下关系

$$\begin{bmatrix} U_w \\ U_n \\ U_h \end{bmatrix} = C^{-1} \begin{bmatrix} U_{xp} \\ U_{yp} \\ U_{zp} \end{bmatrix} \tag{7-3}$$

式中　逆矩阵 C^{-1} 为

$$C^{-1} = \begin{bmatrix} \sec\theta\cos\psi & \sec\theta\sin\psi & 0 \\ -\sin\psi & \cos\psi & 0 \\ 0 & 0 & 1 \end{bmatrix} \qquad (7-4)$$

平台控制信号的上述变换关系可画成如图7-4所示的方框图,其中俯仰角 θ 将只引起外环稳定回路增益的变化,可以暂不考虑;方位角 ψ 则将引起内环轴和外环轴两条稳定回路之间的交叉耦合,必须对相应的控制信号进行坐标转换处理。

ESG输出的偏角信号本身就是依靠赤道光电信号作为参考电压进行检相的,经过检相和滤波之后,偏角信号被分为同相和正交方向的两个分量。在垂直ESG中,顶端光电信号器输出的偏角信号为正弦波电压,假设其幅值为 U_m,与赤道光电信号器输出的参考电压在相位上差角为 φ。经过检相和滤波之后,ESG的输出信号为

$$U_{xp} = U_m\cos\varphi, \quad U_{yp} = U_m\sin\varphi \qquad (7-5)$$

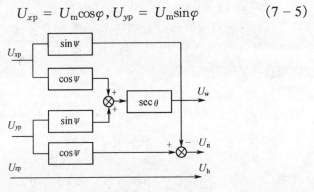

图7-4 三轴稳定回路之间的交叉联系

把式(7-5)代入式(7-3),暂不考虑俯仰角的影响,得到

$$U_w = U_{xp}\cos\psi + U_{yp}\sin\psi = U_m\cos(\varphi-\psi) \qquad (7-6)$$

$$U_n = -U_{xp}\sin\psi + U_{yp}\cos\psi = U_m\sin(\varphi-\psi) \qquad (7-7)$$

把式(7-6),(7-7)和垂直ESG检相滤波后的输出信号式(7-5)相比较,二者的区别只是相当于赤道光电参考电压信号的相位移动了 ψ 角。在平台控制系统中,ψ 角信号可以直接由方位ESG的光电信号器获得。因此,解除平台三轴稳定回路之间的交叉联系比较容易实现。

对稳定回路的频率特性分析如下。

平台稳定回路是一个角度位置的随动系统,其组成环节及传递函数如下:

(1) ESG 光电信号器及其检相和滤波电路,$\dfrac{K_\phi}{(T_{\phi 1}S+1)(T_{\phi 2}+1)}$,$K_\phi \geqslant 135$ V/rad,$T_{\phi 1}=0.024$ s,$T_{\phi 2}=0.004$ s;

(2) 校正放大器,$\dfrac{K_j(T_2S+1)(T_3S+1)}{(T_1S+1)(T_4S+1)}$,$K_j=50$ V/V,$T_1=10$ s,$T_2=0.33\sim 1$ s,$T_3=0.047\sim 0.11$ s,$T_4=0.001\,5$ s;

(3) 功率放大器,引入电枢电流负反馈信号获得微分校正作用,$\dfrac{K_g(\tau_g S+1)}{T_g S+1}$,$K_g=0.18$ A/V,$\tau_g=0.025$ s,$T_g=0.006\,7$ s;

(4) 力矩电机,$C_{m\phi}=5\,500$ gf·cm/A;

(5) 平台固有部分,从力矩到转角的传递函数是一个无阻尼的二阶积分环节。

根据以上各个环节的传递函数,得到平台稳定回路的开环频率特性为

$$K_0 W_0(j\omega)=\dfrac{-K_\phi K_j K_g C_{m\phi}(jT_2\omega+1)(jT_3\omega+1)(j\tau_g\omega+1)}{J\omega^2(jT_{\phi 1}\omega+1)(jT_{\phi 2}\omega+1)(jT_1\omega+1)(jT_4\omega+1)(jT_g\omega+1)}$$

$$(7-8)$$

外环稳定回路的开环和闭环频率特性分别为

$$K_0 W_0(j\omega)=\dfrac{-5\,340(j\omega+1)(j0.1\omega+1)}{\omega^2(j0.004\omega+1)(j10\omega+1)(j0.001\,5\omega+1)(j0.006\,7\omega+1)}$$

$$(7-9)$$

$$\Phi(j\omega)=\dfrac{K_0 W_0(j\omega)}{1+K_0 W_0(j\omega)} \qquad (7-10)$$

如图 7-5 所示,平台的台体、内环和外环稳定回路的振荡度都在 1.6~1.8 的范围内,通频带都在 15~25 Hz 的范围内。测试的结果与设计计算的结果是一致的。

关于稳定回路的动态刚度的计算如下。

在已知载体振动、摇摆和过载等动态干扰力矩的情况下,平台稳定回路的主要设计要求是保证平台具有较高的动态刚度。这里的刚度是指平台每单位误差角 $\Delta\alpha$ 所能承受的干扰力矩值 M。根据式(7-9)和

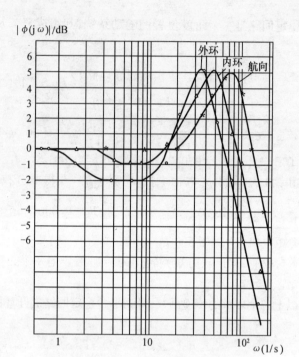

图 7-5　实测的平台稳定回路闭环幅频特性

式(7-10),平台稳定回路的刚度可计算如下

$$\frac{M(j\omega)}{\Delta\alpha(j\omega)} = \frac{-J\omega^2 K_0 W_0(j\omega)}{\Phi(j\omega)} \tag{7-11}$$

对比式(7-9)和式(7-11),可以看出,由于采用了凹形校正环节,在凹底的频段上,平台的动态刚度降低了约 T_1/T_2 倍。为此,必须适当地增大平台稳定回路的通频带,以提高在凹底频段上平台的动态刚度。在高频扰动情况下,平台的动态刚度以"40 dB/10 倍频"的斜率上升。应当指出,提高平台稳定精度的根本途径是减小平台所受到的干扰力矩。这取决于平台结构的加工和组装工艺水平。

以下为平台稳定误差的测试结果。

在施加常值力矩(静态刚度)、突加力矩、以及摇摆等三种情况下,平台稳定精度的测试结果如表 7-4 所示。

表 7-4 721 型平台稳定精度的测试结果

测试项目	静态力矩	突加力矩	摇摆试验
刚度与稳定误差	1 400~1 800 gf·cm/(′)	400~500 gf·cm/(′)	频率 0.5~1 Hz <1′

7.4 721 型静电陀螺航姿系统的飞行试验

在飞机上,721 型平台进行了多次飞行试验。为了和现有的"TPW-1"型"中央垂直仪"和"LZ-1"型"综合罗盘"进行精度对比,在飞行试验中,平台始终工作在方位水平仪的状态。

在试验中,飞机在 2 100~2 700 m 的高度上模拟载体的飞行轨迹,即爬高 600 m 后平飞 15~20 min。采用六笔记录仪测量 721 型平台、中央垂直仪和综合罗盘的输出信号,采样间隔为 10 s,样本长度约为30 min。在 13 个航次中,取得 30 min 有效测试数据的航次有 8 次。

数据处理方法如下。在记录的测量数据曲线上,每间隔 100 s 读取一个测点的数据,计算相邻两个测点的增量作为所测姿态角的增量。把平台和对比仪器各自测量得到的增量值相减,作为平台输出信号的误差值。在表 7-5 中,列出了 5 次飞行试验的最大正、负误差值。

由表 7-5 可以看出,721 型平台的航向角误差小于 1°,俯仰角和倾侧角误差均小于 40′。考虑到对比仪器的精度较低,LZ-1 为 ±2°,TPW-1 为 ±20′。可以得出以下结论:721 型平台作为方位水平仪工作正常,精度不低于对比仪器。

表 7-5 721 型平台姿态角误差的飞行测试结果   (′)

航次序号	1		2		3		4		5	
航向角	+58	-39	+27	-3.6	+31	-10	+39	-33	+36	-12
俯仰角	+39	-16	+22	-32	+30	-15	+15	-13	+4	-12
倾侧角	+30	-31	+29	-38	+20	-40	+39	-31	+22	-20

7.5 美国 SPN 型静电陀螺平台的结构

1978 年,美国 Honeywell 公司在 SPN 型 ESG 导航系统的基础上开发了惯性测量系统,其中的 ESG 硬件和漂移误差数学模型等和 AN/ASN-101 型军用系统相同,在本书的第 5 章和第 6 章中已作介绍。下面将介绍系统方面的特点。

首先介绍平台的结构。

在 SPN 型系统中,采用了四轴空间稳定平台的总体方案。在台体上,装有两只 ESG 及其支承电路。为了保证 ESG 可以更换,两只 ESG 在性能上是完全一样的。与此同时,在台体上还装有三只挠性加速度计,它们组装为一体,称为"速度测量装置"。

台体上的上述部件都采用模块化的结构,便于装拆。台体布置比较紧凑,成为一个直径为 208.2 mm 的球体,重约 9 kg。

除了台体之外,平台的内、中、外三个框架都设计为球形的结构,以便把三个框架套装在一起。这种结构具有以下特点:

(1) 减小了框架和整个平台的体积;

(2) 减小了框架上轴承孔(或轴头)之间的距离,提高了框架结构的刚度;

(3) 台体绕各个框架轴均能自由转动 360°。

为了便于组装和维修,平台中的框架、轴承座、力矩电机、旋转变压器和导电装置等都可以拆卸。同时,平台中的所有电路板都采用插件结构,不需要焊接。在平台的上、下盖中,都装有温度控制系统的电路、风扇和气流循环通道。平台的总质量为 27.2 kg。在表 7-6 中,列出了平台台体、内环和中环的主要结构参数。它们所受到的干扰来自轴承摩擦力矩和载体角速度引起的力矩电机反电势。

表 7-6   SPN 系统中台体、内环和中环的主要结构参数

平台结构	转动惯量/ $g \cdot cm \cdot s^2$	摩擦力矩/ $gf \cdot cm$	力矩电机反电势/ $(gf \cdot cm \cdot s)/rad$
1(台体)	360	<360	23.8
2(内环)	432	<360	23.8
3(中环)	648	<360	23.8

其次介绍 SPN 系统平台各轴的正交度。

按照 SPN 系统对姿态角测量精度的要求,平台各轴之间的正交度

误差应小于30″。这样的精度要求可以采取以下技术措施加以保证，不需要在导航计算中采取校准的方法：

（1）在设计框架零件中，把应力限制在较低的水平上；

（2）减小框架零件加工的公差；

（3）在组装工艺中，调整平台各轴之间的不正交误差。

在四环平台的结构中，安装台体轴的两个轴承孔相距 180 mm，安装内环轴的两个轴承孔相距 218 mm。它们都比较短，因而保证它们之间的正交度误差小于30″是最难的。为了保证表7-7中的第9项误差小于10″，采取了以下技术措施：

（1）内环等零件加工时的温度接近于平台温控密封罩中设定的温度；

（2）在设计平台各个框架部件时，最大应力被限制为小于 7 kgf/cm^2；

（3）平台各个框架和轴承座所用的材料应具有良好的稳定性；

（4）滚珠轴承经过较长时间的老化处理。

造成台体轴与内环轴正交度误差的原因是零件的加工和组装误差，包括台体轴头 1、台体轴承座 3、内环框架 4 和内环轴头 5 等零件。在表7-7中，列出了台体轴与内环轴正交度误差的来源。

表 7-7　SPN 系统中台体轴与内环轴正交度误差的分析

序号	误差来源	公差值
1	台体轴头 1 的偏心度	10 μm
2	台体轴头 1 与滚珠轴承 2 内孔之间的间隙	采用过盈配合加以消除
3	台体轴承 2 内孔与外圆之间的偏心度	5 μm
4	台体轴承 2 外圆与轴承座 3 内孔之间的间隙	采用过盈配合加以消除
5	台体轴承座 3 内孔与外圆之间的偏心度	左、右两边各 5 μm
6	台体轴承座 3 外圆与内环 4 上安装孔之间的间隙	左、右两边各 10 μm
7	内环 4 上台体轴承座 3 安装孔的偏心度	10 μm
8	台体轴承座 3 安装孔与内环轴头 5 之间的不垂直度	2.5 μm/50 mm
9	内环 4 结构材料的不稳定性	10″

表 7-7 所列的各项误差源可以分为以下三部分：

（1）第 1,3,5,6,7 项误差是互相独立的。采用概率求和的方法，得到它们的合成值为 22.14 μm(平方和的平方根值 RSS)。台体上两个轴头之间的距离为 180 mm,折合正交度误差为 25.2″;

（2）第 8 项误差为内环十字孔加工的几何位置误差,折合正交度误差为 10.3″;

（3）第 9 项误差为内环结构材料的不稳定性。

考虑到以上误差是互相独立的,可以计算它们的 RSS 值。这样,最后得到台体轴与内环轴之间的正交度误差为 29″,略小于技术条件规定的 30″。

7.6　SPN 型静电陀螺平台的稳定回路

为了使台体稳定在惯性空间,需要把一只 ESG 安装在地球的赤道平面中,另一只 ESG 安装在地球的极轴方向上。它们分别被称为"赤道 ESG"和"极轴 ESG"。赤道 ESG 的一个输出信号用于控制台体轴(指向地球极轴方向)上的力矩电机 M_1,另一个输出信号则用于锁定自身的多余轴(RAT)。

极轴 ESG 的两个输出信号分别用于控制平台内环(第二环)和中环(第三环)轴上的力矩电机 M2,M3。

采用四轴平台方案的目的是保证台体轴、内环轴和中环轴始终互相正交。这里,平台的外环(第四环)被称为"随动环"。它的力矩电机 M4 受到平台内环轴上角度传感器信号的控制,但需要经过计算机的解算。

下面对上述解算问题进行分析。只有当中环(第三环)轴的角度位置为 0°,或 180°时,外环作为随动环,才能完全跟随内环(第二环)轴的角运动,保持内环轴上角度传感器的信号接近于零。

当中环(第三环)轴的角度位置接近于 90°时,出现以下最坏的情况,由于 $\tan 90° = \infty$,外环轴需要产生无穷大的角加速度。这显然是不可能做到的。因此,不能过分要求外环轴紧跟内环轴的角运动,但需要根据载体的机动性,合理地选择平台控制电机的容量,使内环轴的最大失调角被控制在合理的范围之内。

例如,假设载体(飞机)运动的最大角速度约为 6.5°/s,需要选择外环轴上力矩电机的容量,使得外环轴的最大角加速度为 4 rad/s²。在这种情况下,外环轴转过 90°角度所需的时间为 0.89 s。在这段时间中,如果飞机以 6.5°/s 的角速度旋转,则内环轴的最大失调角将等于 5.8°。对于平台控制回路的稳定储备来说,这是可以允许的。

为了降低成本和便于维修,在平台的四根轴上选用了同样的力矩电机。在表 7-8 中,列出了保持台体处于惯性空间各轴所需要的最大角加速度,以及选用同样力矩电机后所能产生的最大角加速度。

表 7-8　四环空间稳定平台的角加速度 4 rad/s²

平台各轴的序号	最大角加速度	力矩电机所能产生的角加速度
1	0	8.6
2	0	7.0
3	0.406	4.7
4	4.0	4.0

平台的外环系统与 ESG 没有直接的联系,它受内环轴转角信号和计算机的控制,是一个随动系统。为了提高平台温度控制系统的质量,在外环控制系统中,增加了一个控制信号,使之产生周期性的摇摆,幅值为 20°,频率为 0.05 Hz。

以下介绍稳定回路的设计。

按照导航系统精度指标的要求,在载体运动干扰的情况下,安装在台体上的惯性器件应当被稳定在惯性空间,其精度应优于 2.5″。为此,支承台体的三根平台框架轴应当保持互相正交,它们的稳定回路应当具有较高的动态刚度。

如前所述,平台的台体轴和内环轴本身是正交的,但中环轴与台体轴则不一定正交。它受内环轴转角信号和计算机的控制,而内环轴并非始终被保持在 0°的位置上。由此可见,在设计上,台体和内环的稳定回路是相同的,而中环的稳定回路则是另一种类型。

在表 7-9 中,列出了台体、内环和中环稳定回路的传递函数,以及根据上述中环稳定回路的特点所设计的校正装置。为了获得较高的平台动态刚度,一方面需要合理设计稳定回路,另一方面需要尽量减小干扰力矩。如表 7 - 8 所示,在台体和内环的稳定回路设计中,不要求产生任何角加速度。在最坏情况下,中环要求产生的角加速度为 0.406 rad/s^2,需要力矩 324 gf·cm。所设计的力矩电机具有足够的力矩,可以产生这样的角加速度。在减小干扰力矩方面,由于采用了直接传动,力矩电机的反电势本身已经很小。为了进一步减小,采用了电流源来驱动力矩电机,使得力矩电机的阻尼系数降低了 20 倍,仅为 1.152 gf·cm·s/rad。在载体最大角速度为 0.70 rad/s 的情况下,力矩电机的最大阻尼力矩仅为 0.79 gf·cm。

表 7 - 9　台体、内环和中环稳定回路的传递函数

稳定回路的序号	1(台体),2(内环)	3(中环)
静电陀螺/(V$_{RMS}$/(″))	0.2	0.2
检相与滤波器/(V$_{DC}$/V$_{RMS}$)	$\dfrac{0.9}{1+\dfrac{2\times0.5}{2\,000}s+\dfrac{1}{(2\,000)^2}s^2}$	$\dfrac{0.9}{1+\dfrac{2\times0.5}{2\,000}s+\dfrac{1}{(2\,000)^2}s^2}$
校正装置	$\dfrac{23(1+s/8)(1+s/60)}{(1+s)(1+s/480)}$	$\dfrac{23(1+s/90)}{(1+s/720)}$
功率放大器/(A/V)	0.14	0.14
力矩电机/(gf·cm/A)	$\dfrac{1\,584}{1+s/1\,400}$	$\dfrac{1\,584}{1+s/1\,400}$

在稳定回路的设计方面,台体和内环稳定回路的相角稳定储备为 35°,中环稳定回路的相角稳定储备大于 20°。由于载体摇摆等角运动的频率较低,台体、内环和中环稳定回路的通频带都远高于干扰力矩的频率,它们的动态刚度都已达到 2 880 N·m/rad(144 gf·cm/(″))。

如表 7 - 6 所示,平台各轴摩擦力矩的最大值为 360 gf·cm。它们是平台所受到的主要干扰力矩。在载体作摇摆运动时,摩擦力矩按照摇摆周期改变方向,台体的误差角是一条方波曲线,其幅值小于 2.5 ″。

7.7　SPN 型静电陀螺导航系统

SPN 导航系统由以下部件组成:

(1) 惯性测量装置(Inertial Measurement Unit,IMU);

(2) 惯性电子线路(Inertial Electronics Unit,IEU);

(3) 系统接口装置(System Interface Unit,SIU);

(4) 数字计算机(Digital Computer Unit,DCU);

(5) 控制和显示器(Control and Display Unit,CDU);

(6) 电源转换装置(Power Conversion Unit,PCU)。

下面介绍它们的特点。

先介绍惯性测量装置(IMU)。

SPN 导航系统的 IMU 是一个四环平台。在平台的台体上,安装了两台空心转子的 ESG 和由三台 GG-177 型挠性加速度计所组成的"速度测量装置"(Velocity Measurement Unit,VMU)。

Honeywell 公司空心转子 ESG 的结构特点和主要参数如表 7-10 所示。

表 7-10　SPN 系统中 ESG 的结构与参数

部件名称	结构特点	主要参数
转子	空心铍球,加工成为"长球",极轴直径比赤道直径大 500×10^{-6},在额定转速下接近于圆球	直径 38 mm; 重 10 g; 转速 640~720 Hz
上、下支承电极组件	氧化铝陶瓷材料,正六面体分布,六块电极中有四块被分割成为两半	与转子的间隙为 50 μm,组装后,球腔的非球度误差小于 1 μm
极轴和赤道信号器	转子上有两条子午线刻线,每转一圈,赤道信号器输出四个脉冲信号	
多余轴加矩线圈	直接安装在上电极组件上	
热阴极小钛泵	安装在下电极组件的下部。栅极电压 + 180 V,阳极(吸气剂)电压 + 800 V	动态真空度 3×10^{-8} Torr(1 Torr = 133.322 Pa)
测温元件与加热器	直接安装在下电极组件上,功率 15 W,陀螺启动时功率 75 W	恒温设置温度 82 ± 1 ℃; 温控精度 ± 0.05 ℃
磁屏蔽罩	ESG 的机械结构部分全部被封装在内	

Honeywell 公司空心转子 ESG 静电支承电路的主要参数如下:

(1) 支承电极分为六块；

(2) 测量转子位移电容电桥的三相高频电源 2 MHz, 6 Vac；

(3) 产生支承力的三相控制电压源 20 kHz, 正弦波。

GG-177 型挠性加速度计的检测质量是一个 A 字形的摆片，采用两根挠性的小轴支架在加速度计的底座上。在 A 字形的摆片上，装有动圈式的信号器和推挽式的永磁力矩器。摆片的角位移经过检相和滤波器变换为直流信号电压，采用脉冲调宽(PWM)方波电路产生平衡力矩，使摆片始终被控制在零点的位置上。在产生平衡力矩时，正、负方波电压的宽度不相等，它们的比值最大可以达到 1:7。加力脉冲的宽度采用填充脉冲来测量。在可逆计数器中，正、负脉冲数之和为加速度计的输出信号，它是在采样时间内载体速度增量的数字信号。

表 7−11 为 GG-177 型挠性加速度计的主要参数

表 7−11　GG-177 型挠性加速度计的性能指标

项目名称	性能指标
量程	$10\ g$
方波电压载波频率	2 048 Hz
填充脉冲的频率	8.192 kHz, 或 262.144 kHz
分辨率(填充脉冲的当量	0.01 $(m \cdot s^{-1})$/pulse, 或 0.000 4 $(m \cdot s^{-1})$/pulse

其次介绍惯性电子线路和系统接口装置。

惯性电子线路(IEU)是 IMU 的辅助设备，它的组成部分和功能如下：

(1) 电源变换器，把载体上的电源转换为 IMU 所需要的各种二次电源；

(2) IMU 的控制器，控制静电陀螺起支、加转、加温、章动阻尼到平台稳定回路闭环等自动启动的全过程；

(3) 接口装置，采用 MIL-STD-1553 数字总线把载体速度增量 ΔV 和 ESG 多余轴加矩 RAT 等信号送入导航计算的数字计算机；

(4) 故障自动检查装置(Built-in Test Equipment, BITE)；

(5) 自动保护装置，在外部电源中断时间大于 9 s 后，采用备用电源在 5 min 内使平台停止工作。

再介绍数字计算机和软件。

1970 年,SPN 系统通过了飞行试验。系统中的专用计算机改为 Honeywell 公司的 601 型、516 型或 ROLM-1602 型等通用计算机。

SPN 系统的软件由机器语言改为 FORTRAN 语言,分为以下三部分:

(1) 导航计算软件,在系统工作状态下应用;

(2) 校准和检错软件,在工厂或实验室中应用,其中有一部分和导航软件相同;

(3) 离线软件,用于实时记录数据和文件编辑等。

导航计算软件包括:"初始检查"、"初始对准"和"导航"等三种工作状态下的执行程序。在"初始检查"工作状态下,采用 BITE 程序自行检查故障,装定载体所在地的经度、纬度、方位角和重力值,此外,还锁定平台各轴,启动 ESG,并检查加速度计的输出信号。

在"初始对准"工作状态下,系统转入水平和罗经法方位对准过程。在结束之后,系统中的控制与显示器(CDU)上应显示"准备(READY)"字样。这时,系统可转入"导航"工作状态。

在 IMU 与计算机之间,输入和输出总线的数据传输等实时处理程序采用 32 Hz 的频率运行。由于载体的位置和姿态角的变化较慢,它们的计算程序采用 8 Hz 的频率运行。

对于加速度计和平台测角元件的校准作如下介绍。

"校准"和"检错"软件具有重要作用。它们将提高系统的精度和可维护性。"检错"软件可以查出 95 % 的故障点,并能自动地隔离其中的 90 % 。"校准"软件包括以下三个部分:

(1) 加速度计与平台测角元件的校准程序(ARC);

(2) ESG 的校准程序(GYROC);

(3) ESG 多余轴加矩的校准程序(RATCAL)。

ARC 校准程序是一个全自动的控制过程,惟一需要的测试设备是一个安装平台的水平基准面。在 ARC 程序指令的控制下,平台各轴由各自的测角元件组成为闭环系统,控制台体翻转,并停留在 21 个选定的测量位置上。这样,三个加速度计的测量轴将依次处于向上和向下的垂直位置,敏感重力的分量 $g\cos\theta$,其中 θ 为加速度计测量轴偏离重

力 g 的角度。执行 ARC 程序所校准的参数如表 7-12 所示。为了把 θ 角的误差减小到 $0.5°$ 以下,在初始时,需要进行"粗校准",然后进行"精校准"。

表 7-12 加速度计与平台测角元件的校准参数

序号	校准的参数	符号与单位
1	外环 4 的高度角误差	β_{4E} rad
2	外环 4 测角元件的零偏	θ_{40} rad
3	中环 3 测角元件的零偏	θ_{30} rad
4	内环 2 测角元件的零偏	θ_{20} rad
5	台体 4 测角元件的零偏(暂不测)	θ_{10} rad
6	速度测量模块(由三个加速度计组成)在台体上的安装误差角	$\beta_{1X}, \beta_{1Y}, \beta_{1Z}$, rad
7	加速度计之间的正交误差	$\beta_X, \beta_Y, \beta_Z$ rad
8	加速度计的标度因数	$SF_X, SF_Y, SF_Z(\mathrm{m\cdot s^{-1}})/\mathrm{pulse}$
9	加速度计的零偏	NT_X, NT_Y, NT_Z pulse/s

应当指出,在执行 ARC 程序的过程中,采用了逐次逼近的计算方法:

(1) 根据 ΔV 和 θ 的测试数据,计算 θ 和 β 的近似值;

(2) 利用 θ 和 β 的近似值,修正加速度计标度因数(SF)和加速度计零偏(NT)的计算值;

(3) 利用修正后的 SF 和 NT 计算值,对 θ 和 β 进行第二轮计算。这种修正计算的过程将重复多次,直到所有 17 个参数的计算值全部收敛为止。

在"粗校准"过程中,台体被控制停留在 21 个选定的测量位置上,每个位置停留 20 s,记录下 ΔV 和 θ 的数据,按以下步骤进行计算:

(1) 利用前 6 个位置的数据,计算加速度计 SF 和 NT 的近似值;

(2) 利用前 9 个测量位置上的数据,计算 $\theta_{10}, \theta_{20}, \theta_{30}, \theta_{40}$ 和 β_{1X}, β_{1Y} 的近似值;

(3) 利用全部 21 个测量位置上的数据,计算 $\beta_X, \beta_Y, \beta_Z$ 的近似值。

这样的"粗校准"过程需要进行两次,需时约 15 min。

在"精校准"过程中,台体也在上述 21 个位置上停留,但时间较长:

(1) 在前 6 个位置上,各停留 10 min;

(2) 在中间的 3 个位置上,各停留 20 s;

(3) 在最后的 12 个位置上,各停留 5 min。

以上总计约 2 h。这样,整个 ARC 程序的执行时间约需 2.3 h。

以下介绍静电陀螺的校准。

在 ESG 校准过程中,SPN 系统处于"导航"工作状态。为了校准 14 项 ESG 漂移误差系数和 3 项安装误差,按照在固定基础上的导航方程加上 Kalman 滤波器编写了 ESG 的校准程序(GYROC),其中 17 项 ESG 的误差系数 $X_1, X_2, X_3, \Lambda, X_{17}$ 均为 SPN 系统的状态变量。

SPN 系统的观测方程为输出的经度和纬度信号。由于所用的 ESG 性能很稳定,测试结果表明,SPN 系统的噪声 $Q = 0$。同时,由于 SPN 系统被安装在静止基础上,观测量没有变化,所以 Kalman 滤波器中,观测噪声 $R = 0$。采用 Kalman 滤波器可以算出 ESG 各项误差系数的最优估计值。

采用以上方法,ESG 的校准时间最少需要 24 h,通常建议采用 30 h。

最后介绍陀螺多余轴加矩误差系数的校准。

对多余轴加矩锁定时,在 ESG 的工作轴上将产生耦合的漂移误差。为了测定和补偿这项 ESG 的误差系数,在 SPN 系统全部校准过程完成之后,需要安排这项 RATCAL 校准。在校准过程中,IMU 应当安装在专用的工作台上,按照当地的纬度角倾斜,使 ESG 的自转轴基本上与地球的自转轴平行,多余轴所加力矩为零(RAT = 0)。为了满足 SPN 系统各种工作状态的要求,需要测定在 RAT = + max 和 RAT = − max 两种情况下,ESG 工作轴受到耦合所产生的漂移速度。

当施加 RAT = + max 力矩时,ESG 将产生漂移角速度 $+\beta$。当施加 RAT = − max 力矩时,ESG 将产生漂移角速度 $-\beta$。与此同时,ESG 自转轴还有漂移速度 $\dot\alpha$。因此,ESG 自转轴将偏离地球自转轴,其偏离角 $\delta = \sqrt{\alpha^2 + \beta^2}$ 将使地球自转角速度被耦合到测试数据中来。在 RATCAL 校准程序中,需要考虑到这些因素的影响。

7.8 美国 Stanford 大学的 GP-B 型静电陀螺仪

首先介绍对 GP-B 的精度要求。

根据广义相对论,1960 年 L. I. Schiff 推导了在卫星轨道上陀螺理论上应当产生的两项进动速率。如式(7-12)所示

$$\underline{\Omega} = \frac{3}{2} \frac{GM}{c^2 R^3} (\underline{R} \times \underline{V}) + \frac{GI}{c^2 R^3} \left[\frac{3\underline{R}}{R^2} (\underline{\omega} \cdot \underline{R}) - \underline{\omega} \right] \quad (7-12)$$

式中 第一项为地球质量对时间与空间场造成的扭曲效应,被称为"电型引力"的"大地效应"(Geodetic effect)。它所造成的陀螺进动速率被称为"大地进动速率"(Geodetic precession rate)Ω_G,其中 R, V 分别为陀螺相对旋转物体(地球)质心的瞬时位置和速度,M, I, ω 分别为旋转物体(地球)的质量、转动惯量和自转角速度;第二项为地球旋转对时间与空间场造成的扭曲效应,被称为"磁型引力"(Gravitomagnetic)的"拖拽效应"(Frame dragging)。它所造成的陀螺进动速率被称为"拖拽进动速率"(Motional precession rate)Ω_M。

在高度为 650 km 的地球卫星轨道上, 如图 7-6 所示,上述两项陀螺仪进动速率 Ω_G 和 Ω_M 是互相垂直的。它们的时间平均值分别为

(1) $\Omega_G = 6.6$ (″)/year;

(2) $\Omega_M = 0.042$ (″)/year。

按照 GP-B 项目的要求,允许的 Ω_G 和 Ω_M 相对测量误差应分别小于:

(1) Ω_G——2×10^{-4};

(2) Ω_M——2 % (约为 1×10^{-3}(″)/year)。

在 GP-B 项目中,选择星体"RIGEL"作为测量上述陀螺仪进动速率的基准。为了保证上述精度,需要引入"RIGEL"的实际运动参数,作为补偿实测数据中有关误差的修正量。

如果允许所用 ESG 的漂移误差为上述陀螺仪进动速率的 1/3,则所用 ESG 的漂移误差必须小于 0.3×10^{-3}(″)/year = 10^{-11} (°)/h。

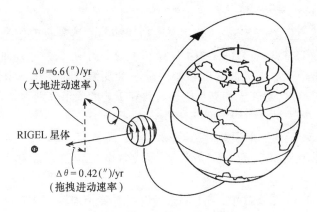

$\Delta\theta = 6.6(")/yr$
（大地进动速率）

RIGEL 星体

$\Delta\theta = 0.42(")/yr$
（拖拽进动速率）

图 7-6　相对论效应产生的陀螺仪进动速度

　　上述要求比目前导航级陀螺仪的精度高 9 个数量级。因此,研制 GP-B 项目所用的 ESG 显然是一项十分艰巨的工程课题。

　　与此同时,根据 1986 年的天文观测数据,RIGEL 星体实际运动的不确定性为 $1.7\times10^{-3}(")$/year,这超过了 GP-B 项目允许的误差。为此,对 RIGEL 星体运动的观测精度必须进一步提高。在发射 GP-B 项目的卫星时,希望这项观测误差小于 $0.3\times10^{-3}(")$/year。

　　以下是转子和支承电极的结构情况(图 7-7)。

　　根据 Stanford 大学的计算,GP-B 卫星本身需要采用"无阻力" (Drag free)控制系统,保证 ESG 处在小于 $10^{-8}\,g$ 的失重环境中工作,才有可能达到上述所要求的精度。

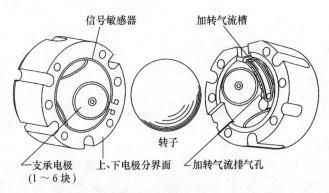

信号敏感器　　　　加转气流槽

转子

支承电极　　上、下电极分界面　加转气流排气孔
(1～6 块)

图 7-7　GP-B 型 ESG 的转子和支承电极结构图

Stanford 大学设计的 GP-B 型 ESG 结构如图 7－7 所示。转子为实心圆球,直径为 38 mm。采用密度高度均匀的熔凝石英作为转子和支承电极的材料,一方面是为了保证转子的平衡精度,另一方面是为了保证转子与支承电极之间的微小间隙不会随温度而变化。根据 ESG 所要求的精度,对转子和支承电极材料和工艺的要求分别为:

(1) 转子材料的均匀度(密度)$\Delta \rho / \rho \leqslant 3 \times 10^{-7}$;

(2) 转子的非形误差$\leqslant 20$ nm。

支承电极球腔的非球形误差(左、右电极组件的组装误差)$\leqslant$ 0.25 μm。

在 GP-B 型 ESG 中,采用了氦气气流对转子加转。在右电极组件上,加工了加转的进气槽(Spin-up channel)和排气孔(Leakage gas exhaust holes)。

在 GP-B 型 ESG 中,采用了超导的电磁感应式信号器。信号器的敏感环(Pick-up loop)喷镀在左电极组件的底面上。

为了保证电极球腔的非球形误差很小,左、右电极组件的组装结构是一项关键技术,如图 7－8 所示。

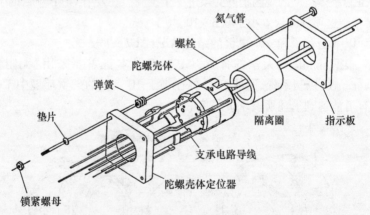

图 7－8　GP-B 型 ESG 左、右电极组件的组装结构图

以下介绍静电支承系统。

支承电极的结构为正六面体分布的 6 块电极,左、右电极组件上各有 3 块电极。如上所述,在设计中,支承电极和转子采用了同样的材

料。因此,在 GP-B 型 ESG 陀螺的设计中,转子与支承电极之间的间隙为 25 μm。

为了测量转子的位移,采用了精密的电容电桥,电桥的正弦波电源为三相,1 MHz,3 V。在同样的 6 块电极上,分别施加对转子的支承控制电压,它们也是三相正弦波电压,但频率为 20 kHz。GP-B 型 ESG 支承系统的通频带为 4 000 rad/s。

在地面 1 g 环境下测试时,需要施加的最大支承电压约为 1 kV rms。在轨道上运行时,GP-B 型 ESG 在失重的环境中工作,需要施加的支承电压远小于 1 V rms,电场不会发生击穿现象。

转子加转采用如下方法。

GP-B 型 ESG 的加转是采用氦气气流来实现的。考虑到多种因素,转子的最优转速被选定为 约 170 Hz。图 7 - 9 为 GP-B 型 ESG 的剖面图,在图中显示了转子、支承电极、氦气进气槽以及排气孔等结构的相互位置。

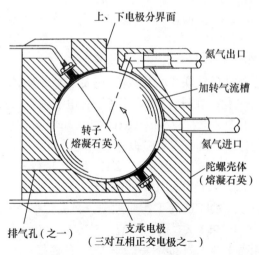

图 7 - 9 GP-B 型 ESG 的剖面图

在转子加转过程中,为了防止氦气进入高电场场强的区域,需要暂时调节静电支承电路的零点位置,使转子偏离电极球腔的中心位置,紧靠在加转进气槽的一边,如图 7 - 10 所示。这时,必须防止发生电场击穿。

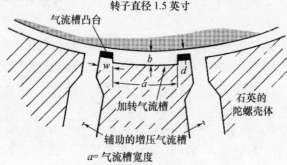

转子直径 1.5 英寸

气流槽凸台

石英的
陀螺壳体

加转气流槽

辅助的增压气流槽

a= 气流槽宽度
w= 气流槽凸台宽度
b= 气流槽深度
d= 气流槽凸台与转子之间的间隙

图 7-10 转子与进气槽的结构

在转子加转到额定转速之后,立即关闭氦气阀,同时启动冷阱抽真空,使得残余氦气的分压小于 10^{-10} Torr(1 Torr = 133.322 Pa)。在工作状态下,静电支承电路应调回到零点位置,使转子回到电极球腔的中心位置上。

以下介绍陀螺信号器,其工作原理见图 7-11。

GP-B 型 ESG 是捷联式的陀螺仪,在大角度范围中,要求测量转子姿态角的微小变化。在设计中,采用了一种电磁感应式的信号器,被称为"超导的量子干涉器件"(Super conducting quantum interference device,SQUID)。在转子的表面,需要喷镀一层均匀的超导材料薄膜。选用的超导材料为铌,其超导临界温度为 9.2 K。因此,ESG 的工作温度需要选择为 2 K。转子表面铌膜厚度的不均匀度应小于或等于 7.5 nm。

图 7-11 为 SQUID 的工作原理图。在旋转中,转子表面的超导层将产生一个 London 磁场力矩 M_L,其方向和转子的自转轴平行。M_L 的效应相当于转子内部有一个均匀分布的磁场

$$B_L = 1.14 \times 10^{-7} \omega_s \quad G_s(高斯)(1G_s \triangleq 10^{-4} \text{ T})$$

式中 ω_s 为转子的自转速度。

为了通过 M_L 的方向来测量转子的姿态角,在左电极组件的底面上喷镀了一层超导薄膜的敏感环 L_R,参看图 7-7。为了提高 SQUID

的灵敏度,如图 7-12 所示,敏感环 L_R 的结构是多圈的。当转子的姿态角发生变化时,链接到 L_R 中的磁通量将发生变化,导致磁强计线圈 L_s 中的电流发生变化。磁强计将把这一电流信号转换为电压信号,并输送到 SQUID 的测量电路中去。

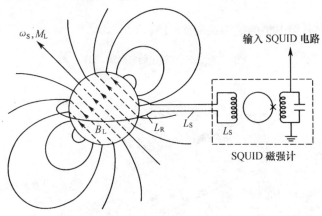

图 7-11 超导量子干涉器件 SQUID 的工作原理图

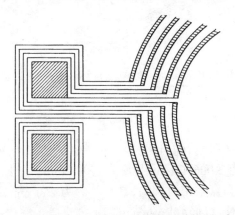

图 7-12 SQUID 中的多圈敏感环

最后介绍陀螺的初始对准。

由于对 GP-B 型 ESG 陀螺无法施加力矩,在转子加转之前,必须把左、右电极组件的分界面调整到大致平行于"RIGEL"星体瞄准线的方向上。这样,在采用氦气气流加转之后,转子的自转轴将接近于指向"RIGEL"星体的方向。

7.9　GP-B 型卫星的结构与控制

GP-B 型卫星的结构见图 7-13。

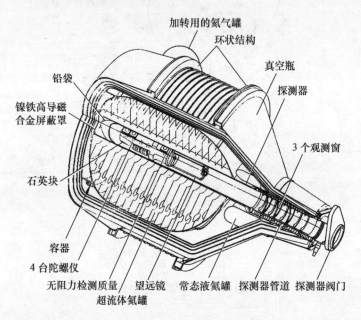

图 7-13　GP-B 卫星的结构图

如图 7-13 所示,GP-B 卫星的结构是一个装有液体氦的 Dewar 瓶,它的直径为 2 006.6 mm,长度为 3 048 mm。在 Dewar 瓶中,装入一个可拆卸的高真空密封圆筒,其直径约为 250 mm。在这个密封圆筒中,采用"光交"(Optical contacting)的方法把 4 台 ESG"固结"(bonding)在同一个石英块(Quartz Block)上,构成如图 7-14 所示的"石英块组件"(Quartz Block Assembly,QBA)。Dewar 瓶用于保证整个石英块组件工作在 2 K 的恒温环境中。

整个GP-B卫星的飞行试验计划需要约两年的时间,包括以下三

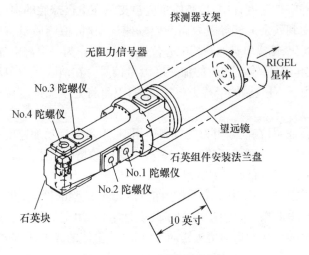

图 7-14　GP-B 中的石英块组件

项试验：

(1) 对石英块组件的检验和 ESG 的初始校准　40～60 天；

(2) 采集 GP-B 科学试验的数据　13～18 个月；

(3) 调整 GP-B 科学试验的内容　2 个月。

为此,卫星上 Dewar 瓶所装氦气的容量必须满足长时间温度控制和阻力补偿的需要。

消除阻力的卫星控制系统如下文所述。

在轨道高度为 650 km 的情况下,GP-B 卫星可能受到的扰动加速度的量级为 10^{-8} g,这将影响 GP-B 试验的精度。为此,需要建立"消除阻力的卫星控制系统"(Drag-free satellite control system),把对卫星的扰动加速度减小到 10^{-10} g 以下。

"消除阻力"的信号器(Drag-free sensor)是一台三轴的静电加速度计(图 7-14)。它的输出信号用于控制相应的喷管,喷管喷出的氦气流将产生推力,用于抵消卫星所受到的阻力。在卫星上,三轴静电加速度计的"检测质量"(Drag-free proof mass)应当安装在卫星的质心附近(图7-13)。由于与外界完全隔离,并具有很好的磁屏蔽,检测质量不会受到任何外部的干扰。因此,当卫星沿着"自由落体"的理想轨道绕地球运动时,静电加速度计的输出信号为零。

在静电加速度计中,检测质量应被支承在电极球腔的中心位置上。当卫星受到残余大气等阻力而产生减速运动时,检测质量将敏感卫星的速度变化,偏离电极球腔的中心位置。这时,作为一个静电加速度计,它的支承电路将输出相应的加速度测量信号。在消除阻力卫星控制系统的作用下,对卫星的干扰力将被抵消,卫星将处于加速度接近于零的运动状态。

实验证明,在消除阻力的控制作用下,卫星的运动加速度可以减小到 $5 \times 10^{-12} \ g$。例如,在"TRIAD"等卫星中的情况就是如此。

关于卫星的自旋运动说明如下。

为了消除 ESG 中剩余干扰力矩对 GP-B 试验的影响,并减小 ESG 输出信号中的噪声,在 GP-B 卫星的设计中,采用了卫星自旋的技术方案。卫星的自转轴指向望远镜对"RIGEL"星体的瞄准线方向,自转速度为 0.1 r/min。

卫星的自转使得被测的"相对论效应"进动角速度被调制为正弦波信号,其幅值为 $\sqrt{\Omega_G^2 + \Omega_M^2}$。

7.10 俄国的实心转子静电陀螺仪

1985 年苏联时期,在 B. Landau 的主持下,俄国有关研究所开始研制实心转子的 ESG,研究目标为:

(1) 建立航天飞行器的"捷联式惯性定向系统"(Strapdown Inertial Orientation System,SIOS);

(2) 建立舰船导航的"捷联式惯性导航系统"(SINS)。

此前,该所生产的船用 ESG 监控器(ESGM)已经达到较高的水平。在这种平台式监控器系统中,采用了两台空心转子 ESG 和两台液浮加速度计,分别提供高度角、航向角和自动补偿角等五个角度信号,以及在正交方向的两个载体水平速度信号。这些信号送入导航计算机,得到载体的水平位置和航向角信号,作为监控信号用于修正船上的液浮陀螺平台式 INS。

应当指出,俄国选择 SIOS 作为实心转子 ESG 应用的第一个目标无疑是经过深思熟虑的。首先,实心转子 ESG 的关键技术之一是"大角度的 ESG 信号器"。第二,在航天飞行器中,ESG 的高精度和低功耗等优点可以得到发挥,应用前景较好。第三,有了成熟的捷联式 ESG 航姿系统作为基础,可以加快开发 ESG 的 SINS。

以下介绍 ESG 的实心转子及其信号器。

为了把阻尼转子章动所需的时间缩短为小于 30 min,转子绕极轴与绕赤道轴的两个转动惯量之比必须大于 1.03。为此,实心转子的结构可以有以下两种:

(1) 在铍转子的极轴位置上,嵌入材料密度较大的芯棒;

(2) 在铍转子的赤道面上,嵌入材料密度较大的环。

在实心转子 ESG 的平台式 INS 中,美国 Autoneutics 公司和法国 SAGEM 公司都采用了第一种结构,原因是为了建立"转子质量不平衡调制"(Mass unbalance modulation,MUM)的 ESG 小角度信号器,需要转子具有较大的质量不平衡量。

俄国早期也曾采用过第一种结构,所用的芯棒材料为"铌"。根据实践的经验,俄国专家认为,这种结构转子的平衡精度较低,只适合用于平台式 ESG。在捷联式的 ESG 中,采用这种结构的转子将严重影响ESG 的精度。

如上所述,俄国专家的研究目标为捷联式 ESG。为此,他们采用了第二种实心转子的结构方案,并采用光电式的 ESG 大角度信号器。

如图 7-15 所示,转子赤道环的材料为"铜"(或"铅"),工作转速为 2.5~3 kHz,对转子要求进行精密平衡。在实心转子的表面,制作了特殊的"黑-白"线条图形。这里,"黑"是指吸收光波,"白"是指反射光波。在转子大圆面的两边,分别安装了两个光电信号器。采用成对光电信号器进行差分测量,可以消除转子平移对转子姿态角测量的影响。同样的光电信号器需要有两对,分别安装在转子正交的两个大圆面内。据俄国专家介绍,在所设计的捷联式 ESG 中,采用了光纤结构的光电信号器和数字电路。捷联式 ESG 可以直接提供数字式输出信号。

支承电极结构和支承电路可见图 7-16。

在俄国的设计中,实心转子 ESG 的过载能力为 15~20 g,转子和支承电极之间允许的场强为 300 kV/cm。根据这些参数,选定的转子直径为 10 mm。俄国专家认为,如果要求 ESG 的过载能力大于 20 g,

图 7-15 转子表面的特殊"黑-白"线条图形

图 7-16 俄国实心转子 ESG 支承电极的结构

可以选择直径更小的转子,在研制中不会产生新的技术问题。因此,在大过载的载体上,可以采用微型的捷联式 ESG。

如图 7-16 所示,在实心转子 ESG 中,俄国专家仍然采用正六面体的支承电极结构和三相交流的静电支承线路,理由是:结构简单、转子上电荷积累的概率较小。由于实心转子的直径较小,它和支承电极的工作间隙应小于 30 μm,支承电极位置的安装误差应小于 3 μm。因此,为了减小电极球腔的非球度误差,支承电极的工艺是一项关键技术。为了保证支承系统具有较强的抗干扰能力,俄国专家把静电支承系统的通频带选定为转子自转速率的 $0.25 \sim 0.35$。

应当指出,上述结构和支承线路不同于美国 Autoneutics 公司的实心转子 ESG。后者用于平台式 ESGM,采用了八块支承电极的结构和四相交流的支承线路。

此外还需指出,在小间隙和低电压的情况下,采用直流支承线路具有优点:功耗较小、电路比较简单、可以不采用高压变压器等。因此,在技术方向上,直流支承线路值得重视,需要解决的问题是如何防止电荷在转子上积累。

关于捷联式静电陀螺信号器误差的校准问题叙述如下。

在捷联式的 ESG 中,信号器的误差占有主要的位置。为此,俄国专家进行了大量的研究工作。他们认为,除了提高转子表面图像和光纤式 ESG 信号器的性能之外,必须通过测试,建立 ESG 信号器规律性误差的数学模型(曲线),在使用中加以补偿。

如图7-17所示,为了测定 ESG 信号器的误差模型,ESG 应当安装在一个带转台的分度头上。转台的转轴应与地垂线的方向一致,转台的转角为方位角 A,分度头的转轴在水平面内,它的转角为偏离水平面的高度角 α_y。为了使地球自转速度对测试的影响为最小,在测试开始时,ESG 的动量矩应当对准地球的自转轴方向。

在测试中,ESG 处于自由陀螺的工作状态,转动分度头,记录分度头的转角 α_y 和 ESG 信号器的输出信号 α'_y。如图7-17 的下图所示,α_y 的转动范围为 $\pm 45°$,每次转 $20'$(或 $2°$,取决于校准所要求的精度),$\alpha'_y - \alpha_y = \Delta\alpha$ 为实测的 ESG 信号器误差。

同样的测试需要重复 $3 \sim 5$ 次。编制了专用的数据处理软件,算出分段角度信号求和后的样本曲线,并算出 $\Delta\alpha$ 与 α_y 的关系曲线(图7-17)。根据多次测试的数据,计算 $\Delta\alpha$ 误差的平均值 $\overline{\Delta\alpha}$ 及其随机分量 $\Delta\alpha_r$(图7-17)。

在理论上,$\overline{\Delta\alpha}$ 和 α_y 构成了 ESG 信号器的误差模型。在实际上,ESG 信号测量误差 $\Delta\alpha$ 和 ESG 的漂移角度是分不开的,二者同时都被测量为 $\Delta\alpha$。众所周知,ESG 的漂移速度与转子转速 f_p、动量矩 J_H、温度 $t(℃)$ 以及支承电压 $\Delta u_i(i=1,2,3)$ 等主要参数有关。因此,为了建立工程上实用的 ESG 误差模型,需要同时采集 α'_y,α_y 和 f_p 的数据,并

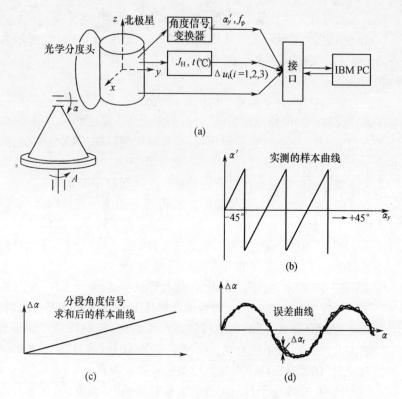

图 7 - 17　捷联式 ESG 信号器的校准

把 $J_H, t(℃), \Delta u_i(i=1,2,3)$ 等参数也存入 ESG 专用的计算机芯片中 (图 7 - 17)。由此可见,捷联式 ESG 的误差模型包括了信号器误差和 ESG 本身漂移误差两个部分,二者不能分开。在 ESG 工作中,应当对它们进行实时补偿。

图 7 - 18 为俄国研制的捷联式实心转子 ESG 外形图。下文介绍捷联式惯性定向系统。

为了利用冗余技术提高测量精度,俄国专家采用三台 ESG 组成 "陀螺测量模块"(Gyro-measuring module, GMM),建立了航天飞行器用的"捷联式惯性定向系统"(SIOS)。在 SIOS 系统中,ESG 信号通过 "相位－数字转换器"(Phase-to-digital converter, PDC)变换为数字信号。

图 7 - 18　俄国捷联式实心转子 ESG 的外形图

在 SIOS 系统中,采用上述 ESG 所附带的专用计算机芯片,可以同时实时补偿 ESG 信号器和 ESG 漂移两方面的误差。理论计算和物理仿真研究的结果如下:

(1) 单个 ESG 的角度测量误差约为 10″;

(2) GMM 本身的定向误差为 12~20″/10~24 h;

(3) 采用"星体监测仪"(Stellar-monitoring instrument, SMI)对 ESG 的漂移误差进行修正后,GMM 的定向误差为 3″~4″。

星体监测技术可以弥补上述 ESG 误差模型不稳定的缺陷。如果 ESG 的误差模型稳定,则应延长监测的时间间隔,星体监测技术在航天飞行器的定向系统中仍应采用。

俄国的实心转子 ESG 完全满足航天飞行器的过载要求。如果同时采用"对 ESG 误差实时补偿"和"星体周期性监测"两项技术措施,捷联式实心转子 ESG 具有较高的精度,可以用于 SIOS 系统。俄国专家还准备把实心转子 ESG 应用于舰船的 INS,包括平台式和捷联式两种 INS。

7.11 本章小结

关于空心转子 ESG 的平台式 INS 系统小结如下。

1975—1978 年,在核潜艇导航的 ESGM 和远程飞机的 SPN 系统中,美、苏都无例外地采用了平台式 INS 方案。在平台式 INS 系统中,ESG 转子相对于支承电极的姿态角保持不变,ESG 漂移误差的补偿精度较高,有利于保证 INS 系统的精度。在本章中,详细介绍了 ESG 平台式系统的设计方法,主要是 ESG 稳定平台的结构、控制回路以及 INS 系统校准软件的设计等。

为了减小转子离心变形对 INS 系统精度的影响,台体跟踪 ESG 动量矩方向的精度要求达到 1″。为此,在平台设计中,一方面应当尽量减小平台框架轴上的摩擦等干扰力矩,另一方面需要选用出力较大的伺服电机,以便保证平台各个框架所需的角加速度和稳定回路的通频带。

在载体的动态环境中,平台的稳定精度(动态刚度)是 ESG 导航系统的一项重要性能指标。

1976 年,中国研制成功了 721 型 ESG 平台式方位水平仪系统,其主要性能指标如下:

(1) 平台结构的自振频率为 160 Hz;

(2) 框架轴上的摩擦力矩小于 160 gf·cm;

(3) 各个框架稳定回路的通频带分别为 15~25 Hz;

(4) 平台的静态刚度为 1 400~1 800 gf·cm/(′)。

721 系统为中国开发自己的平台式 ESG 系统,和 1978 年美国推出的 SPN 系统相比较,721 型平台的性能属于同一数量级。

应当指出,在平台式 ESG 导航系统中,空心转子 ESG 比较适合于我国当时的制造工艺水平。中国的 721 系统和美国的 SPN 系统都选

用了直径为 $\Phi 38$ mm 的 ESG 转子,由于转子的直径较大,ESG 所用光电信号器的分辨率均为 1″,有利于保证平台的稳定精度达到角秒的量级。此外,转子直径较大也有利于保证支承电极的组装精度。

关于实心转子 ESG 的 SINS 系统小结如下。

1984 年,美国开始研制验证"广义相对论效应"的 GP-B 型 ESG。在卫星上,把四台 ESG 固结在同一个石英块上,测量相对论效应引起的 ESG 进动。在本章中,详细介绍了 GP-B 型 ESG 的结构,包括实心转子和超导电磁感应式信号器。理论分析和模拟实验的研究结果表明,GP-B 型 ESG 的主要性能指标如下:

(1) ESG 的漂移误差小于 0.3×10^{-3}(″)/year (10^{-11} (°)/h);

(2) 超导电磁感应式信号器的分辨率为毫角秒数量级。

在本章中,详细介绍了俄国为航天飞行器研制的 10 mm 直径实心转子 ESG 及其组装式支承电极,用于"捷联式定向系统"。俄国的研制经验表明:设计 ESG 的"大角度信号器"和辨识"捷联式 ESG 的误差模型"是两项关键技术。

实心转子 ESG 及其 SINS 系统已经达到了实用的精度水平,可以预见,在 20 世纪中,随着人类走向宇宙的步伐加快,在航天领域中,采用 ESG 的 SINS 系统将具有良好的发展前景。

在 20 世纪 70 年代的 ESG 船用导航系统(ESGM)中,不仅采用了平台式的技术方案,而且还增加了 ESG 壳体旋转的结构,使得 ESGM 的机械结构过于复杂,成本很高,很难促进 ESG 在航空、陆地和航天等领域中得到推广应用。20 世纪 90 年代,在美、俄等国的航天飞行器中,捷联式的 ESG 定向系统已经得到实际应用。在今天,从 ESG 的技术水平来看,无疑应当把实心转子 ESG 的 SINS 系统作为主要的研究方向。

参 考 文 献

1 Pugh G E. Proposal for a Satellite Test of the Coriolis Prediction of General Relativity. In: Weapons Systems Evaluation Group. WSEG Research Memorandum No. 11. The Pentagon, Washington D. C. : 1959

2 Schiff L I. Motion of a Gyroscope According to Einstein's Theory of Gravitation. In: Proceedings of National Academy of Science, 46, 871. 1960

3 Everitt C W F. Gravitation, Relativity and Precise Experimentation. In: Proceedings of the First Marcel Grossmann Meeting on General Relativity, 1976. Amsterdam: North-Holland Publishing Co. , 1978. 548~615

4 DeBra D B. Control Technology for Gravitational Physics Experiment in Space. Journal of Guidance and Control, 1979 (2):147~151

5 Anderson J T, Cabrera B, Everitt C W F, Leslie B C, Lipa J A. Progress on the Relativity Gyroscope Experiment Since 1976. In: Proceedings of the Second Marcel Grossmann Meeting on General Relativity. Amsterdam: North-Holland Publishing Co. , 1979. 939~957

6 章燕申, 高钟毓. 静电陀螺稳定平台的设计与实验测定. 清华大学学报, 1979, 19(3):44~55

7 Hadfield M J. High Precision Positioning and Gravity Measurement with GEO-SPIN—an Update, Honeywell Inc. , Military Avionics Division, Florida, USA. In: Proceedings of the Third International Symposium on Inertial Technology, for Surveying and Geodesy. Banff, Canada, 1985. 383~397

8 Landau B Ye. Electrostatic Gyroscope with a Solid Rotor. The III China-Russia Symposium on Inertial Technology, Nanjing, China, 1992

9 Landau B Ye. Electrostatic Gyro with a Solid Rotor, Gyroscope and

Navigation, No. 1 (in Russian). 1993

10 Dmitriev S P, Landau B Ye, Levin S L, Martynenko Yu G. An Electrostatic Gyroscope with a Solid Rotor. Application for a Spacecraft Attitude Control System. The 2nd Saint Petersburg International Conference on Gyroscopic Technology and Navigation, Saint Petersburg, 1995

11 Martynenko U G, Landau B Ye. 实心转子静电陀螺仪技术, 1995年9-10月在清华大学的报告. 北京:清华大学精密仪器系"导航与控制"教研室, 1996

第 **8** 章

精密组合机床的光学调整方法

8.1 引 言

1954—1956 年,作者完成了苏联"航空工艺研究院"(俄文缩写为"NIAT")的一项工艺研究,内容为"精密组合机床的光学调整方法"。这是 NIAT "液浮陀螺仪批量生产计划"中的一项关键工艺研究课题。

在本章中,将介绍作者提出的精密组合机床光学调整方法,重点是两种创新性光学仪器的实验研究结果:

(1)"同心度光学调整仪";

(2)"具有附加物镜的自准直仪"。

在莫斯科某航空陀螺仪厂,作者调整了一台德国的双轴组合机床,采用所研制的"同心度光学调整仪"使两个车头的回转轴线精确重合。根据在机床上加工零件的检测结果,机床车头的同心度调整精度达到了技术条件规定的指标小于 1 μm。

"具有附加物镜的自准直仪"用于调整四轴组合机床中四台车头回转轴线之间的相互几何位置。这种光学调整仪兼有"自准直仪"和"自准显微镜"两种功能,可以同时检测每台车头回转轴线的"方向角"

和在某个截面中的"位置"。在实验室中,作者采用"双片光楔补偿器"检验了所研制仪器的分辨率,在测量"角度"和"位置"两个方面都达到了技术条件所规定的精度。

在本章中,还介绍了作者在完成这项研究中所取得的经验。对于在工艺研究中坚持创新的技术人员来说,这些经验具有参考价值。

8.2 技术要求

1957 年,苏联发射了人类第一颗人造地球卫星,表明在火箭技术领域处于世界领先地位。这一成就使得美国受到很大的震动。此前,在火箭制导方面,美国 Draper 实验室研制成功了单自由度液浮陀螺仪。美、苏两国在火箭技术领域展开了激烈的军备竞赛。在此背景下,苏联 NIAT 把液浮陀螺仪的批量生产作为一项迫切的研究任务。

在液浮陀螺仪的框架零件中,轴承孔之间的不同心度将直接影响陀螺仪中的干扰力矩。据 NIAT 分析,在美国 Draper 实验室研制的液浮陀螺仪中,这项公差可能是"亚微米"量级的。因此,NIAT 把陀螺框架列为液浮陀螺仪的关键零件之一。

加工陀螺框架的先进工艺方案是采用专用的精密组合机床。这种工艺的优点是:工件只需要安装一次,并且只在一个工作位置上,就可以同时完成全部轴承孔的加工。这种工艺在陀螺仪的批量生产中效率较高,可以保证:

(1) 相对轴承孔之间的同心度;

(2) 十字形分布四个轴承孔之间的同心度、正交度和共面度。

当时,在陀螺框架零件的加工中,莫斯科的一些航空陀螺仪厂都已采用了专用的精密双轴和四轴组合机床。这些组合机床是第二次世界大战中苏联缴获的战利品,来自德国的军工厂,曾用于生产"V-2"型导弹所用的陀螺仪。

NIAT 的专家曾深入研究采用组合机床加工陀螺框架的轴承孔误差问题,他们对以下因素进行了理论和实验研究:

(1) 在夹具中安装时,工件的变形将导致轴承孔的位置产生偏移;

(2) 工件轴承孔的加工裕量不匀,加上机床的刚度较差,在镗孔中将产生轴承孔位置的偏移；

（3）机床两个车头本身的回转轴线既不平行，又不相交，造成所加工的轴承孔不同心等。

上述因素很难定量计算。同时，在加工之后，零件上轴承孔之间的几何位置误差也几乎不可能精确计量。NIAT 专家的结论是：组合机床的调整误差是主要的因素，关键是两个车头回转轴线之间的不同心度。

应当指出，二战时期德国研制的组合机床在精度上不能满足加工液浮陀螺仪的精度要求。此外，德国机床上也没有配备相应的专用调整仪器。因此，NIAT 决定研制：

（1）小型精密组合机床；

（2）配套的组合机床光学调整仪。

在苏联，当时有相应的"国家标准"（俄文缩写为"GOST"），用于检测"金属切削机床车头回转轴线的几何位置"。在 GOST 中，规定采用"芯棒"和"千分表"等机械的计量工具进行检验。这些计量工具的精度较低，不能满足上述精密组合机床的要求。

应当指出，在金属切削机床导轨的平直度检验中，当时光学计量方法已经得到了普遍采用，常用的仪器为"自准直仪"（Auto-collimator）。例如，英国用于机械制造的 Dekker 测角仪（Angle Dekker）等。在飞机和船舶等大型机械的组装中，类似的光学计量方法和仪器也得到了普遍应用。此外，在精密仪器制造中，显微镜得到了普遍应用。这些光学计量方法对组合机床的调整无疑具有参考价值。

在第二次世界大战后，NIAT 曾组织工程技术人员对德国飞机制造和航空仪表等工厂的先进工艺进行了考察，发现德国在仪器零件工艺过程中，也有采用自准直仪的实例。以此为依据，NIAT 提出采用光学方法调整精密组合机床，并规定了以下的技术要求：

（1）相对两个车头回转轴线的平行度优于 1″；

（2）相对两个车头回转轴线的不相交度小于 1 μm；

（3）在采用光学方法调整时，应能同时观察到被测车头回转轴线的角度方向和在某个截面中的位置，以便迅速和准确地进行调整。

8.3 双轴组合机床的光学调整方法

对大量文献进行分析的结果表明,在组合机床上测量车头回转轴线的角位移和线位移,自准直仪是首选的技术方案。在"莫斯科工程测量、航空摄影以及地图绘制学院"(俄文简称"MIEGAEK")和"莫斯科航空测量仪器厂"等单位的协助下,作者获得了一定的自准直仪操作经验。在具有实际操作经验之后,作者提出了光学调整方法的思路如下:

(1) 为了保证对机床调整的精度,必须利用机床车头可以回转的有利条件,首先精确地调整自准直仪在车头上的安装位置,使得仪器的光学轴线和车头的回转轴线互相重合;

(2) 在调整和测量车头的角度位置方面,自准直仪在精度和可操作性方面都能达到机床调整所要求的精度;

(3) 自准直仪不能测量线位移。如何利用自准直仪本身去测量车头轴线的线位移,这是这项研究中的核心技术问题。

为了调整双轴组合机床,作者发明了一种"同心度光学调整仪"。如图 8-1 所示,它的光路系统是一台自准直仪,但被分为左、右两个部分,分别安装在左、右两台车头上。在测量时,需要调整左、右两台车头之间的纵向距离,使分划板处于物镜的焦面之中。这时,左、右两部分光学部件合成为一台自准直仪。应当指出,在组合机床上,左、右车头轴的进刀机构恰好能够实现这种微调。

上述同心度光学调整仪的设计思想如下所述。

通过"一条法线"的方向和"一个中心点"的位置可以构成"一条光轴"。采用两条"光轴"分别代表左、右车头的回转轴线,然后,调整它们之间的相互位置。

在图 8-1 中,左边车头的回转轴线是通过"四面体棱镜"(底面)和"物镜"(中心)所组成的"光轴"来测量的。右边车头的回转轴线则是通过"反射镜"和"分划板"(中心)所组成的"光轴"来测量的。

众所周知,相隔无限远的两个点能够最准确地确定一条直线的角度方向。这样,采用"一条法线"和"一个中心点"可以被看作是"相隔无限远的两个点"。因此,这种方案可以保证调整车头回转轴线位置的精

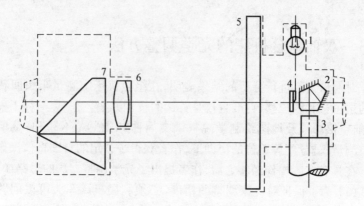

右半部分：1—光源；2—五角棱镜；3—读数显微镜；4—分划板；5—反射镜。

左半部分：6—物镜；7—四面体棱镜。

图 8 - 1　同心度光学调整仪的光学系统

度。同时，通过车头的回转，还可以准确地调整"光轴"在车头上的安装位置，使之与车头的回转轴线重合。

在分划板的视场中，可以同时看到两个"自准成像"。第一个"自准成像"是由仪器左半部中四面体棱镜的底面直接反射光束所形成的。与此同时，四面体棱镜把平行光束折射 180°，射向仪器右半部中的反射镜，反射回来的光束经过原来的光路，再进入物镜，形成第二个"自准成像"。

组合机床同心度的测量方法如下：

（1）如果第一和第二个"自准成像"不重合，则表示左、右车头回转轴线互不平行；

（2）如果第一个"自准成像"和分划板十字线不重合，则表示左、右车头回转轴线在分划板所在截面上是不相交的。

这样，在机床调整中，可以"直接"（不需要采用转台）并"同时"测量左、右车头回转轴线之间的"不平行"和"不相交"误差。值得指出，在分划板的视场中，能够分别看到车头回转轴线之间的不平行和不相交误差，而且能够分出这些误差在垂直面和水平面中的分量。这样，可以显著地缩短调整组合机床所需的时间。采用这种方法不会在调整车头"角位置"时破坏它们的"线位置"，因而对机床调整特别方便。

在组合机床上,采用上述光学仪器的调整步骤如下:

(1) 微调车头的纵向位置,使分划板处于物镜的焦面之中,仪器的左、右两部分合成为一台自准直仪。

(2) 旋转左边的车头,分别调整物镜和四面体棱镜在仪器结构中的安装位置。当在分划板上看到两个"自准成像"都不跳动时,表明仪器左半部分的"光轴"与车头的回转轴线共线。

(3) 旋转右边的主轴,分别调整分划板和反射镜在仪器结构中的安装位置。当在分划板上看到两个"自准成像"都不跳动时,表明仪器右半部分的"光轴"与车头的回转轴线共线。

(4) 以一个车头为基准,调整另一个车头的位置,使视场中的两个"自准成像"都与分划板的中心点相重合。这时,两个车头的回转轴线既"平行"又"相交",即处于同心(共线)的正确位置。

为了测量"自准成像"的位置,在同心度调整仪中采用了具有螺旋百分表的读数显微镜。选择读数显微镜物镜的放大倍数可以保证角位移和线位移的计量精度。

在调整车头位置时,一项关键技术是减小"自准成像"和分划板十字线之间的不重合误差。为此,经过实验研究,作者在同心度调整仪中设计了一种"特殊的自准直分划板",如图 8-2 所示。这种分划板的一半为"实线",另一半为"虚线",而且"虚线"比"实线"稍宽。这样,在目测的情况下,"自准成像"和分划板十字线的重合精度得到了显著提高。

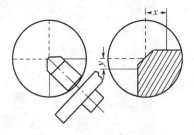

图 8-2 特殊的自准直分划板

1954 年,作者关于"同心度光学调整仪"的设计方案得到了 NIAT 有关方面的肯定。在苏联航空工业部的有关工厂中,作者完成了♯1 型、♯2 型样机研制以及机床调整等实验研究工作。

8.4 ♯1型同心度光学调整仪的研制与实验研究

♯1型同心度调整仪是为"莫斯科航空光学瞄准具厂"(589 厂)研制的。该厂的主要产品为飞机的射击和轰炸光学瞄准系统,其中都包含有陀螺仪。厂里采用双轴组合机床加工陀螺框架零件。

♯1型同心度光学调整仪是按照该厂组合机床的尺寸设计的,样机的外形如图 8-3 所示。由于机床属于生产车间,不允许调整车头之间的相互位置,采用♯1型同心度调整仪只能检测它们之间的不同心误差。为此,在♯1 型仪器的结构中,没有设计"光轴"位置的微调机构。在♯1 型仪器组装中,发现左、右两部分的"光轴"相对其安装基面("芯棒")的位置是不稳定的。在实验室放置几天之后,它们的相对位置变化比较显著。应当指出,在精密光学仪器中,这是一个较难解决的机械结构设计问题。

图 8-3 ♯1型同心度光学调整仪的外形

在组合机床的车头上,由于♯1 型仪器"光轴"的安装位置无法精确调整,只好采用"多位置测量"的方法消除♯1 型仪器在车头上的安装误差,即多次旋转车头,在多个位置上测量左、右车头的不同心误差。

图 8 - 4 为 ♯1 型同心度调整仪在 ♯589 厂组合机床上的试验情况。在测试中,每次旋转车头 90°,在四个位置上分别测量第一个"自准成像"和分划板十字线之间的距离。这样,根据在四个位置上的测量数据可以画出一个圆,其圆心的位置就是左、右车头之间的不同心误差。

图 8 - 4　在 ♯589 厂 ♯1 型同心度光学调整仪的试验

采用读数显微镜的螺旋百分表来测量"自准成像"的位置。考虑到读数显微镜的物镜具有一定的放大倍数,加上 ♯1 型仪器本身具有"2×"的放大倍数。在表 8 - 1 中,给出了 ♯1 型仪器的标度因数。

表 8 - 1　♯1 型同心度光学调整仪的标度因数　　　　　　　μm

日期	读数显微镜物镜的放大倍数	标度因数
1955 - 12 - 14	3X	1.67
1955 - 12 - 15	5X	1.00

采用 ♯1 型仪器对左、右车头不相交误差的测试结果如表 8 - 2 所示。在表中,列出了车头每次旋转 90°的测量数据,其中第一行和第二行分别为"自准成像"沿 x,y 轴方向偏离分划板十字线中心点的距离。对比 0°位置和 360°位置上的测量数据,可以看出 ♯1 型仪器读数的重复性较好,最大误差为 1.1 μm。

表 8 - 2　在♯589厂双轴组合机床上的测试数据　　　　μm

日期	0°	90°	180°	270°	360°	圆心位置	$\sqrt{x^2+y^2}$	左、右车头位置误差
1955 - 12 - 14	13 22	9 13	8 16	13 14	10 22	11 18	21	不相交度 35
1955 - 12 - 15	17 91	66 0	0 - 28	- 36 54	28 82	15 27	31	不相交度 31
1955 - 12 - 15	0 71	49 - 56	- 110 0	49 12	0 70	- 26 - 12	28.6	不平行度 37.9″

　　根据车头在0°,90°,180°和270°四个位置上的读数,可以推算出圆心的位置。把圆心偏离分划板十字线中心点的距离$\sqrt{x^2+y^2}$乘上表8-1中的仪器标度因数,最后得到左、右车头回转轴线之间在分划板平面处的不相交误差值。在1955-12-14和1955-12-15的两天中,♯1型仪器读数的重复性较好,最大误差为4 μm。

　　左、右车头回转轴线之间的不平行度可以根据第一和第二两个"自准成像"之间的距离来推算,它们与物镜的焦距有关。表8-3为测量数据和推算的不平行误差。由于♯1型仪器左、右部分的"光轴"均未调整到与机床车头回转轴线精确重合的位置上,表8-2列出的不平行误差37.9″可能偏大。

　　应当在与所加工零件尺寸相近的截面上(左、右车头相距约60 mm)检测回转轴线之间的不同心误差。在采用♯1型仪器时,实际的检测位置约为150 mm。这两种检测位置的长度相差约三倍。因此,测试的结果为30 μm是合理的。测试结果表明,该机床可以保证所加工零件的不同心误差约为10 μm。

　　在♯589厂的实验研究结果证明:

　　(1) ♯1型同心度光学调整仪原理方案是正确的,分辨率较高,操作方便;

　　(2) 不足之处是仪器的"光轴"较难稳定。

　　NIAT对此比较满意,要求作者继续研究,为莫斯科某航空陀螺仪厂研制♯2型同心度光学调整仪。

8.5 ♯2型同心度光学调整仪的研制与实验研究

1956年初,作者进入了当时高度保密的莫斯科某航空陀螺仪厂(♯149厂)。在♯149厂的生产线上,有多台德国的组合机床。♯2型同心度调整仪是为♯149厂的组合机床研制的,其光路系统的主要参数值如表8-3所示。

表8-3 ♯2型同心度调整仪光路系统的参数

仪器结构	光学器件名称	主要参数	
左半部分	物镜	焦距	100.3 mm
	四面体棱镜	通光口径	80 mm
		角度误差	15″
右半部分	反射镜	直径	100 mm
	分划板	直径	12 mm
		刻线宽度	0.005 mm
	光源棱镜		3mm×2mm×5mm
		通光口径	12 mm
	五角棱镜	物镜放大倍数	3.25 X
	读数显微镜	螺旋百分表刻度值	0.01 mm
		目镜放大倍数	15 X

如前所述,在♯1型仪器中,需要转动车头,在多个位置上对组合机床的不同心度进行测量,然后经过推算才能得到最终的测试结果。这种测量方法比较繁琐,不利于在调整组合机床中应用。在♯2型仪器中,改变这种测量方法,不需要转动车头,只在一个位置上就能测出组合机床的不同心误差值。

为此,在♯2型仪器的结构中增加了"光轴"的微调机构,使得仪器左、右部分"光轴"的位置可以在车头上微调。在设计中,要求做到使它们分别和相应车头的回转轴线重合,并且在长时间使用过程中始终保持不变。

1956年4月,♯2型仪器开始在♯149厂的生产车间进行实验研究(图8-5)。在该车间里,每天有一段时间机床将受到阳光的照射。车间的机床调整钳工已经发现,调整好的车头主轴位置每天都有微小的变化。采用♯2型仪器也发现了这种情况。

图8-5　♯2型同心度调整仪在♯149厂机床上的安装图

因此,为了保证组合机床的调整精度,车间必须恒温,而且不能有窗户,以防止太阳光直接照射。当时在♯149厂的生产车间还不具备这种条件。

在组合机床上加工不同尺寸的零件时,为了判断被加工零件的同心度误差,需要在车头相应的纵向位置上,测量左、右车头回转轴线的不相交误差值。在鉴定♯2型仪器的精度时,需要:

(1) 检验组合机床车头回转轴线的稳定性;

(2) 在左、右两个车头不同的纵向位置上,测量车头回转轴线之间的不平行度和不相交度;

(3) 调整组合机床的同心度,重新加工一个"测试零件";

(4) 检验所加工"测试零件"两孔之间的不同心度,对机床的调整精度作出评估。

在表8-4中,列出了上述第(2)项实验研究的测试数据。由于仪器右半部分中的反射镜较难调整到与车头回转轴线互相垂直的位置,表中只有两个车头回转轴线之间的不相交度数据。根据车头在不同纵向位置上的不相交度,可以推算出左、右车头回转轴线之间在水平面和垂直面的不平行误差分别为

$$\theta_x = -24'', \theta_y = +109''。$$

表 8 - 4　♯149 厂双轴组合机床车头同心度误差度的测试数据

测试日期	测试人	车头的纵向位置/ mm	水平面内的 不相交度 $e_x/\mu m$	垂直面内的 不相交度 $e_y/\mu m$
1956 - 05 - 04	G. V. Nicolisky	0 28 57	6 5 -2	3 -14 -31
1956 - 05 - 16	G. V. Nicolisky	0 20 40 57	4 1 3 4	2 -6 -16 -25
1956 - 05 - 16	作者	0 20 40 55	3 0 -2 -4	-1 -9 -18 -24

为了鉴定机床的调整精度,♯149 厂的中心计量室设计了一种专用"测试零件",便于在万能工具显微镜上计量相对孔的不同心度。专用"测试零件"的计量数据如下:

$$e_x = 6\ \mu m, e_y = 26\ \mu m。$$

上述计量数据和机床调整时的测试数据是一致的,♯2 型仪器的实际使用精度得到了实验证明。

采用♯2 型仪器还对车间其他德国组合机床进行了测试。测量数据表明,现有组合机床在精度上达不到液浮陀螺仪框架零件的加工要求,必须研制高精度的组合机床。这一结论为 NIAT 所接受。

8.6 四轴组合机床光学调整仪的研制与实验研究

为了调整四轴组合机床,作者研制了一种"带附加物镜的自准直仪",利用其中的"自准显微镜"可以同时测量"平凹反射镜"的角度位置和线位移。为了避免重复安装附加物镜所带来的测量误差,在自准直仪中,采用了直径较小的附加物镜,使得自准物镜不被完全遮住。这样,自准直仪和自准显微镜可以同时工作。

在四轴组合机床的调整中,这种带附加物镜的自准直仪被安装在组合机床的中心位置,其光轴处于垂直状态。在组合机床的转台上,需要安装一台五角棱镜,把自准直仪发出的光束折射(90°)到水平面中。在被测组合机床的每台车头上,都需要安装一块"平凹反射镜"。在车头上安装时,平凹反射镜的法线和中心所构成的"光轴"应当被调整到与车头的回转轴线一致。这样,转动安装有五角棱镜的转台,可以依次测量并调整四个车头回转轴线的位置。

在莫斯科航空测量仪器厂的协作下,作者研制了一套四轴组合机床的光学调整仪,其外形如图8-6所示。

图 8-6　四轴组合机床光学调整仪

四轴组合机床光学调整仪的主要参数见表8-5,其中附加物镜的角度分辨率优于 0.2″。

表 8-5　四轴组合机床光学调整仪的主要参数

光学部件	主要参数	参数值
组合物镜	放大倍数 焦距 进瞳口径	40 X 348.65 mm 60 mm
目镜	焦距 出瞳口径	8.6 mm 1.5 mm
附加物镜	焦距 进瞳口径	360 mm 36 mm
平凹反射镜	凹面的曲率半径 直径	212 mm 65 mm

为了对上述样机的精度进行实验标定,采用了一台"双片光楔补偿器",其外形如图 8-6 的左图所示。在补偿器中,反向转动两片楔形玻片,可以使光束的方向产生微小的角度偏转。楔形玻片的微小转角通过齿轮传动和放大,可以在表盘上读出。

在标定时,采用了一台工具显微镜,把一块平凹反射镜安装在工具显微镜的台面上。利用四轴组合机床光学调整仪本身,事先测定其标度因数。

四轴组合机床光学调整仪测试数据如表 8-6 所示。

表 8-6　四轴组合机床光学调整仪的标度因数

双楔光学补偿器的转角 /(°)	光束偏转的角度 θ /(")	光束偏移的距离 e /μm
1	0.077 2	0.108

如图 8-7 所示,采用双楔光学补偿器和工具显微镜,进行了带附加物镜自准直仪试验样机的精度测试,测试数据结果如表 8-7 所示。

表 8-7　四轴组合机床光学调整仪的精度测试数据

测试的参数	角度 θ /(")	位移 e /μm
测量误差的标准差(1σ)	$\sigma_\theta = 0.886$	$\sigma_e = 0.60$

图 8-7 为四轴组合机床光学调整仪在工具显微镜上的测试情况,

采用双片光楔补偿器和平凹反射镜进行了精度测试,测试结果如表 8-7所示。

图 8-7　四轴组合机床光学调整仪的精度测试

NIAT 希望作者参加该院新型组合机床的研制工作,并为该机床配备作者所研制的两种光学调整仪器。由于所需时间较长,作者需要按期结束在苏联的学习,无法参加。作者把♯1 型、♯2 型同心度光学调整仪以及四轴组合机床光学调整仪都无偿地送给了 NIAT。

8.7　本章小结

在液浮陀螺仪的批量生产中,小型精密组合机床是先进的工艺设备。为了保证陀螺框架上各个轴承孔的几何位置精度达到"亚微米"的量级,机床的光学调整仪是必要的非标准工艺设备。

在双轴组合机床的调整中,作者为莫斯科某航空光学瞄准具厂和莫斯科某航空陀螺仪厂分别研制了♯1型和♯2型两种不同结构的组合机床同心度光学调整仪。在机床上的实验研究结果分别如表8-2和表8-4所示。在一次安装中,♯2型同心度光学调整仪多次测量数据的不重复性小于3 μm。

实验研究结果表明,这两种仪器的分辨率较高,操作方便,可以同时观察到机床车头之间的不相交和不平行误差。

应当指出,为了保证测量精度分别达到"亚微米"和0.1″的量级,上述仪器在结构上尚待改进,主要是保持仪器"光轴"位置的稳定性,并能微调到与机床车头的回转轴线精确重合。

在四轴组合机床的调整中,采用作者提出的自准直仪和转台可以检验四个车头的不正交、不相交以及不共面等三项误差。采用"双片光楔补偿器",得到的仪器精度测试结果如下:

(1) 测角误差 $0.88″(1\sigma)$;

(2) 位移测量误差 $0.6\ \mu m(1\sigma)$。

应当指出,在精密陀螺稳定平台框架零件的加工中,也可采用上述组合机床及其光学调整仪器。

参 考 文 献

1 章燕申. 调整组合机床的光学方法. 清华大学学报,1957,3(1)

2 Zhang Y S. Alignment of Aggregate Machine Tools by Optical Methods for Fabricating the Instrument Elements. The Collection of Papers No. 90, Moscow Technical University after the Name of N. E. Bauman, Instrumentation Technology (in Russian). Moscow: Oborongis (Defense Press), 1958

第 9 章

激光陀螺仪的误差分析与控制技术

9.1 引 言

20 世纪 70 年代,激光陀螺仪(Ring laser gyro, RLG) 达到了导航级陀螺仪的水平,其 INS(Laser INS, LINS)成为世界上首先得到实际应用的捷联式 INS (Strapdown INS, SINS)。下面列举 RLG 和 LINS 技术发展中的主要进程:

(1) 1974 年,美国 Honeywell 公司首次把"H-421"型 RLG LINS 应用于海军"A-7E"型飞机,导航精度优于 1 n mile /h ;

(2) 1976 年,Honeywell 公司把 RLG 推广应用于"T-22"型弹道式导弹的制导系统、以及火炮的快速定位定向系统。在陆地导航中,RLG 的"模块化定位定向系统"(Modular azimuth positioning system,MAPS)得到了广泛应用;

(3) 1978 年,美国 Boeing 公司向 Honeywell 公司定购了 1200 台 LINS,用于 B-757／767 型民航客机;

(4) 1996 年,美国宣布研制成功了适用于战斗机的 LINS,表明 LINS 已能满足高动态载体的要求。

LINS 具有启动快、可靠性高和成本低等优点，在导航产品市场上占据了主要的位置。可以认为，RLG 开创了"光学陀螺导航"的新时代。

1993—1995 年，北京银兰公司承担了对俄技术引进的任务，在引进"光学动态测角仪"、"磁悬浮式陀螺经纬仪"等产品之外，还引进了俄国的 RLG 和 LINS。受北京银兰公司的委托，清华大学对上述产品的性能进行了测试。在此基础上，1996—2000 年，清华大学承担了"光学陀螺定位定向系统"的预先研究项目。

以上研究工作的目的是：通过对 RLG 和 LINS 性能的测试和实验结果分析，对国外产品的精度进行评估。在研究中，清华大学所取得的以下成果可以为国内发展 RLG 和 LINS 提供可靠的技术基础：

(1) RLG 的控制与信号读出电路；

(2) RLG 的性能测试设备，包括控制电路、接口以及带有精密角度指零传感器的转台；

(3) RLG 的闭环抖动控制系统；

(4) RLG 输出信号的"细分电路"；

(5) RLG 输出信号的"高频采样电路"；

(6) LINS 的性能测试（校准）设备，包括三轴多位置转台、多位置翻滚的校准方法，以及计算 LINS 中主要误差系数的软件。

在准备和完成以上研究任务的同时，1987 年、1991 年、1995 年和 1996 年作者曾多次访问了俄、德、美等国。应当指出，德国国家科研部在 20 世纪 80 年代曾组织全德的技术力量开展 RLG 的研究，其中德国"飞行制导研究所"（德国宇航研究院"DFVLR"的下属单位）是负责单位，德国 TELDIX 公司是 RLG 的研制厂。在德国 Munich 国防军大学，作者参加了他们研制 RLG 惯性测量系统的工作。在本章中，将详细介绍德国研制 RLG 的经验和主要成果。

在本章中，将按以下三个层次介绍 RLG 的原理、误差分析与控制，以及信号读出系统。必须同时在这三方面都进行深入的研究，才能保证 RLG 的精度：

(1) RLG 中的"有源环形激光器"，其清晰度（品质因数）将决定 RLG 的闭锁阈值；

（2）消除 RLG 闭锁的"偏频控制系统"，机械抖动偏频系统的频率和"偏频角传感器"的分辨率对 RLG 的性能具有重大影响；

（3）RLG 输出信号的读出系统，必须提供"信号采样频率"和脉冲信号的"角分辨率"。

RLG 的精度可以在器件的层面上进行测试，也可以在 LINS 的层面上进行校准。在本章中，介绍了清华大学采用这两种方法所得到的实验研究结果。

9.2　无源腔 Sagnac 干涉仪

1913 年，法国物理学家 M. Sagnac 提出了采用光学方法测量角速度的原理。在转动的环形腔中，沿顺、逆时针反向传播的两束光波将产生干涉条纹。这一原理被称为 Sagnac 效应。由于当时技术水平的限制，这种测量角速度的仪器未能达到实用的水平。

如图 9-1 所示，在无源 Sagnac 干涉仪中，光源发出的光波经过分光器被分为两束光。它们按顺时针（CW）和逆时针（CCW）两个方向进入环形腔。在环形腔内传播一圈之后，两束光波被合光棱镜汇合，形成干涉条纹。当腔体旋转时，干涉条纹的移动速度将与腔体的角速度成正比。这一现象被称为 Sagnac 效应。

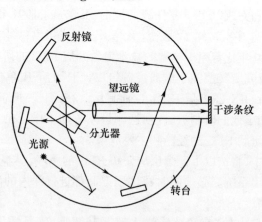

图 9-1　Sagnac 干涉仪

根据 Sagnac 效应,可以推导激光陀螺输出拍频信号 $\Delta \nu$ 与输入角速度 Ω 之间的相互关系。如图 9-2 所示,假设环形腔是一个半径为 r 的圆。当腔体以角速度 Ω 旋转时,两束光在腔内传播一圈之后再回到分光器的时间分别为 t_+ 和 t_-。在这段时间内,腔体角速度造成的分光器附加位移分别为 Δl_+ 和 Δl_-。令光速为 c,则

$$t_+ = \frac{2\pi r - \Delta l_+}{c} = \frac{\Delta l_+}{r\Omega}, t_- = \frac{2\pi r + \Delta l_-}{c} = \frac{\Delta l_-}{r\Omega} \quad (9-1)$$

$$\Delta l_+ = \frac{2\pi r^2 \Omega}{c + r\Omega}, \Delta l_- = \frac{2\pi r^2 \Omega}{c - r\Omega} \quad (9-2)$$

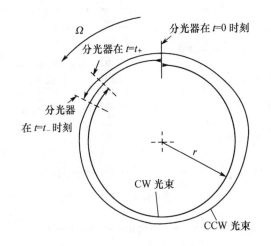

图 9-2 双向传播两束光波之间的相位差

已知光波的波长为 λ。在环形腔中传播一圈后,CW 和 CCW 两束光波之间的相位差 $\Delta \phi$ 应等于

$$\Delta \phi = \frac{2\pi c}{\lambda}(t_- - t_+) \quad (9-3)$$

相应的频率差(拍频)$\Delta \nu$ 为

$$\Delta \nu = \frac{4\pi r^2}{c\lambda} \frac{1}{1 - (r\Omega/c)^2} \approx \frac{4A}{c\lambda}\Omega \quad (9-4)$$

式中 $A = \pi r^2$ 为环形光路所包围的面积。

9.3 美国 Sperry 公司的激光陀螺仪实验装置

1961 年,氦氖激光器在美国电报电话公司（AT&T)的实验室研制成功。在此基础上,1963 年,美国 Sperry 公司研制成功了世界上第一台 RLG,如图 9 - 3 所示。实质上,这是一台演示性的实验装置,其正方形环形腔的边长为 1 m ,四个角上的反射镜为镀金的平面镜。当时,喷镀高反射率多层介质膜(MLD)镜面的工艺还处在初始时期。

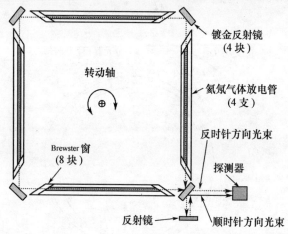

图 9 - 3　Sperry 公司展示的第一台激光陀螺

在环形腔的四个边内,装有四台氦氖气体放电管,以保证足够的增益。当时,选择的光波波长为 1 152.3 nm ,因为它的增益比 632.8 nm 的可见光波约大 10 倍。更为重要的是,在长波长的工作情况下,镀金镜面的反射率大于 98 %,远高于可见光工作时的反射率。放电管的两端均为 Brewster 角的光学窗。这样,光波进出均无反射损耗。放电管的激励采用高频(RF)电源。

有一个角上的反射镜允许少量光波透射。经过腔外另一块平面镜反射之后,顺、逆时针方向传播的 CW,CCW 两束光波合光,并为探测器所接收,输出 RLG 的信号。

应当指出,当时还没有认识到,在 RLG 中,必须具有光程长度控制系统和消除闭锁阈值的偏频系统。所以,在上述第一台 RLG 中没有配备这些系统。

尽管如此,第一台 RLG 测出了地球的自转速率。由于在精密导航中具有良好的应用前景,RLG 的研制得到了美国国防部的大力支持,美国许多公司也十分重视开发 RLG 产品。为此,需要解决以下关键技术问题:

(1) 分析环形谐振腔的模式,消除多纵模振荡;

(2) 研究高反射率多层介质膜镜面的工艺,包括检测仪器;

(3) 研制腔内光程长度与光束几何位置的控制系统;

(4) 研制消除闭锁阈值的偏频系统;

(5) 研制 RLG 的信号读出系统。

9.4　有源腔 Sagnac 干涉仪

1964 年,W. E. Lamb Jr. 首先采用半经典理论来分析"环形激光器"(Ring laser,RL)中的主要物理过程。RLG 是有源的 Sagnac 干涉仪,实质上是 RL。这里,半经典理论是指:

(1) 采用三维的 Maxwell 电磁场方程,分析在环形谐振腔内光波传播的模式;

(2) 采用量子力学方法,分析激光介质增益与频率之间的特性,即增益曲线。

在 RLG 的设计中,要求保证腔内 CW 和 CCW 两束光波构成一对"反向传播的行波(Oppositely directed traveling wave,ODTW)"。它们的振幅、相位和频率都应当是稳定的,并且互相独立。根据这一技术要求,两束光波必须满足以下条件:

(1) 两束光波的频率 f_{CW},f_{CCW} 应当和环形谐振腔的模式相匹配;

(2) 激光介质(有源段)的增益应当大于光波在腔内传播的全部损耗。

下面分析纵模与环形谐振腔长度之间的关系。如图 9-4 所示,设谐振腔由三面反射镜所组成,周长为 L;三面反射镜的"波幅(wave-amplitude)反射系数"分别为 r_1,r_2,r_3;激光介质的长度为 P_m,增益系数

为 α_{m}。令光波的频率为 ω；ε_1，ε_2 分别为光波在腔内传播一圈前和后的电场幅值；$\exp(-j\omega L/c)$ 为它们之间的相位偏差。

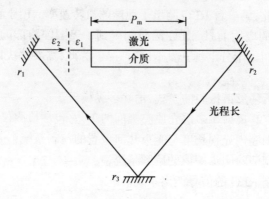

图 9 - 4 环形激光器

在这种情况下，保持稳态纵模传播的必要条件为

$$\varepsilon_2/\varepsilon_1 = r_1 r_2 r_3 \exp(\alpha_{\mathrm{m}} P_{\mathrm{m}} - j\omega L/c) = 1 \qquad (9-5)$$

其中增益和相位偏差的条件分别为

$$r_1 r_2 r_3 \exp(\alpha_{\mathrm{m}} P_{\mathrm{m}}) = 1 \qquad (9-6)$$

$$\exp(-j\omega L/c) = \exp(-jq2\pi)，q \text{ 为整数} \qquad (9-7)$$

$$q = \frac{\omega L}{2\pi c} = \frac{L}{\lambda} \approx 10^5 \sim 10^6，\lambda \text{ 为波长} \qquad (9-8)$$

在谐振状态下，环形谐振腔的周长 L 应等于光波波长的整数倍 $q\lambda$。如图 9 - 5 所示，如果环形谐振腔相邻纵模的频率间隔 $\Delta\omega_{ax}$ 较小，而激光介质增益曲线的频带较宽，则在腔内可以同时出现多个纵模的光波。

$$\Delta\omega_{ax} \equiv \omega_{q+1} - \omega_q = \frac{2\pi c}{L} \qquad (9-9)$$

在设计 RLG 时，应当选择增益曲线较窄的激光介质，以保证腔内谐振的光波为单纵模。这是谐振式光学陀螺对光源的共同要求。氦氖激光介质符合这项要求，在目前的 RLG 中得到了普遍应用。

从能量的角度分析，光波能够稳定谐振的必要条件如下：在腔内传播一圈的过程中，光波得到的"净增益"应当大于 1。这里的净增益是

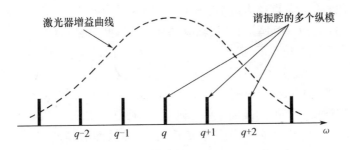

图 9-5　多纵模振荡频率与激光介质增益曲线的关系

指激光介质提供的增益减去腔内光波传播的全部损耗。这样,激光介质一旦发生自发辐射,其能量将被反复放大,使得光波的幅值按指数函数随时间上升。当激光介质的增益饱和时,净增益将等于 1,光波的幅值保持为常数。

　　在实际的环形谐振腔中,三面反射镜的组装不可能完全准确。如果有一块反射镜的法线相对于光路设计所要求的方向稍有倾斜,则光波将逸出到腔外,产生很大的光能损耗。因此如图 9-6 所示,在环形谐振腔中,需要采用一块球面镜构成稳定的谐振腔,以减小光波传播中的损耗。在设计球面镜的曲率半径时,要求保证:

　　(1) 腔内为高斯光波(Gaussian beam);

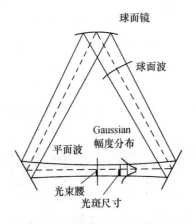

图 9-6　环形谐振腔中光波波面的形状

(2) 在光束直径为最小的腰部,波面为平面波;

(3) 光束为椭圆形,其长轴应垂直于环形谐振腔平面。

在理想的情况下,腔内传播的光波为平面波。实际的环形谐振腔通光孔径和反射镜尺寸都有限制,光波在传播中将产生衍射,出现横向的电磁波模式(transverse electric and magnetic modes,TEM),包括低次和高次横模。光波的波面上将出现显著的"衍射波纹"(Fresnel diffraction ripples)。在腔内多次往返传播后,光波波面的畸变将更为严重。它们产生的光能损耗被称为"衍射损耗"。

高次横模造成的衍射损耗比低次横模为大。因此,在设计 RLG 时,需要在环形谐振腔内设置光阑,对高次横模加以抑制。

如图 9-7 所示,在腔内传播一圈后,偏离腔体中心线的横模光波将转移到腔体中心线的另外一边,需要传播两圈之后才能复原。因此,在设计环形谐振腔时,每传播一圈,奇数横模的相位角将增加 π。由此得到横模的频率间隔为 $c/2L$。它和纵模频率间隔不同,后者为 c/L,参看(9-9)式。

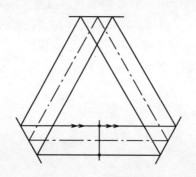

图 9-7　偏离腔体中心线的横模光波传播路径

9.5　德国飞行制导研究所的激光陀螺仪实验装置

1987 年和 1991 年,作者两次访问了德国飞行制导研究所。该所拥有超净("100 级")镜面镀膜工艺实验室,采用瑞士的镀膜机,可以制造多层 SiO_2/TiO_2 的介质膜。

众所周知,镜面的反射率、透射率、背向散射率和吸收率四者之和等于1,后面三项之和称为镜面的损耗。镜面的背向散射率将决定RLG的闭锁阈值。测量镜面的损耗就能基本上确定镜面的背向散射率。为了保证所研制RLG具有很低的闭锁阈值,他们研制了以下专用的测量仪器,在主要工序之后检验反射镜面的质量:

(1) 相衬显微镜,用于检验研磨和抛光后镜面的表面质量;

(2) 反射镜损耗测量仪,用于测定镀模后镜面的反射率;

(3) 球腔式背向散射率测量仪等。

如图9-8的上图所示,反射镜损耗测量仪是一台具有Fabry-Perot谐振腔的氦氖激光器。它的谐振腔由一块平面镜(3)、一块球面镜(7a)和被测反射镜(6)所组成。平面镜(3)允许少量光波透射到光探测器(1)上。这样,光探测器测出的光强可以反映出谐振腔的损耗,其中包括被测反射镜的损耗。

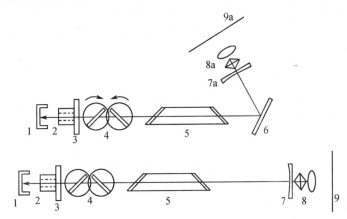

1—光探测器;2—压电陶瓷调节器;3—平面镜;4—平行旋转玻片;

5—氦氖激光管;6—被测反射镜;7a—球面镜;8a—十字线分划板;9a—显示屏。

图9-8　反射镜损耗测量仪的光路图

在被测反射镜(6)的基座上,装有一只二自由度的压电陶瓷角度位置调节器,用于调节被测反射镜(6)的入射光束角度,使之和在RLG中的入射角相同。这样检测出来的反射镜损耗值应当和在RLG中实际工作状态下的损耗值相等。

球面镜（7a）允许少量光波透射到十字线分划板(8a)、透镜和显示屏（9a）上,用于调节谐振腔内光束的位置。在测试中,要求光束偏离球面镜（7a）中心的误差小于 2 μm。在平面镜(3)的基座上,装有一只压电陶瓷的线位移调节器(2),用于调节 Fabry-Perot 谐振腔的腔长,使腔内的光强达到最大值。

为了保证测量精度,该仪器不采用直接通过光强推算反射镜损耗值的方法,而是采用补偿测量方法。如图 9-8 的下图所示,在撤除被测反射镜(6)之后,平面镜(3)和球面镜(7)组成的谐振腔变为一个直线腔。这时,转动"平行旋转玻片"(parallel rotatable plane glasses,PRP)(4),可以引入和被测反射镜(6)等值的损耗。

这样,在有、无被测反射镜的两次测量中,谐振腔内的光强将保持为常数。被测反射镜(6)的损耗值和平行旋转玻片(4)引入的损耗值相等。

根据 Fresnel 公式,在线偏振光的波面平行于入射面的情况下,平行旋转玻片(4)每一个面引入的反射损耗为 V,它和玻片的转角 α 之间有以下的关系

$$V = \left[\frac{n^2\cos\alpha - \sqrt{n^2 - \sin^2\alpha}}{n^2\cos\alpha + \sqrt{n^2 - \sin^2\alpha}} \right]^2 \tag{9-10}$$

式中 n 为玻片的折射率;α 为线偏振光的入射角。

当玻片的角度位置被调整到等于 Brewster 角时,$\alpha = \alpha_B = \tan^{-1} n$,代入式(9-10),得到玻片引入的光波传播损耗 $V = 0$。在测试中,腔内单向光束需要通过平行旋转玻片的四个反射面,光强将被衰减$(1-V)^4$ 倍。因此,在测试时,通过调整玻片的转角 α,可以产生所需的损耗值 R

$$R = (1 - V)^4 \tag{9-11}$$

对上述反射镜损耗测量仪,DLR 飞行制导研究所进行了技术鉴定。所采用的测试方法如下:在 5 个月的时间内,对同一块反射镜(♯79)的损耗值进行多次测量,假定被测反射镜的损耗值为常数,则多次测量数据的标准差可以被认为是该损耗测量仪的重复测量精度。

表 9-1 为多次测量的数据。根据计算,♯79 反射镜的反射率均值为 99.601%,标准差为 0.011%。

表 9 - 1　DLR 飞行制导研究所"反射镜损耗测量仪"的实测数据

测试序号	镜面的反射率／(%)	测试序号	镜面的反射率／(%)
1	99.615	6	99.590
2	99.587	7	99.590
3	99.617	8	99.507
4	99.602	9	99.611
5	99.591	10	99.607

对于采用反射镜谐振腔的 RLG 来说,关键技术之一是必须保证多层介质膜反射镜的反射率大于 99.93 %。根据表 9 - 1 的实测数据,得到的结论如下:

(1) 该所的镀膜工艺不能保证 RLG 反射镜要求的反射率(优于99.98%);

(2) 该所研制的反射镜损耗测量仪误差为 0.011%,可以满足检测RLG 反射镜的精度要求。

9.6　俄国棱镜式激光陀螺仪的结构与性能

俄国 KM-11 型棱镜式 RLG 外形见图 9 - 9。

图 9 - 9　KM-11 型 RLG 的外形图

1990 年,KM-11 型棱镜式 RLG 及其 I-42-1S 型 LINS 实现了批量生产。1992 年,经过在 IL-96-300 和 TU-204 等型飞机上的实用考验,I-42-1S 型 LINS 通过了国家鉴定。除了体积和质量较大之外,它的各

项性能指标达到了国际同类产品的水平。图 9 − 10 和图9 − 11分别为
KM-11 型棱镜式 RLG 的光路和结构示意图。

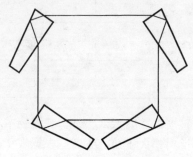

图 9 − 10　棱镜式 RLG 的光路图

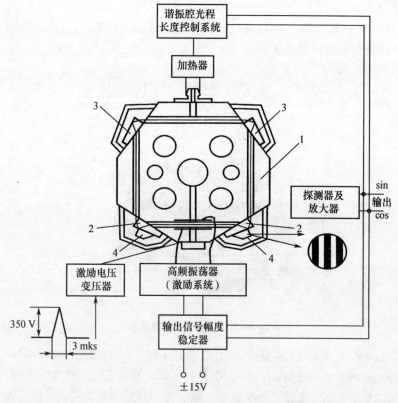

图 9 − 11　KM-11 型 RLG 的结构示意图

在图 9－11 中,CW 和 CCW 方向的部分光束经过合光棱镜(4)形成干涉条纹。采用两只探测器可以读出的正、余弦信号,辨别出输入角速度的方向。

在结构设计上,俄国棱镜式 RLG 产品具有以下特点:

(1) 采用光程调节系统稳定激光器的谐振频率,方法是通过加热,改变谐振腔中一个臂中的空气密度,从而改变折射率。所用的执行装置是一个密封容器,包括:膜盒、压电晶体以及用于加热的镍电阻丝。反馈测量信号来自 RLG 的输出信号。为此,需要在压电晶体上加交流电压,如果光程长度没有被调整到激光器增益曲线的中心位置,则RLG 输出信号的幅值将发生变化,通过相敏解调,用于控制加热器。

(2) 采用高频振荡器对 He－Ne 气体激光器进行激励,射频的频率为 150 MHz,电压为 12～24 V。由于微波可以直接透过微晶玻璃传入谐振腔内,在谐振腔内不需要设置激励电极。

(3) 在交流电源激励的 RLG 中,没有 Langmuir 流动所造成的RLG 误差。交流激励电源的幅值稳定性要求较低。

(4) 在棱镜式 RLG 中,由于光束在玻璃棱镜中传播,Faraday 效应将造成 RLG 的误差。为此,必须在每个棱镜上安装双层的磁屏蔽罩,这是棱镜式 RLG 的一个缺点。

俄方给出的棱镜式 RLG 产品技术条件如表 9－2 所示。

表 9－2 俄国棱镜式 RLG 产品的技术条件

型号	谐振腔的光程长度/ cm	腔内总损耗/ 10^{-6}	零偏稳定性/ $(°) \cdot h^{-1}$	随机游走/ $(°) \cdot h^{-1/2}$
KM-11	45	＜50	0.002	0.001
LG-70	28	＜50	0.01	0.003

1992 年,清华大学和俄国莫斯科包曼技术大学合作研制了"便携式光学测角仪",其中的角度测量装置是 KM-11 中的环形激光器。清华大学负责研制便携式光学测角仪中的恒速转台。该转台实质上是环形激光器的"速率偏频装置",用于消除环形激光器的闭锁现象。这种速率偏频的 RLG 在德国的船用 LINS 中得到了应用,效果较好。

在转台静止的情况下测量了 KM-11 环形激光器的闭锁阈值。测试结果表明,该环形激光器的闭锁阈值(表 9 - 3)较小。因此,KM-11 中棱镜式谐振腔的清晰度(品质因数)有可能达到了反射镜式谐振腔的同等水平。

1993—1995 年,清华大学对多台俄国 KM-11 进行了性能测试,包括在高、低温环境中的测试。在测试中,样本长度为 8 h,信号采样的积分时间为 100 s。测试结果如表 9 - 3 所示,可以认为,KM-11 的性能达到了导航级陀螺仪的水平。

表 9 - 3　清华大学对 KM-11 型 RLG 性能的测试结果

测试项目	性能指标	实测结果
闭锁阈值/(°)/s^{-1}		0.028
标度因数/pulse·(″)$^{-1}$		0.762 667
标度因数非线性度/10^{-6}(1σ)		7.5
标度因数重复性/10^{-6}(1σ)		5
常值零偏/(°)·h^{-1}	<0.2	0.083
零偏稳定性/(°)·h^{-1}(1σ)		0.015
零偏重复性/(°)·h^{-1}(1σ)		0.015
抖动偏频状态下的随机游走/(°)·h$^{-1/2}$		0.001 7
速率偏频状态下的随机游走/(°)·h$^{-1/2}$		0.000 7
不同温度下的零偏重复性/(°)·h^{-1}(1σ) +55℃ +25℃ -20℃	-20~+55℃ 环境温度下,补偿后的 温度误差为 0.01	0.008 0.009 0.023
不同温度下的零偏稳定性/(°)·h^{-1}(1σ) +55℃ +25℃ -20℃	-20~+55℃ 环境温度下,补偿后的 温度误差为 0.01	0.021 0.018 0.031

9.7　光束几何位置变化造成的激光陀螺仪误差

虽然谐振腔是用热膨胀系数很小($5×10^{-8}$/℃)的陶瓷玻璃(Zerodur)材料制成的,但在温度变化和过载的环境中,腔体将产生变形,导致反射镜产生平移和偏转。因此,谐振腔不能保证腔内光束的几何位置高度稳定。光束几何位置的变化将严重影响 RLG 的性能,其原因如下:

(1) 在气体放电管中,电子、正离子以及中性原子的流动(统称为 Langmuir 流)将影响光束在传播中的"增益／损耗"比;

(2) 在谐振腔内,每个镜面的反射点都是一个背向散射光源。它们将合成为一个总的背向散射光束。每个镜面反射点位置的变化都将影响这一合成光束的幅值和相位。因此,在谐振腔内,合成的背向散射光束是时变的。

为了对谐振腔内光束位置变化造成的上述误差进行定量研究,DFVLR 的飞行制导研究所专门研制了一种组装式的"RLG 误差测试装置"(图 9 - 12),其中的氦氖双向放电管是一个可以拆卸的独立模块(图 9 - 13)。这种结构的优点是:谐振腔可以不抽真空;便于调整反射镜的安装位置,也便于更换不同参数的反射镜。

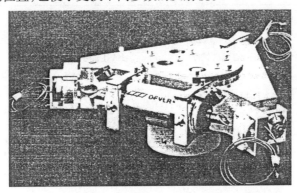

图 9 - 12　DFVLR 飞行制导研究所的 RLG 误差测试装置

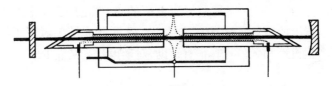

图 9 - 13　RLG 误差测试装置中的氦氖双向放电管

RLG 误差测试装置的谐振腔为三角形结构,由两块平面镜和一块球面镜所组成,球面镜的曲率半径可选择为 $1\sim5$ m(图 9 - 14)。在表 9 - 4 中,列出了 RLG 误差测试装置的主要参数。

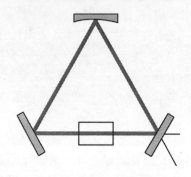

图 9 - 14　RLG 误差测试装置谐振腔的示意图

表 9 - 4　DFVLR 飞行制导研究所 RLG 误差测试装置的主要参数

部件名称	主要参数
氦氖双向放电管	波长　0.633 μm,电流　2×1.25 mA,电压　2×650 V, 有源区长度　2×40 mm,毛细孔直径　1.2 mm, 充气气压　3 m bar,混合气体之比　$Ne^{20}/Ne^{22}=1/1$
谐振腔	三角形周长　45 cm,标度因数　1.54 (")/pulse, 球面镜曲率半径　1 m,镜面的反射率　99.93%, 镜面的背向散射率　90×10^{-6},闭锁阈值　$0.1\sim4$ (°)/s
腔长控制	平移球面镜,范围　3 μm,允许的偏转角度　<0.1 "
光束几何位置控制	平移平面镜,范围　3 μm,允许的偏转角度　<0.1 "; 偏转球面镜,范围　100 "

下面介绍 DFVLR 飞行制导研究所的 R. Rodloff 等人在 RLG 误差测试装置上所进行的实验研究结果。这些研究结果对于了解 RLG 误差的产生机理和数值计算很有帮助,对于设计高精度 RLG 的工作具有参考价值。

首先介绍光束几何位置与 RLG 漂移速度的关系。

放电管中的 Langmuir 流对 RLG 的漂移速度影响较大。通过改变光束在放电毛细管中的位置(平移,或倾斜)的实验,发现 RLG 的漂移速度变化较大。为了测出光束位置变化与 RLG 漂移速度之间的关系曲线,在 RLG 误差测试装置中,故意换用了单向的氦氖放电管,其有源区长度 10 cm。

测定光束位置与 RLG 漂移速度之间关系曲线的实验方法如下:

(1) 把 RLG 误差测试装置安装在转台上,转台以 ±100 (°)/ s 的恒速旋转,周期性地改变转台的速度方向,构成消除 RLG 闭锁阈值的"速率偏频"装置。

(2) 控制球面镜绕水平轴偏转,使光束在垂直于腔体平面的方向上平移。与此同时,还需要控制球面镜平移,以保持腔长稳定。

(3) 在垂直于腔体平面的方向上,记录光束平移距离和 RLG 漂移速度之间的关系。RLG 的输出信号为角度当量的脉冲数。在"速率偏频"的情况下,正向和反向半周期脉冲数之差为 RLG 的漂移角度。

根据实测的 RLG 漂移速度曲线,如图 9 - 15 所示,可以看出:

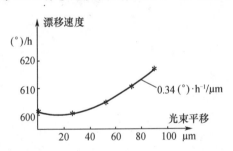

图 9 - 15　光束平移与 RLG 漂移速度的关系曲线

(1) 在光束偏离放电管中心约 ±30 μm 的范围内,RLG 漂移速度基本上不变。最低的 RLG 漂移速度为 600 (°)/h。

(2) 超出这一范围,RLG 的漂移速度明显增大,斜率为 0.34 [(°)·h^{-1}]/μm。

(3) 当光束平移 100 μm 时,RLG 的漂移速度为 620 (°)/h。

其次介绍光束几何位置与 RLG 标度因数的关系。

实验目的是测量光束位置变化与 RLG 标度因数误差之间的定量关系。在 RLG 误差测试装置中,必须换用双向放电管。同时,把"速率偏频"转台的转速改为 $\pm 50\,(°)/s$。

实验设计方案之一是控制球面镜平移,使光束在谐振腔的平面内平移,范围约为 $0.6\ \mu m$。

实验得到的曲线如图 9-16 所示,在光束平移 $0.6\ \mu m$ 的范围内:

(1) RLG 闭锁阈值的变化范围为 $0.4\sim2.0\,(°)/s$;

(2) RLG 标度因数的变化范围为 770×10^{-6}。

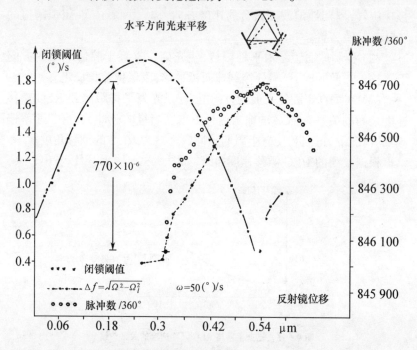

图 9-16　光束平移与 RLG 闭锁阈值及标度因数之间的关系曲线

实验设计方案之二是控制球面镜绕垂直轴偏转,范围约为 $100''$,也可以使光束在谐振腔的平面内平移。与此同时,也需要控制球面镜平移,以实现腔长控制。

实验得到的曲线如图 9-17 所示。在球面镜偏转 $100''$ 的范围内,RLG 的标度因数出现大幅度的多次起伏,所造成的标度因数误差如下:

(1) 标度因数均值的变化幅度最大为 600×10^{-6};

(2) 标度因数均值随球面镜偏转角度同步增长,最大斜率为 $85 \times 10^{-6} / ('')$。

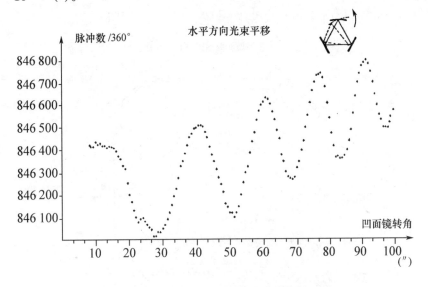

图 9-17　光束平移与 RLG 标度因数之间的关系曲线

以上实验研究的结果对 RLG 谐振腔的结构设计和组装工艺提出了明确的要求和允许的误差数值。在高精度 RLG 的研制中,应当遵循以下原则:

(1) 在单向放电管的情况下,谐振腔内光束平移造成的 RLG 漂移速度斜率为 $0.34 \, [(°) \cdot h^{-1}] / \mu m$。因此,在 RLG 中必须采用双向的氦氖放电管。

(2) 在 RLG 的组装过程中,必须把光束调整到放电管的中心位置上,允许的误差值为 $\pm 30 \, \mu m$。与此同时,必须尽可能地减小谐振腔内光束相对于放电管的倾斜角度,以减小 RLG 的漂移速度。

(3) 在双向放电管的情况下,谐振腔内光束平移 $0.5 \, \mu m$,RLG 的标度因数将变化 770×10^{-6}。在导航级 RLG 中,允许的标度因数误差为 $5 \times 10^{-6} \sim 10 \times 10^{-6}$。因此,反射镜位置的控制精度应为 $0.001 \, \mu m$ 的量级。

在实际的工作环境中,可以认为,RLG 谐振腔的变形将大于

0.001 μm。因此，在高精度 RLG 的设计中，引入光束几何位置稳定系统是完全必要的。

图 9-18 为 Litton 公司 LG-8028 型 RLG 结构图。

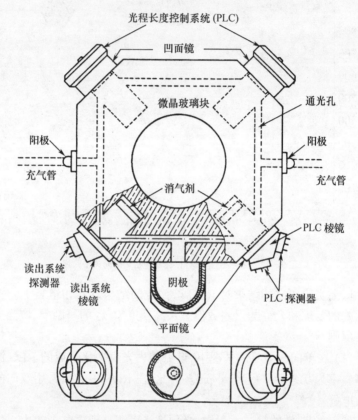

图 9-18　Litton 公司 LG-8028 型 RLG 的结构图

在 Litton 公司的 LG-8028 型 RLG 中，如图 9-18 所示，四边形的谐振腔是由两块平面镜和两块球面镜组成的，其中：

（1）在两块平面镜上，都装有合光棱镜和探测器，分别提供 RLG 的读出信号和光束在谐振腔中的失调信号；

（2）在两块球面反射镜上，都装有压电陶瓷的执行机构，分别控制镜面的平移与偏转。

在图 9-18 中,光束在谐振腔中的失调信号被称为"光程长度控制信号"(Path Length Control,PLC),用于控制两块球面镜分别产生相应的平移和偏转,使谐振腔的腔长和光束的几何位置同时保持高度稳定。这样,谐振腔的变形将得到闭环控制系统的补偿,谐振腔内的光强将始终保持为最大值。

德国 DFVLR 飞行制导研究所研制 RLG 的经验如下:

(1) 首先测量腔内光束几何位置变化所引起的 RLG 误差,获得有关参数之间定量的误差曲线;

(2) 根据所研制 RLG 的精度要求,设计相应精度的差动式 PLC 探测器和压电陶瓷执行机构;

(3) 针对不同精度要求的 RLG 产品,配置相应的 PLC 系统。

以上做法不仅可以保证 RLG 的精度,同时,更为重要的是可以显著地降低成本,同时提高成品率。因此,稳定腔内光束的几何位置具有重要的实际意义。

为了研制用于测量地理信息的 LINS,德国 Munich 国防军大学购买了美国 Honeywell 公司的高精度(0.002 (°)/h)RLG,价格十分昂贵。原因是在 Honeywell 公司批量生产的 RLG 中,这种高精度的 RLG 所占比例很小,只有百分之几。因此,这种"百里挑一"的 RLG 结构和工艺显然需要改进。

9.8　谐振腔内光束几何位置与光程长度的控制

在谐振腔平面中,为了控制光束的横向平移,同时保持腔长稳定不变,DFVLR 飞行制导研究所的 R. Rodloff 等人设计了测量光束几何位置的"组合式差动探测器"。如图 9-19 所示,平面镜 1 的透射率约为 0.1 % ;"组合式差动探测器"8 由 9 和 10 两只探测器所组成。当反时针方向(CCW)光束的透射光 6 照射在 8 的中心点(零位)上时,8 的输出信号为零。在设计时,要求组合式差动探测器对光点位移的分辨率优于 0.1 μm。

当腔体变形时,CCW 的透射光 6 将偏离组合式差动探测器的零位,9 和 10 两只探测器将分别输出差动的谐振腔失调信号,送入差动

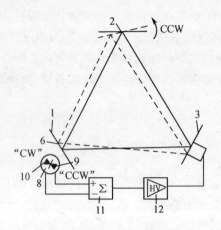

图 9 - 19   谐振腔内光束几何位置稳定系统的原理图

放大器11 的两个输入端。经过高压放大器 12,将产生对压电陶瓷执行机构 13 的控制作用,使镜面 3 产生横向平移。

如果需要控制球面镜的偏转,则必须采用两个半圆形的压电陶瓷片,组成一个"组合式压电陶瓷执行机构"。对两个压电陶瓷片分别施加不同的控制电压,则球面镜将产生偏转。

在谐振腔上,球面镜与压电陶瓷执行机构的安装结构如图 9 - 20 所示。腔体的安装面 156 与球面镜基座的安装面 162 采用"光胶"直接相联结。在球面镜片中,有一部分 160 厚度较薄。在压电陶瓷执行机

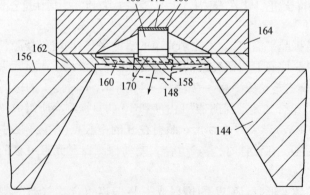

图 9 - 20   反射镜与压电陶瓷执行机构的安装结构

构 168 的推力作用下,这一部分 160 将产生弹性变形,使球面镜的反射面 148 产生平移,或偏转。压板 164 用于承受压电陶瓷执行机构 168 的反作用力。垫片 172 用于调节压电陶瓷执行机构 168 对球面镜施加的预紧力。这种压电陶瓷执行机构 168 同时也可控制谐振腔的腔长。

为了在垂直于腔体平面的方向上控制光束平移,需要控制球面镜绕水平轴偏转,如图 9 - 21 所示。为了控制光束在腔体平面内平移,或转动,需要控制球面镜绕垂直轴偏转,如图 9 - 22 所示。应当指出,控制平面镜的平移,或偏转,也可以达到上述目的。

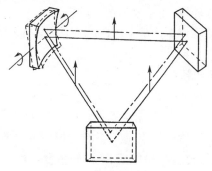

图 9 - 21　光束在垂直方向的平移

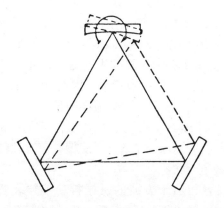

图 9 - 22　光束在水平方向的平移

9.9 闭锁阈值造成的激光陀螺仪误差

从机理上看,RLG 的闭锁阈值来自双向光束之间能量的耦合,根源是组成谐振腔的反射镜都有背向散射光波,它们相当于干扰光源。因此,在采用连续光波的 RLG 中,闭锁阈值必然存在。1998 年,Litton 公司的 M. M. Tehrani 通过实验证明,在无源腔和有源腔中,闭锁阈值同样存在。为此,需要引入"偏频系统"使 RLG 的输入角速度显著地大于其闭锁阈值,以减小闭锁阈值的影响。

为了减小闭锁阈值造成的 RLG 误差,在现有的 RLG 中,得到采用的偏频装置有以下几种:

(1) 机械抖动偏频;

(2) 磁光效应偏频;

(3) 速率偏频。

机械抖动偏频装置的优点是不影响谐振腔的结构,因而不增加腔内光波的传播损耗,比较容易保证 RLG 的精度。实践表明,美国 Honeywell 公司的 GG1342 等 RLG 均采用机械抖动偏频装置,最高精度达到了 0.002 (°)/h。

Litton 公司在部分 RLG 产品中采用了磁光效应偏频装置。这种 RLG 被称为"零闭锁 RLG"(Zero Lock-in Gyro, ZLG)。显然,这一名称是不准确的。磁光效应偏频装置的优点是没有机械活动部件,偏频频率比机械偏频装置高 1~2 个数量级。因而 ZLG 的读出信号频率较高,噪声较小。它的特点是 RLG 必须在圆偏振光的状态下工作。因此,磁光效应偏频的 RLG 又称"四频 RLG"。它们的缺点是对磁场的灵敏度较大。同时,腔内增添了磁光效应偏频装置,谐振腔的损耗较难减小,因而闭锁阈值较大。

速率偏频装置相当于方波的机械抖动偏频装置。它的优点是 RLG 读出信号中的噪声较小,缺点是偏频的频率较低,只能适用于舰船的 LINS。例如,在 LITEF 公司生产的"PL-41 / MK4"型 LINS 中,速率偏频装置得到了采用,使用效果较好。

根据美国海军和 Litton 公司签订的一项三年合同,从 1998 财政年度开始,研制用于水面舰船和潜艇的 LINS,合同价款为 1.2 亿美元。这一合同的经费巨大,一方面说明 LINS 在高精度舰船导航领域具有良好的应用前景;另一方面也表明,研制高精度 LINS 的难度较大,需要大量经费才有可能解决。

下面分析在机械抖动偏频情况下,闭锁阈值所造成的 RLG 误差。在这种 RLG 中,双向环形激光器被安装在抖动机构上,构成一个机械谐振系统。当施加激振控制时,环形激光器产生角运动。设 Ω_d 为抖动角速度的幅值,抖动角速度的波形为余弦波,ω_d 为其角频率。在RLG 随载体以角速度 Ω_0 运动时,输入角速度 Ω 为

$$\Omega = \Omega_0 + \Omega_d\cos\omega_d t \tag{9 - 12}$$

设双向环形激光器的闭锁阈值为 K_s。由于抖动角速度不是理想的方波,在通过闭锁阈值的短时间内,输入角速度 $\Omega < K_s$。这时,双向环形激光器的输出信号(拍频信号)为零。这是闭锁阈值造成 RLG 测量误差的机理。

在 RLG 的读出系统中,拍频信号为脉冲信号的重复频率,每个脉冲相当于一定的转角。通常采取"整周期采样",所得到的脉冲数为拍频信号对抖动周期的积分值,即抖动周期中的转角值。因此,RLG 的输出信号 Ω_B 是离散的,不能提供连续的载体角速度信号,而是采样周期中的转角值。

应当指出,机械抖动偏频的 RLG 采样频率较低,在 LINS 中将造成导航误差。后面将介绍这一问题的解决方法。

在无偏频的情况下,RLG 输出信号 Ω_B 与载体角速度 Ω_0 之间实测的关系曲线如图 9 - 23 所示。在 $\Omega < K_s$ 时,Ω_B 为零。在 $\Omega > K_s$ 时,由于多次通过闭锁阈值(测量死区),实测的标度因数将小于其理论值。

如图 9 - 24 所示,参阅式(9 - 12),当 Ω_0 接近于 $\pm\Omega_d$ 时,输入角速度 Ω 将有很多时间比较低(相对于闭锁阈值来说),因此,RLG 的标度因数非线性误差比较大。

1987 年,英国宇航公司的 J. R. Wilkinson 推导了抖动偏频 RLG的标度因数误差公式。在整周期采样的情况下,他不仅考虑了闭锁阈值 K_S 的影响,同时,还考虑了模式牵引的影响,后者使 RLG 输出信号

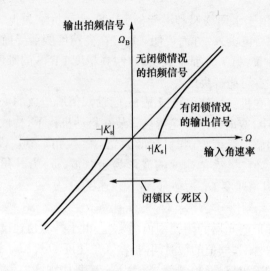

图 9 - 23 在无偏频情况下,RLG(双向环形激光器)的输出特性

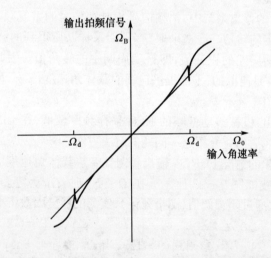

图 9 - 24 在抖动偏频情况下,RLG 的标度因数非线性误差

的相位发生变化θ。因此,模式牵引不仅使 RLG 的标度因数非线性误差增大,而且还导致另一种标度因数误差,被称为标度因数的"闭锁带"误差。

下面介绍模式牵引导致 RLG 标度因数产生误差的机理。在考虑模式牵引时，$\theta \neq 0$，式(9-12)可写为

$$\frac{\mathrm{d}\theta}{\mathrm{d}t} = \Omega_0 + \Omega_\mathrm{d}\cos\omega_\mathrm{d}t - \mid K_\mathrm{s} \mid \sin\theta \qquad (9-13)$$

如果模式牵引引起的相位误差 θ 较小，在上式的右端，可以假设 $\mid K_\mathrm{s} \mid = 0$。通过积分可以计算 $\theta(t)$ 的近似值，假设 $t=0$，$\theta(t_0)=\theta_0$

$$\theta(t) \approx \Omega_0 t + \frac{\Omega_\mathrm{d}}{\omega_\mathrm{d}}\sin\omega_\mathrm{d}t + \theta_0 \qquad (9-14)$$

把上式代入式(9-13)，得到

$$\frac{\mathrm{d}\theta}{\mathrm{d}t} \approx \Omega_0 + \Omega_\mathrm{d}\cos\omega_\mathrm{d}t - \mid K_\mathrm{s} \mid \sin\left(\Omega_0 t + \frac{\Omega_\mathrm{d}}{\omega_\mathrm{d}}\sin\omega_\mathrm{d}t + \theta_0\right)$$
$$(9-15)$$

式(9-15)的右端可展开为 Bessel 函数级数

$$\sin\left(\Omega_0 t + \frac{\Omega_\mathrm{d}}{\omega_\mathrm{d}}\sin\omega_\mathrm{d}t + \theta_0\right) = \sin(\Omega_0 t + \theta_0)\cos\left[\frac{\Omega_\mathrm{d}}{\omega_\mathrm{d}}\sin\omega_\mathrm{d}t\right] +$$
$$\cos(\Omega_0 t + \theta_0)\sin\left[\frac{\Omega_\mathrm{d}}{\omega_\mathrm{d}}\sin\omega_\mathrm{d}t\right]$$

$$\sin\left(\Omega_0 t + \frac{\Omega_\mathrm{d}}{\omega_\mathrm{d}}\sin\omega_\mathrm{d}t + \theta_0\right) = \sin(\Omega_0 t + \theta_0)\sum_{m=-\infty}^{\infty} J_m(\Omega_\mathrm{d}/\omega_\mathrm{d})\cos m\omega_\mathrm{d}t +$$
$$\cos(\Omega_0 t + \theta_0)\sum_{m=-\infty}^{\infty} J_m(\Omega_\mathrm{d}/\omega_\mathrm{d})\sin m\omega_\mathrm{d}t$$

式(9-16)为式(9-15)的近似解，式中 $m=-n$。对式(9-16)推导过程有兴趣的读者请参阅 J. R. Wilkinson 的原著。

$$\frac{\mathrm{d}\boldsymbol{\theta}}{\mathrm{d}t} \approx \Omega_0 - \mid K_S \mid J_{-n}(\Omega_\mathrm{d}/\omega_\mathrm{d})\sin\theta_0 \qquad (9-16)$$

在图9-25中，相位牵引效应所引起的 RLG 标度因数"闭锁带"误差和图9-23的闭锁现象(死区)有相似之处。在抖动角频率的整数倍 $n\omega_\mathrm{d}$ 处，尽管输入角速度有变化，但 RLG 输出的拍频信号却保持为"常数"。因此，这种现象被称为标度因数的"闭锁带"误差。

RLG 标度因数"闭锁带"误差的宽度与闭锁阈值有关，由此造成的 RLG 读出信号误差为

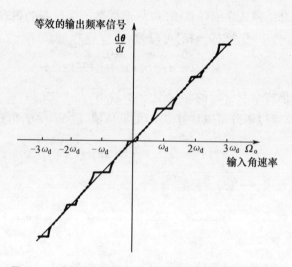

图 9-25　在抖动偏频情况下，RLG 的标度因数"闭锁带"误差

$$\Delta\Omega = \frac{\mathrm{d}\theta}{\mathrm{d}t} - \Omega_0 \approx \pm \mid K_S \mid \sqrt{\frac{2\omega_\mathrm{d}}{\pi\Omega_\mathrm{d}}} \qquad (9-17)$$

式(9-17)表明，标度因数"闭锁带"误差所造成的 RLG 读出信号误差 $\Delta\Omega$ 比闭锁阈值 K_S 小 1～2 个数量级，但仍然较大，不可忽略。为了消除这项误差，在 RLG 中需要引进幅值随机变化的抖动角速度。在图 9-26 中，实线为随机的抖动角速度幅值 $\Omega_\mathrm{d}/\omega_\mathrm{d}$，虚线为没有随机变化的抖动角速度幅值。

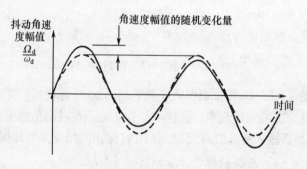

图 9-26　随机变化的抖动角速度幅值

9.10 开环抖动偏频的激光陀螺仪

2000 年,清华大学对 KM-11,TRILG 和 Granat 等三种俄国 RLG 的抖动偏频控制系统进行了理论分析、电路研制和实验研究,取得了以下结果。

在 KM-11 型 RLG 中,采用的抖动控制系统是开环的,没有抖动角传感器,执行元件为单"E"型交流电磁铁,抖动频率约为 77 Hz。为了产生叠加的随机抖动角速度,在谐振腔上面采用了随机滚动的小球。

清华大学为 KM-11 研制了国产的抖动控制电路,其特点如表9-5所示。

表 9-5 清华大学研制的 KM-11 型 RLG 抖动偏频控制电路

部件名称	俄国的电路	清华大学的电路
正弦波发生器	模拟式	数字式,频率可微调,稳定度 50×10^{-6}
抖动角幅值控制	无	抖动角幅值可微调,采用电磁铁电流反馈,稳定度 1 %RMS
随机滚动小球	有	有

在采用清华大学的电路之后,进行了多次 KM-11 的零偏稳定性测试。如表 9-6 所示,清华大学的电路使 KM-11 的零偏稳定性误差减小了 15% ~20%。

表 9-6 在两种开环抖动电路控制下,KM-11 的零偏稳定性 (°)/h

测试日期	俄国的电路	清华大学的电路
1998 - 02 - 20	0.028 2	0.024 7
1998 - 02 - 21	0.029 8	0.023 6
1998 - 02 - 21/22	0.026 3	0.023 7

得到的结论如下:

(1) 在开环抖动偏频的 RLG 中,提高抖动频率和幅值的稳定性可以改进 RLG 的性能;

(2) 引入抖动角传感器不仅可以提高抖动幅值的稳定性,而且可以对 RLG 进行非(抖动)整周期的采样,从而提高 RLG 的动态测量性能。因此,在导航级的 RLG 中,需要采用闭环的抖动偏频系统。

9.11　闭环抖动偏频的激光陀螺仪

在 TRILG 中,三台 RLG 的环形谐振腔光路和反射镜是完全独立的,只是共用一个正立方形的微晶玻璃腔体,目的是减小 TRILG 的体积。

俄国 TRILG 的组成部件如下,其主要参数如表 9-7 所示。

(1) 三台环形激光器:谐振腔由三块平面镜和一块球面镜(曲率半径 R=2 m)所组成。

(2) 三套信号读出系统:在谐振腔的一块平面镜上,装有合光棱镜及探测器。

(3) 三套腔长控制系统(PLC):在谐振腔的另一块平面镜上,装有转向棱镜及探测器。在谐振腔的球面镜上,装有压电陶瓷执行机构。

(4) 三台 RLG 共用一套机械抖动装置:正立方形的谐振腔体安装在抖动装置的活动部件上。在活动部件上,装有四块永久磁铁。抖动装置的固定部件安装在 TRILG 的基座上。在固定部件上,装有四个电磁线圈,用于驱动抖动装置的活动部件。

(5) 三台 RLG 共用一台抖动角传感器:光源和差动探测器固定在 TRILG 的基座上,狭缝形光阑安装在抖动装置的活动部件上,用于测量正立方形谐振腔体相对于 TRILG 基座的角度位置。

表 9-7　俄国 TRILG 型 RLG 的主要参数

部件名称	主要参数
环形激光器	四边形谐振腔的周长 67.18 mm; 腔长控制探测器的分辨率 0.1 λ; 压电陶瓷执行机构的传递系数 120 V/0.63 μm
机械抖动装置	活动部件的谐振频率 ω_n 120.5±5 % Hz; 抖动角振幅 10′
抖动角传感器	分辨率 5″; 传递系数 K_a 1.98±10 % μA/(′)

清华大学研制了具有以下特点的 TRILG 闭环抖动控制系统,图 9-27 为其方框图:

(1) 为了消除 TRILG 型 RLG 标度因数的"闭锁带"误差,采用了反馈多级移位寄存器,用于产生伪随机信号,引入闭环抖动控制系统,作为附加的干扰信号;

(2) 放大器增益 K_c 可以调节,用于调节抖动控制信号的频率 ω, $K_c K_a = \omega/Q$,使 $\omega = \omega_n$,其中 ω_n 为抖动装置活动部件的固有频率。

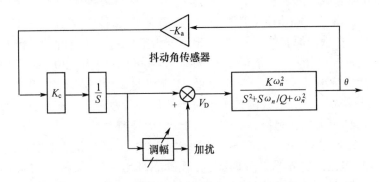

图 9-27 闭环抖动控制系统的方框图

对所研制的 TRILG 闭环抖动控制系统进行了以下的实验研究。在正弦波抖动信号过零时,引入伪随机信号,测试 TRILG 的零偏稳定性。测试结果如下:

(1) 当引入的伪随机信号幅值较小时,TRILG 的零偏漂移误差在平滑后出现了趋势项;

(2) 当引入的伪随机信号幅值较大时,上述现象得到消除。

实验结果表明:在 TRILG 的标度因数中,确实具有闭锁带误差。必须采用闭环抖动控制系统,并引入随机抖动控制信号,才能消除 TRILG 的这项误差。

9.12 抖动偏频激光陀螺仪的高频读出系统

1991 年,作者出席了在德国 Stuttgart 召开的第二届"高精度导航"

国际学术会议。会上,Honeywell 公司介绍了"采用四细分与滤波技术的 RLG 读出系统"。此前,该公司的 GG1342 型导航级 RLG 体积较大,谐振腔的腔长约为 32 cm。采用此项新技术后,实现了导航级 RLG 的小型化,GG1320 型新产品的腔长约为 15.2 cm。

1996 年,作者出席了在 Boston 召开的第 52 届美国导航学会年会。会上,Honeywell 公司宣布:"GG1320 型 RLG 已成功地应用于 F-15 等战斗机的 LINS"。这一事实表明,GG1320 型 RLG 的读出系统能够满足高动态载体的要求。

1998 年,我国有关单位准备在高动态载体上采用 TRILG 型 RLG。在俄国原有的产品中,读出系统为整周期采样。由于三台 RLG 共用一台机械抖动偏频系统,抖动频率很低,约为 120 Hz。因此,TRILG 读出系统的信号频率过低,不能满足高动态载体对 RLG 的采样频率要求。为此,我国有关单位委托作者所在科研组解决这一技术问题,要求大幅度地提高 TRILG 的读出信号频率。

图 9-28 为 RLG 高频读出系统的原理图。在样机研制中,我们多次和 TRILG 的光学部分联调,并在动态环境下测试了 TRILG 的精度。这一技术问题得到了完满的解决。下面分别介绍在研制中所采用的两种技术方案:

(1) 半周期读出系统;
(2) 高频读出系统。

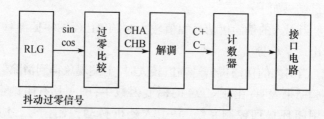

图 9-28 RLG 高频读出系统的原理

首先介绍半周期读出系统。

半周期读出系统的优点是可以在整周期读出系统的基础上实现,难点是需要准确的抖动角过零信号。在 TRILG 原有的整周期读出系统中,并不要求抖动角速度和抖动角度这两个参数在过零时刻上准确同步。在所进行的测量中,发现抖动角速度和抖动角度之间有一个滞后时间。图 9 - 29 为实测的滞后时间 τ,在俄国 TRILG 产品原有的读出系统中,$\tau \approx 40$ μs。

对于半周期读出系统来说,τ 应满足以下要求

$$A\sin(2\pi f_{\mathrm{d}}\tau) < K \qquad\qquad (9 - 18)$$

式中,A 为抖动幅度,f_{d} 为抖动频率,K 为 RLG 的标度因数。

考虑到 τ 为小量,得到

$$\tau \leqslant K/(2\pi f_{\mathrm{d}}A) = 1.07 \text{ μs}$$

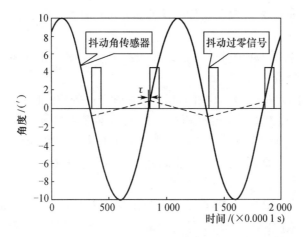

图 9 - 29 在过零时刻上,抖动角速度和抖动角度的滞后时间

我们重新设计了抖动角传感器输出信号的处理电路,使 $\tau < 1$ μs。这样,采用半周期读出系统,TRILG 的采样时间间隔由原来的 8 ms 减小为 4 ms,满足了用户的要求。

1999 年,采用自制的整周期采样和半周期采样两种读出系统,对同一台 TRILG 进行了精度测试。测试的样本长度为 1 h,表 9 - 8 为实测数据的处理结果。采用半周期采样读出系统的 TRILG 在精度上提高了 10 % 以上。

表 9-8 采用不同读出系统,TRILG 零偏稳定性的测试结果

读出电路类型	均值/脉冲数	方差/脉冲数	稳定性/(°)·h⁻¹
整周期采样	11.176	0.957 6	0.025
半周期采样	11.175	0.810 0	0.023

再介绍高频读出系统。

理论上,如果抖动角传感器提供的角度信号足够准确,在时间上也没有滞后,那么,在任意时刻的 RLG 角度读出信号中,都可以去除其中的抖动角运动分量。这样,在读出 RLG 的角度信号时,采样频率可以显著高于机械抖动频率。由此可见,建立高频读出系统的关键在于寻求误差校准方法,对抖动角传感器的误差进行补偿,使之达到读出系统所需要的精度。

下面介绍抖动角传感器的误差校准方法。RLG 的角度读出信号包括以下分量:

(1) RLG 安装基座(载体)相对于惯性空间的角位移;

(2) 抖动装置活动部件相对于 RLG 安装基座的角位移。

在静止基座上,RLG 安装基座的角速度为已知量,即相应的地球自转角速度分量。因此,在静止基座上,可以利用 RLG 角度读出信号本身来校准抖动角传感器的误差。

如图 9-30 所示,RLG 的高频读出系统由以下三部分组成:

(1) "RLG 角度读出信号的解调与计数器",其结构如图 9-28 所示,输出信号为时间序列 $\{R(k)\}$;

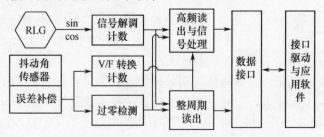

图 9-30 RLG 高频读出系统的原理图

（2）"抖动角传感器"把抖动装置活动部件的位置角度变换为光强电流信号，经过"V／F转换与计数"，输出信号为时间序列$\{D(k)\}$；

（3）"高频读出与数字信号处理器"对$\{R(k)\}$和$\{D(k)\}$两个时间序列进行处理，得到RLG的高频读出信号。

图9-31和图9-32分别为TRILG抖动角传感器输出信号和RLG角度读出信号实测的功率谱密度（PSD）曲线。由于抖动装置活动部件处于机械谐振状态，在实测的两条PSD曲线中，都包含有抖动频率（约125 Hz）的多次谐波分量，随着谐波次数的增高，相应谐波分量的幅值逐渐减弱。

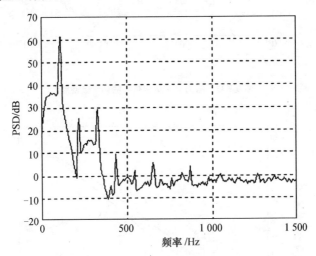

图9-31 抖动角传感器输出信号的功率谱密度

如图9-33所示，在误差补偿之前，抖动角传感器信号和RLG读出信号之间为非线性关系，具有明显的滞后环。

对抖动角传感器信号的上升段和下降段分别利用RLG读出信号进行校准。如图9-34所示，在抖动角传感器的误差得到补偿之后，滞后环被消除，抖动角传感器信号和RLG读出信号的关系成为线性关系，满足了高频读出系统的要求。

利用特定时刻RLG整周期采样的角度读出信号，可以更新抖动角传感器的误差模型参数，实现具有自适应数字信号处理的RLG高频读

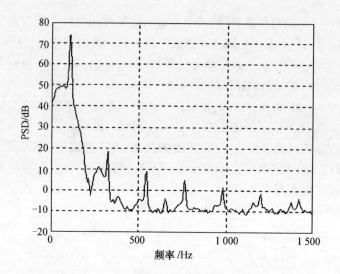

图 9-32　RLG 角度读出信号的功率谱密度

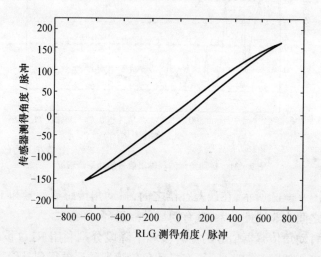

图 9-33　校准前,抖动角传感器信号和 RLG 读出信号的关系

出系统。为此,作者所在科研组提出了一种"递推最小二乘(Recursive Least Squares,RLS)自适应滤波"算法,其原理如图 9-35 所示。

这项成果与 1994 年 D. R. Geston 等人申报的美国专利目的相

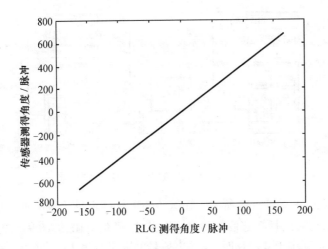

图 9 − 34　误差补偿后,抖动角传感器信号和 RLG 读出信号的关系

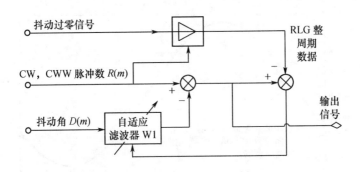

图 9 − 35　激光陀螺高频读出信号处理的原理

同,都是在RLG 的高频读出系统中,采用自适应滤波器,提高抖动角传感器的误差补偿精度。有兴趣的读者可参考该专利。

2000 年,在动基座上,我们对所研制的 TRILG 高频读出系统进行了性能测试。测试方法如下:TRILG 被安装在转台 ／ 摇摆台上(图 9 − 36)。转台的摇摆频率分别为 1 Hz 和 5 Hz,正弦摇摆的角加速度幅值均为 200 (°)/s^2。

在摇摆情况下,采用高频采样时,实测的 TRILG 读出信号曲线比较光滑;采用整周期采样时,实测的 TRILG 读出信号曲线为锯齿形,

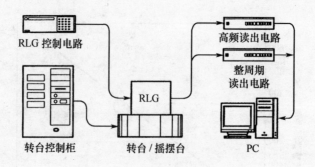

图 9 - 36　TRILG 高频读出系统的测试

如图9 - 37 和图 9 - 38 所示。在这些图中较难定量比较两种读出系统的性能。为此,计算它们的功率谱密度,再进行对比,如图 9 - 39 所示。在摇摆频率小于 45 Hz 时,在输出信号的噪声水平上,高频读出系统比整周期读出系统约低 20 dB。

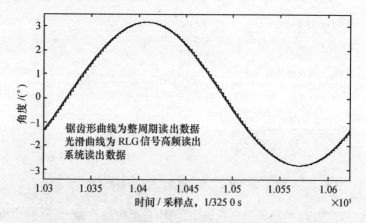

图 9 - 37　TRILG 的读出信号(摇摆频率 1 Hz,角加速度幅值200 (°) /s²)

应当指出,在国外,1978 年 LINS 已在大型飞机上得到了应用,但在高动态战斗机上,直到 1996 年才得到应用。这一事实表明,为了在高动态载体上得到应用,必须解决高频信号读出和小型化等关键技术问题。Honeywell 公司经过长时间研究提出了不少专利,才解决了这些问题,推出的产品为 GG-1320 型 RLG,其体积为 Φ89 mm×46 mm,质量为 0.454 kg。采用 GG-1320 型 RLG 组成的 H-764G 型 LINS 体

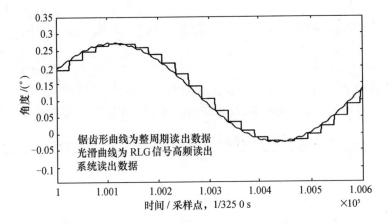

图 9-38　TRILG 的读出信号(摇摆频率 5 Hz,角加速度幅值 200 (°)/s²)

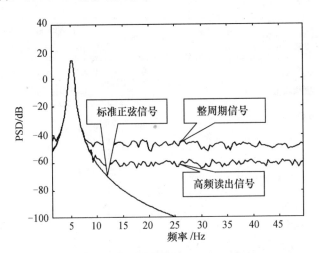

图 9-39　在频域中,两种读出系统的噪声水平

积为178 mm×178 mm×249 mm,质量为 8.4 kg,定位误差为 0.54 n mile/h。

　　因此,我们针对 TRILG 所研制的高频读出系统具有重要的实际 意义,可以推广应用于各种类型的机械抖动偏频 RLG。

9.13　激光陀螺仪的性能测试与误差模型

在德国 Munich 国防军大学研制和使用的"动态惯性测量系统"(KiSS)中,采用了美国 GG1342 型 RLG。在公司提供的合格证中,附有实测的各项误差模型系数(表9-9),供用户在使用中参考。

表9-9　GG1342 型 RLG 产品合格证中所附的测试记录

测试项目	实测数据	极限值
标度因数		
25 (°)/s 转速下/(pulse/rev)	648 986.5	648 321.0~649 619.0
100 (°)/s 转速下/(pulse/rev)	648 986.0	648 321.0~649 619.0
标度因数误差	−0.5	−2~+2
品质因数 Q	0.003 78	0.000 00~0.004 90
90 % 可信度极限值/(°)·h^{-1}		0.310 10E−02~0.488 70E−02
零偏模型系数 K1	0.571 82E−02	−0.5~+0.5
90 % 可信度极限值/(°)·h^{-1}		−0.881 74E−04~0.115 25E−01
零偏模型系数 K2	−0.386 98E−05	−0.140 43E−03~0.132 69E−03
90 % 可信度极限值/[(°)·h^{-1}]·(℉)$^{-1}$		
零偏模型系数 K3	−0.264 21E−06	−0.994 68E−06~0.466 26E−06
90 % 可信度极限值/[(°)·h^{-1}]·(℉)$^{-2}$		
零偏模型系数 K4	0.164 69E−02	0.157 30E−02~0.172 08E−02
90 % 可信度极限值/[(°)·h^{-1}/(℉·h^{-1})]		
随机游走/(°)·h$^{-1/2}$	0.350 01E−02	
零偏模型系数 A1/(rad/0.02s)	0.360 48E−09	
零偏模型系数 A2/[(rad/0.02s)·V^{-1}]	−0.687 25E−10	
零偏模型系数 A3/[(rad/0.02s)·V^{-2}]	−0.604 41E−11	
抖动频率试验/Hz	364.1~370.6	349.0~389.0
启动时间/s	0.03~1.22	0~20

德国同行重视 GG1342 误差模型的辨识工作,专门安排作者参加了在德国"♯81 军用技术测量中心"(WTD-81)进行的测试工作。在 WTD-81,由三台 GG1342 和三台加速度计组成的"惯性测量组合"(IMU)被安装在一台美国 Contraves 公司的三轴转台上。由于该转台上没有温度控制箱,无法测定 GG1342 的温度误差系数。在 WTD-81 的上述测试未能达到预期的效果。

根据表 9-9 中提供的 GG1342 各项误差数值,可以看出:

(1) GG1342 的标度因数误差很小;

(2) GG1342 的零偏常值分量允许变化范围为 ±0.5 (°)/h,而实测的变化范围 K1 仅为 0.011 5 (°)/h;

(3) 温度变化对 GG1342 的零偏温度模型系数 K2,K3 影响很小;

(4) 温度变化速度对 GG1342 的零偏温度模型系数 K4 影响较大,约为 0.001 7 $((°)·h^{-1})/(°F·h^{-1})$;

(5) 零偏模型系数 A1,A2,A3 非常小,估计为电源电压 U 的影响。

为了辨识 RLG 的误差模型,除了在器件的层次上测试之外,比较简便的方法是在 LINS 的层次上测试,换句话说,需要对 LINS 的误差进行校准和补偿。在校准中,需要对 LINS 进行多位置翻滚,以 LINS 输出的速度信号(误差)为观测量。在下一节中,将介绍清华大学对 I-42-1S 型 LINS 进行校准所采用的方法,以及对误差进行补偿后的测试结果。

9.14 激光陀螺导航系统的校准

校准 LINS 中的各项主要误差模型系数,并加以补偿,这是保证 LINS 使用精度不可缺少的工作。在静态校准中,需要完成以下工作:

(1) 选择转台,对 IMU 进行精确的多位置翻滚;

(2) 选择 RLG 和加速度计的主要误差模型系数作为需要校准的变量,把它们列入 LINS 的状态方程,成为 LINS 增广后的变量;

(3) 判断 LINS 状态方程增广后的能观性,其测量方程的观测变量为 LINS 输出的导航速度信号;

（4）在 IMU 翻滚的每一个位置上，采用导航速度信号对需要校准的误差模型系数进行计算和补偿；

（5）通过 LINS 输出的导航速度信号，检验校准和补偿的精度。

在 I-42-1S 型 LINS 的校准中，作为位置转台，并不需要连续翻滚。参考俄国有关研究所的专用转台图纸，清华大学自制了一台手动的三轴转台。它绕三根轴的多位置姿态角均能达到 ±45°，±90°，±180°。手动三轴转台的外环轴为方位轴，采用散装式滚珠轴承结构；中环轴和内环轴分别为俯仰轴和横滚轴，均采用滚珠轴承结构。转台的姿态角是采用精密销钉固定的，定位精度优于 10″。自制转台的费用约为人民币 2 万元。

根据测试结果，L-1 型 RLG 的标度因数误差仅为 7.5×10^{-6}，在校准中可以忽略不计。因此，在 LINS 中需要校准的误差系数共为以下17 项：

（1）加速度计的零偏 3 项；

（2）水平加速度计的标度因数误差 2 项；

（3）水平加速度计的不正交角 3 项；

（4）RLG 的零偏 3 项；

（5）RLG 的不正交角 6 项。

在"导航"工作状态下，LINS 的误差校准方法可以分为两类：

（1）"整体校准"；

（2）"分别校准"。

前者是根据观测到的导航信号误差（速度和位置），采用 Kalman 滤波器估计 LINS 增广系统的上述 17 项误差系数值；后者是在每一个位置上，根据导航水平速度信号的误差，分别计算一项（或两项）误差系数，并及时加以补偿。

后者的优点是当时就可以判断对这项（或两项）误差经过补偿之后的效果。在每一个位置上，可以反复计算误差系数，逐步提高补偿的精度。在充分肯定补偿的效果之后，再转到下一位置上进行校准。为了缩短校准过程的时间，采用"分别校准"方法应当第一批校准加速度计的 8 项误差系数，计算方程如下

$$\delta a^{(N)} = - C_B^N M_a C_N^B \pmb{g}^{(N)} + C_B^N \nabla^{(B)} - \left[C_L^N \nabla^{(B)} - C_L^N M_a C_N^L \pmb{g}^{(N)} \right]_H -$$

$$[\boldsymbol{C}_L^N \boldsymbol{R} \boldsymbol{C}_N^L - \boldsymbol{C}_B^N \boldsymbol{R} \boldsymbol{C}_N^B]\boldsymbol{g}^{(N)} \qquad (9-19)$$

式中　　$\delta a^{(N)}$ 为每一位置上,导航坐标系"N"中的加速度计输出信号;

"N"坐标系为"东(z)"、"北(x)"、"天(y)"坐标系;

$\boldsymbol{C}_B^N$ 为载体坐标系"B"到"N"坐标系的坐标变换方向余弦矩阵。

$$\boldsymbol{M}_a = \begin{bmatrix} K_{axx} & M_{axz} & -M_{axy} \\ -M_{ayz} & K_{ayy} & M_{ayz} \\ M_{azy} & -M_{azx} & K_{azz} \end{bmatrix}$$

K_a 为加速度计标度因数误差;

$\boldsymbol{M}_a$ 为加速度计的不正交角;

$\nabla^{(B)}$ 为加速度计的零偏;

$\boldsymbol{C}_L^N$ 为 LINS 坐标系"L"到"N"坐标系的坐标变换方向余弦矩阵。

$\boldsymbol{R}$ 为 RLG 的不正交角误差向量,绕 x,y,z 轴的不正交角分别为

$$\boldsymbol{R}_x = \begin{bmatrix} 0 & M_{gyz} & -M_{gzy} \\ -M_{gyz} & 0 & 0 \\ M_{gzy} & 0 & 0 \end{bmatrix}$$

$$\boldsymbol{R}_y = \begin{bmatrix} 0 & M_{gxz} & 0 \\ -M_{gxz} & 0 & M_{gzx} \\ 0 & -M_{gzx} & 0 \end{bmatrix}$$

$$\boldsymbol{R}_z = \begin{bmatrix} 0 & 0 & -M_{gxy} \\ 0 & 0 & M_{gyx} \\ M_{gxy} & -M_{gyx} & 0 \end{bmatrix}$$

$\boldsymbol{g}^{(N)} = \begin{bmatrix} 0 & g & 0 \end{bmatrix}$ 为重力加速度向量;

式(9-19)中的 H 表示水平分量。

在清华大学开发的校准软件中,采用了"分别校准"的方法,其步骤如下:

(1)"第一位置"(初始)为水平位置,方位角为 0°。LINS 完成方位初始对准之后,转入"导航"状态。

(2) 转台绕横滚轴旋转 + 180°到"第二位置"。记录下东向速度在一定时间(T)内的增量 $V^+ = V_{ET}^+ - V_{E0}^+$。

(3) 转台返回"第一位置",LINS 再一次完成方位对准,并进入"导航"状态。转台绕横滚轴旋转 $-180°$(反向),到"第三位置"。记录下东向速度在同样时间(T)内的增量 $V^- = V_{ET}^- - V_{E0}^-$。

(4) 在"第二"和"第三"两个位置上,式(9 – 19)中的 C_B^N, C_L^N, C_N^B, C_N^L 应当是一样的,即

$$C_B^N = \begin{bmatrix} 1 & 0 & 0 \\ 0 & -1 & 0 \\ 0 & 0 & -1 \end{bmatrix}, \quad C_L^N = \begin{bmatrix} 1 & 0 & 0 \\ 0 & 1 & 0 \\ 0 & 0 & 1 \end{bmatrix}$$

$$C_N^B = \begin{bmatrix} 1 & 0 & 0 \\ 0 & -1 & 0 \\ 0 & 0 & -1 \end{bmatrix}, \quad C_N^L = \begin{bmatrix} 1 & 0 & 0 \\ 0 & 1 & 0 \\ 0 & 0 & 1 \end{bmatrix}$$

在"第二位置"上,根据式(9 – 19), $V^+/T = \delta a_z^{(N)} = -2 \ \nabla_z$

在"第三位置"上,根据式(9 – 19), $V^-/T = \delta a_z^{(N)} = -2 \ \nabla_z$

由此得到加速度计的误差系数

$$\nabla_z = -(1/4T)(V^+ + V^-) \tag{9 – 20}$$

每次计算得到的误差系数要及时进行补偿,根据东向速度增量(误差)的变化大小,判断校准的效果。例如,在 $T = 2$ min 时,东向速度的增量应小于 0.5 km/h,相当于加速度计的等效零偏为 60 μg。如果校准的效果不好,则应重复进行。

清华大学开发了专用的校准软件。在每个位置上,启动专用校准软件,在时间到达 T 后,有铃声提醒,自动记录 V^+。利用这项实测数据,专用软件可以计算出在这一位置上选定误差系数的校准值。在对误差系数补偿之后,应操作转台翻滚,回到初始位置。LINS 重新进行对准,再转入"导航"状态。然后,操作转台翻滚到相对应的位置上,测量 V^-。

在转台回到"第一位置",LINS 转入"导航"状态之后,最后检验该项误差系数补偿后的效果。如果 V^+ 和 V^- 过大,则应重复原来的校准过程,直到满足要求为止。依次在 10 个位置上进行校准,可以得到除 RLG 零偏以外的 14 项误差系数。

表 9 - 10 为一次典型的测试数据,测试日期为 1994 - 11 - 22。在校准中,采样时间间隔为 $T = 2$ min,测量数据 V^+ 和 V^- 的单位为 km/h。

表 9 - 10　清华大学校准 I-42-1S 型 LINS 的测试数据　　km/h

位置序号	校准前的 V^+	校准后的 V^+	校准前的 V^-	校准后的 V^-
1	4.40	- 0.23	3.94	0.26
2	- 2.37	- 0.67	0.58	- 0.09
3	10.40	0.49	- 11.43	- 0.46
4	16.76	0.17	1.33	0.09
5	6.95	- 0.14	0.75	- 0.35
6	6.28	0.49	- 2.49	0.21
7	129.10	0.38	- 111.10	0.72
8	12.80	0.06	24.44	- 0.23
9	17.89	0.17	- 2.35	0
10	- 1.88	0.06	- 8.66	- 0.03

在 14 项误差系数都经过补偿之后,最后校准 RLG 的零偏。校准的方法如下:在 LINS 的方位角为 0°和 270°的两个位置上,把实测的东向和北向速度误差值代入 LINS 的导航信号误差方程,计算 RLG 的零偏值。

表 9 - 11 为 I-42-1S 中 17 项误差系数的计算值。根据校准测试中对 RLG 误差模型系数的计算结果,可以得出结论:对 I-42-1S 型 LINS 所采用的校准方法是有效的。校准结果表明,I-42-1S 中的 17 项误差系数都得到了补偿,精度明显得到了提高:

(1) RLG 的不正交角<8 ″;

(2) 东向和北向 RLG 的零偏误差<0.016 (°)/h;

(3) 垂直方向 RLG 的零偏 - 0.039 1 (°)/h。

在 LINS 中,垂直方向 RLG 不影响方位对准(寻北)的精度。因此,对垂直方向 RLG 的零偏误差可以适当放宽要求。经过对 RLG 误差的校准和补偿,以 I-42-1S 型 LINS 为基础,可以开发车辆定位定向系统。

表 9 – 11　I-42-1S 误差系数的计算值(日期 1994 – 11 – 22)

误差系数	校准前的数值	校准后的数值
加速度计零偏/μg (∇_x　∇_y　∇_z)	1 066.93 −173.99 −491.88	15.33 −34.21 −1.77
加速度计标度因数误差/10^{-6} ($K_{axx} K_{azz}$)	2 068.98 5 147.69	66.06 224.12
加速度计不正交角/(″) ($M_{azx} M_{ayz} M_{azy}$)	43.55 187.35 437.95	1.85 −11.92 26.76
RLG 不正交角/(″) ($M_{gxy} M_{gyx} M_{gxz} M_{gzx} M_{gyz} M_{gzy}$)	164.96 −256.44 379.31 −492.45 −906.07 −283.21	2.19 0.73 4.14 −4.14 4.14 7.06
RLG 零偏重复性/(°)·h^{-1} ($\varepsilon_x \varepsilon_y \varepsilon_z$)	0.127 7 0.097 2 0.168 9	−0.012 5 −0.039 1 0.015 4

和液浮陀螺平台式 INS 相比,LINS 的优点是不需要温度控制。在 I-42-1S 中,如果改用石英挠性加速度计,去替换原来的液浮加速度计,则 I-42-1S 的启动时间可以缩短。为此,在清华大学研制的"光学陀螺车辆定位定向系统"中,采用了由三只石英挠性加速度计组成的"速度测量模块"。在装入 LINS 之前,速度测量模块单独进行了误差校准,包括测定了三只石英挠性加速度计之间的不正交角。

9.15　本章小结

总结美、德、俄等国研制 RLG 产品的经验,在研制 RLG 中必须重视解决以下关键技术问题:

（1）减小反射镜的背向散射率；

（2）实现腔内光束几何位置的控制；

（3）采用闭环的机械抖动控制系统；

（4）减小读出脉冲信号的角度当量值；

（5）提高读出信号的采样频率。

在目前得到大量应用的反射镜式 RLG 中,美国的专利和德国的研究结果都表明:为了减小闭锁阈值,在减小反射镜背向散射率的同时,必须采用镜面角度和直线位置的闭环控制系统,调节腔内光束的几何位置,使得合成的背向散射光强为最小。

在 RLG 器件和 LINS 系统层次上的测试结果都表明,俄国棱镜式的 RLG 达到了导航级陀螺仪的水平。

为了满足高动态载体的信号采样要求,在采用机械抖动偏频装置的 RLG 产品中,必须尽量提高机械抖动的频率。同时,为了改进机械抖动偏频装置的性能,需要采用高分辨率的抖动角传感器,并在闭环抖动控制系统中,引入随机抖动信号。

清华大学对 TRILG 和 KM-11 中的两种抖动偏频系统进行了实验研究。前者为闭环系统,后者为开环系统。实验研究结果表明,前者具有明显的优势。这里的关键技术是提高抖动角传感器的性能。

为了实现 RLG 的小型化,需要采用 RLG 输出信号的细分技术,减小脉冲信号的角度当量值。清华大学研制成功了 TRILG 的"二细分信号"和"高频"读出系统。测试结果表明,TRILG 的精度得到了提高,满足了把 TRILG 应用于高动态载体的要求。

参 考 文 献

1　Aronowitz F. The Laser Gyro. In: Laser Applications. New York: A-
cademic Press, 1971. 133~200

2　Killpatrick J E. Laser Gyro Dither Random Noise. SPIE Proceedings
487, 1984. 85~93

3　Rodloff R K, Jungbluth W W. Reflectivity Measurements of Laser
Gyro Mirrors. Translation of DFVLR-FB-83-35 "Reflexionsmessung

an Laserkreiselspiegeln", European Space Agency, Technical Translation ESA-TT-851. Brunswick, West Germany: Institute for Flight Guidance, 1984

4　姜亚南. 环形激光陀螺. 北京:清华大学出版社, 1985

5　Rodloff R K, Burchardt W, Jungbluth W W. Measurements of Laser Gyro Errors as a Function of Beam Path Geometry. Translation of DFVLR-FB-85-02 "Messungen zum Fehlerverhalten von Laserkreiseln in Abhaengigkeit von der Strahlgeometrie", European Space Agency, Technical Translation ESA-TT-922. Brunswick, West Germany: Institute for Flight Guidance, 1985

6　Rodloff R K, Jungbluth W W. Piezoceramic Servo-Drive for Production Translation Motion, Especially for Application to Ring Laser Mirrors. United States Patent, 4639630. 1987-01-27

7　Rodloff R K, Jungbluth W W. Ring Laser, Particularly for a Ring Laser Type of Gyro. United States Patent, 4657391. 1987-04-14

8　Rodloff R K. A Laser Gyro with Optimized Resonator Geometry. IEEE Journal Quantum Electronics, 1987, 23(4)

9　Wilkinson J R. Ring Lasers. Progress Quantum Electronics, Vol. 11. Pergamon Journals Ltd, UK, 1987. 1~103

10　章燕申, 汤全安, 潘珍吾. 激光陀螺及其误差补偿. 航空学报, 1990, 11(3):34~40

11　Hadfield M J. INS Hardware Trends. Proceedings, The 2nd International Workshop on High Precision Navigation, Stuttgart / Freudenstadt, Germany, Nov. 1991. Dummlers Verlag, 1992. 491~506

12　苏力. 环形激光信号器与速率偏频技术的研究:[学位论文]. 北京: 清华大学, 1993

13　Zhang Y S, Tang Q A, Su L. Development of a Portable Goniometer using Ring Laser Sensor. Proceedings of the Second International Conference on Optoelectronic Science and Engineering, 15-18 August, Beijing. SPIE Vol 2321. 1994. 302~304

14　郑露滴, 汤全安, 章燕申. 激光陀螺电路系统的研制. 中国惯性技术

学报,1996,4(1)

15　Zheng L D,Tang Q A,Zhang Y S. Research on Key Techniques for Miniaturization of a RLG. Proceedings of the 52th Annual Meeting, Cambridge,MA,USA. 1996. 617~620

16　郑露滴. 环形激光陀螺控制电路与误差模型的理论与实验研究：[学位论文].北京:清华大学,1996

17　Xu F Y,Liu Q G,Guo M f,Yang H J,Teng Y H,Zhang Y S. Investigation of a Digital Readout System for Laser Gyro. Proceedings of the Symposium on Gyro Technology,Stuttgart,Germany. 1997

18　郭美凤. 激光陀螺读出系统与误差校准技术实验研究：[学位论文].北京:清华大学,1998

19　杨海军. 激光陀螺信号高频读出与激光惯性导航系统研究：[学位论文].北京:清华大学,2000

20　Guo M f,Yang H J,Teng Y H,Zhang Y S. Investigation on the High Frequency Readout System for Dithering Ring Laser Gyro. Proceedings of the ION 57th Annual Meeting / CIGTF 20th Biennial Guidance Test Symposium, June 11-13, Albuquerque, NM, USA. 2001. 765~769

21　Abdale J,Benischek V,Macek W. History of Ring Laser Gyroscope Development at Lockheed Martin(Formerly Sperry). Proceedings of the ION 57th Annual Meeting / CIGTF 20th Biennial Guidance Test Symposium,June 11-13,Albuquerque,NM,USA. 2001. 176~187

22　Loukianov D P,Filatov Yu V,Kuryatov V N,Vasiliev V P,Buzanov V I,Spectorenko V P,Klochko O I. The History of Laser Gyro Development in the Former Soviet Union. Proceedings of the ION 57th Annual Meeting / CIGTF 20th Biennial Guidance Test Symposium, June 11-13,Albuquerque,NM,USA. 2001. 225~237

第 *10* 章

光纤陀螺仪的系统结构与误差分析

10.1 引 言

1976 年以来,在光纤通讯技术发展的基础上,美、日、德等国的高等院校和工业部门高度重视以下两种光纤陀螺仪 (Fiber optic gyro, FOG)的实验研究和产品开发:

(1) 谐振型光纤陀螺 (Resonator fiber optic gyro, RFOG);

(2) 干涉型光纤陀螺 (Interferometric fiber optic gyro, IFOG)。

在 FOG 中,采用光纤线圈作为 Sagnac 效应的敏感环(Sagnac sensing ring, SSR),取代了 RLG 中昂贵的反射镜谐振腔。同时,采用半导体发光管(或固体激光器)取代了 RLG 中的气体激光器,不需要真空密封结构和排气工艺。和 RLG 相比较,FOG 的优势是:

(1) 成本可以显著降低;

(2) 可以发展成为理想的全固态光学陀螺仪。

在导航产品的市场中,RFOG 还处在研究阶段,IFOG 的应用情况如下:

(1) 作为角速率传感器得到了大量应用,占有主要的市场份额；

(2) 组成的航姿系统(AHRS)得到了广泛应用,在精度上有较大潜力；

(3) 组成的惯性导航系统(INS)应用较少,RLG 仍然占有主要的市场份额。

目前,IFOG 已经发展成为一门新兴的光学陀螺仪产业。但是,各种微型机械陀螺仪在低成本方面显然具有很大的优势。因此,当前应当分别研究和开发以下两种 FOG 的产品：

(1) 中、低精度的 FOG,必须低成本和小型化；

(2) 高精度的 FOG,应能取代 RLG,甚至 ESG。

在本章中,将从系统结构和所用器件两个方面介绍 FOG 的以下技术问题：

(1) 无源腔和有源腔等两种 RFOG 的研究成果；

(2) 开环和闭环两种 IFOG 的系统结构；

(3) IFOG 的误差分析；

(4) IFOG 主要器件的产业化问题；

(5) 导航级 IFOG 的研究成果。

10.2 无源腔的谐振型光纤陀螺仪

1983 年,美国 MIT "光电子实验室"的 S. Ezekiel 首次提出了 RFOG 的系统结构方案。在光路系统中,光源仍然采用氦氖激光器。为了取代反射镜组成的谐振腔,敏感 Sagnac 效应的环形腔采用了单模光纤绕制的线圈。

Ezekiel 提出的 RFOG 系统结构在表面上似乎和 RLG 相类似,但实质上二者是有本质性区别的。在 RLG 中,采用的是"有源式谐振腔"(Active resonator)。在 Ezekiel 的 RFOG 中,光源只能被放置在光纤线圈之外,谐振腔内没有光源。因此,应当把 Ezekiel 提出的 RFOG 归属于另一类型的 RLG ,在工程界称为"无源腔激光陀螺"(Passive resonator laser gyro,PRLG)。

1990 年,Ezekiel 公布了他的实验研究情况。他所建立的实验装置系统结构如图 10 - 1 所示,主要参数见表 10 - 1。

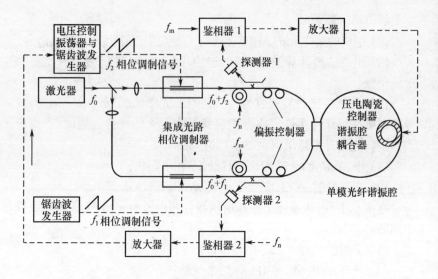

图 10 - 1　Ezekiel RFOG 实验装置的结构图

表 10 - 1　Ezekiel RFOG 实验装置的主要参数

部件名称	主要参数
窄带光源	氦氖激光器,波长 1.5 μm
谐振腔	单模光纤线圈,直径 178 mm,长度 20 m,清晰度 90,采用压电陶瓷控制器调节光纤线圈的长度,改变谐振频率
移频器	两只集成光路相位调制器,采用锯齿波信号,分别控制光纤线圈内双向光束的频率偏移,跟踪谐振频率
读出系统	两只探测器,分别检测光纤线圈内双向光束偏离谐振状态的失谐信号

　　实验装置被安装在转台上,调整控制电路,使顺、逆时针方向的光束都达到谐振状态,它们的谐振频率分别用 f_1、f_2 来表示。在实验研究中,作为性能测试的对比(基准)仪器,采用了一台 GG1342 型 RLG,在转台的不同转速下,记录 RFOG 输出的差频信号 $f_1 - f_2$。

　　在性能测试中,转台的转速范围选择为 $\pm 8.5 \sim \pm 43.5$ (°)/s,样本长度为 45 min,采样信号的积分时间为 0.5 s。以 GG1342 的读出信号为基准,测出 RFOG 实验装置的精度如表 10 - 2 所示。

表 10 - 2   Ezekiel RFOG 实验装置的精度测试结果

测试项目	测试结果
标度因数稳定性	均值 2.966 4 (″) / pulse, 标准差 0.002 5 (″) / pulse
零偏稳定性	逐次启动 27 (°)/h

实验研究的结果证明, Ezekiel 提出的 RFOG 系统结构是正确的, 可以长时间正常工作。但实验装置的精度较差, 原因是光纤谐振腔的损耗较大, 同时, 光源的光能只有很少一部分可以进入谐振腔, 导致读出信号较弱。这些问题实质上都是"无源腔激光陀螺"这种系统结构的缺点。

日本东京大学"先进科学与技术研究中心"(Research Center for Advanced Science and Technology, RCAST)的保立和夫(K. Hotate)长期坚持和美国 MIT 相类似的无源腔 RFOG 研究, 在系统结构和误差分析等方面发表了多篇论文。他深信, 无源腔 RFOG 在"性能价格比"上优于 RLG 和 IFOG, 因而应当开发成为产品。他曾多次应邀访问中国, 向作者和中国 FOG 研究工作者介绍了他的上述学术观点。

1996 年作者访问 MIT"光电子实验室"时, 曾想向 S. Ezekiel 了解当时实验研究的细节, 但被告知, 他已离去从事教学工作, 不再进行 RFOG 的研究。与此相类似, Hotate 也已离开"先进科学与技术研究中心", 回到电机系去教课。应当指出, 虽然 Ezekiel 和 Hotate 的研究项目被迫终止, 因为他们未能研制出精度较高的 FOG 产品, 但是, 他们的科研成果理应得到充分的肯定。

在 Ezekiel 提出的 RFOG 系统结构中, 采用了伺服系统使双向光束跟踪光纤线圈的谐振频率, 从而保证了光束达到谐振状态。这是一个创新点。此前, 在 RLG 的氦氖激光器中并无必要采用控制技术去保证光束达到谐振状态。

上述 RLG 中的技术发展情况和 ESG 中的静电支承系统情况相同。在早期的 ESG 中, 没有采用伺服系统, 而是采用了"谐振式静电支承系统"。后来, 在 Stanford 大学和清华大学所研制的 ESG 中, 都采用了具有伺服系统的静电支承系统。实验结果证明, "谐振式静电支承系统"的性能很差, 无法满足 ESG 产品的要求。因此, 采用具有伺服系统的静电支承系统是必要的。

在目前的 RLG 中,由于闭锁阈值必须控制在很低的水平上,谐振腔的清晰度非常高,确实不需要采用伺服系统去控制光束达到谐振状态。作者认为,在未来的新型谐振型光学陀螺仪中,如果采用偏频方法以外的其他方法去消除闭锁现象,则 Ezekiel 提出的“有源光束谐振控制系统”无疑将得到实际应用。

1993 年以后,“具有无源腔 RFOG”的研究报道在文献中逐步减少。美、德等国都转向研究“具有有源腔的 RFOG”。为了研究和开发出 RFOG 的产品,必须研究如何去克服无源腔 RFOG 所带来的以下难点:

(1) 在无源腔 RFOG 中,光源只能被放置在光纤线圈之外,通过耦合器输入和输出光束的能量。因此,光源能量的利用率很低,必须采用大功率的窄带光源。

(2) 在光纤线圈中传输时,光的折射率不是常数,而是光强等因素的非线性函数,因而 Kerr 效应将导致较大的 RFOG 误差。

(3) 由于光纤的热膨胀系数较大,光纤线圈的长度稳定性很差。在目前的 RLG 中,依靠采用低膨胀系数陶瓷玻璃(Zerodur)的谐振腔,保持腔长稳定。在无源腔 RFOG 中,必须采用其他方法。

10.3 Brillouin 光纤陀螺仪

1980 年,美国 P. J. Thomas 等人首次提出了有源腔的 RFOG 系统结构方案。在有源腔的 RFOG 中,取消了氦氖激光器,建议采用“受激 Brillouin 溅射”(Stimulated Brillouin Scattering, SBS)的光纤作为光源。这种具有“有源式谐振腔”的 RFOG 被称为“Brillouin 光纤陀螺仪”(Brillouin Fiber Optic Gyro, BFOG)。在德国,BFOG 被称为“Brillouin 激光陀螺仪”(Brillouin Ring Laser Gyro, BRLG)。

1989 年,R. K. Kadiwar 和 I. P. Giles 首次建立了 BFOG 的实验研究装置,验证了它的工作原理。

1993 年,在 Litton 公司的支持下,Stanford 大学的 H. J. Shaw 和 B. Y. Kim 指导了 S. Huang 和 K. Toyama 等多名博士生,深入研究

了 BFOG 的系统结构。在他们发表的论文中,主要的创新点是提出了一种"光学抖动装置",类似于 RLG 中的机械抖动装置,用于消除BFOG 的闭锁阈值。如图 10 - 2 所示,他们采用了两只压电陶瓷相位调制器 PM1 和 PM2。在每只压电陶瓷柱上,缠绕了 6 m 长的光纤。在相位调制电路的控制下,两只压电陶瓷相位调制器工作于推挽状态。

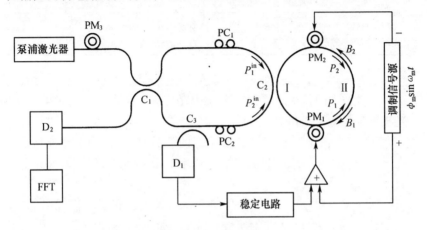

图 10 - 2　美国 Stanford 大学 BFOG 实验装置的系统结构图

表 10 - 3 和表 10 - 4 分别为 Stanford 大学 BFOG 实验装置的主要参数和实验研究结果。所采用的推挽调制参数为:调制指数 $\Phi_m = 2.4$,调制频率 $f_m = 11$ kHz。

表 10 - 3　美国 Stanford 大学 BFOG 实验装置的主要参数

部件名称	主要参数
光源	采用激光二极管泵浦 Nd:YAG 环形激光器,波长 1.32 μm
谐振腔	单模光纤线圈,直径约 200 mm,长度约 27 m; 采用压电陶瓷相位调制器 PM 3(或 PM 1,PM 2)稳定频率; 采用偏振控制器 PC 1,PC 2 使腔内双向泵浦光强达到最大值
闭锁消除装置	推挽式压电陶瓷相位调制器 PM1,PM2
读出系统	采用探测器 D 2 检测谐振腔内双向光束的拍频信号

实验研究是在转台上进行的,当"光学抖动装置"不工作时,BFOG

实验装置的闭锁阈值为 0.5 (°)/h；当"光学抖动装置"工作时，则为 0.05 (°)/h。实验结果表明，推挽式相位调制器可以把 BFOG 的闭锁阈值减小为十分之一。

表 10 - 4　美国 Stanford 大学 BFOG 实验装置的性能测试结果

部件性能	陀螺性能
光源线宽（FWHM）　100 kHz	标度因数　0.966 kHz/[(°)·s^{-1}]
光纤线圈环形腔的清晰度　75	脉冲信号当量　3 (″)/pulse

在 BFOG 中，Kerr 效应是主要的误差来源。1996 年，Shaw 指出，这一关键技术问题很难得到解决，原因在于顺、逆时针方向的两束 SBS 光波很难保持光强相等。

2001 年，由于达不到导航级陀螺的产品水平，BFOG 的研究已经终止。Shaw 的研究重点转为"掺铒光纤光源"等光纤器件，研究经费仍旧由 Litton 公司资助。

1994 年，德国 BGT 公司的 M. Raab 等人公布了他们提出的"双色 BRLG"系统结构及实验研究结果，其原理如图 10 - 3 所示。M. Raab 认为，在 BRLG 的设计中，和氦氖气体 RLG 相似，基本要求是必须保证双向光束在光纤环形腔内振荡的稳定性。这里，如何选择谐振腔"输入／输出耦合器"的耦合系数是一个重要问题，因为泵浦光束和 SBS 光束共用这一耦合器。耦合器的参数将影响光纤谐振腔的清晰度。

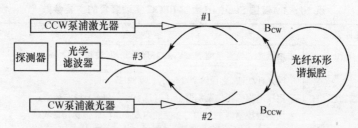

图 10 - 3　德国 BGT 公司双色 BRLG 的原理图

BRLG 的设计原则是尽可能地提高光纤谐振腔的清晰度。为此，需要降低光纤谐振腔中的传输损耗，并采取措施防止光纤端面产生反射损耗。例如,将光纤的端面斜截等。

BRLG 的系统结构如图 10-4 所示。

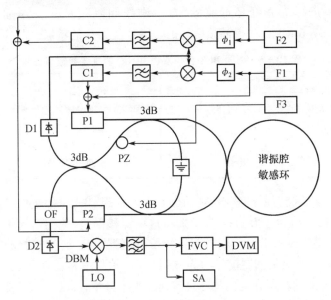

P1,P2—泵浦激光器;D1,D2—探测器;F1,F2,ϕ_1,ϕ_2,C1,C2—分别
为 P1,P2 频率调制单边带稳定回路中的频率信号发生器、移频器和控制电路;
PZ—相位调制器;F3—频率信号发生器;OF—光学滤波器;LO—本机振荡器;
FVC—频率/电压变换器;DVM—数字电压表;SA—频谱分析仪;DBM—双稳混频器。

图 10-4   德国 BGT 公司双色 BRLG 的系统结构图

在光源波长为 1.3~1.5 μm 的 BRLG 中,采用焊接结构构成无接
点的光纤谐振腔,其传输损耗可以减小到 0.1 % 的量级。选择"输入／
输出耦合器"的耦合系数略大于损耗值,例如,小于 1 %。这样,99 %
以上的光能将在光纤谐振腔内产生谐振。

BRLG 的另一条设计原则是保持泵浦光束和光纤环形腔内的谐振
光束具有同样的固有偏振态。在图 10-4 中,采用了频率调制(FM)技
术中的标准边带方法。在室温情况下,为了保证 SBS 环形激光器(B-
RL)正常工作,泵浦光束的阈值功率为 280 μW,泵浦激光器的效率为
31 %。

表 10-5 为德国 BGT 公司双色 BRLG 的主要参数。整个 BRLG

的实验装置安装在一块底板上,光纤环形腔的法线处于水平位置。合光的拍频信号经过光学滤波器之后,由探测器 D2 读出。本机振荡器的频率选择为光纤环形腔的"自由谱线间隔"(Free spectral range, FSR),47.6 MHz,使得混频后的拍频信号在 kHz 的量级。

表 10 - 5　德国 BGT 公司双色 BRLG 的主要参数与性能

主要参数		性　能	
泵浦激光器的波长	1.32~1.55 μm	闭锁阈值	200 Hz(300 (°)/h)
光纤环形腔长度	4.35 m	理论上双色光情况下应为零	
直径	27 cm	标度因数	0.685 Hz/[(°)·h^{-1}]
耦合器的耦合系数	0.01	漂移误差	约 60 (°)/h

在实验装置的调整中,M. Raab 等人发现 BRLG 拍频信号的随机漂移较大,约为 100 Hz。为了减小这项漂移误差,他们引入了频率信号发生器 F3,用于控制压电陶瓷相位调制器 PZ。调整实验的结果表明,当 F3 的相位调制信号约为 4 kHz 时,拍频信号比较稳定,可以分辨出 BGT 公司所在地的地球自转速度水平分量,即 10.0 (°)/h。

经过上述调整之后,对实验装置进行了以下两项性能测试:

(1) 在 E - S - W - N 四个方位上,读取实验装置的拍频信号,可以区分出方位角,实验装置的分辨率约为 10.0 (°)/h;

(2) 在每个方位上,测试时间(样本长度)为 300 s,得到实验装置的漂移误差约为 60 (°)/h。

对上述测试结果的分析如下:

(1) 环境温度的变化对光纤的折射率影响很大,根据计算,实验装置中光纤环形腔 FSR 的温度系数约为 400 Hz / K。因此,在 300 s 的测试过程中,实测的漂移误差 60 (°)/h 仅相当于温度变化约 0.1 ℃。在当时的测试环境中,这种微小的温度变化是完全可能的。由此可见,在导航级的 BRLG 中(精度 0.01 (°)/h),温度稳定度应控制为 10 μK。

(2) 在双向光束功率不等的情况下,根据计算,Kerr 效应造成的实验装置误差约为 40 Hz/mW,即 58.4 [(°)· h^{-1}] / mW。

总结上述,M. Raab 和 H. J. Shaw 得出了同样的结论:Kerr 效应是 BRLG 的主要误差来源。此外,光纤环形腔的品质因数 Q 值仅为

10^2 的量级,而 RLG 的 Q 值为 10^5 的量级。在 BRLG 中,闭锁阈值较大,闭锁消除装置也是一项关键技术。

10.4 干涉型光纤陀螺仪的"最小互易结构"

IFOG 和 RLG 的工作原理差别较大。如图 10-5 所示,在 IFOG 中,双向光束在敏感 Sagnac 效应的光纤线圈内并未形成谐振的驻波。因此,读出信号不是双向光束之间的频率差值(拍频),而是它们之间的相位差值。

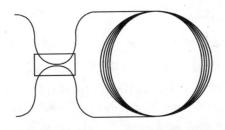

图 10-5 IFOG 中敏感 Sagnac 效应的光纤线圈

假设在 IFOG 中光纤线圈的直径为 D,光纤线圈的长度为 L,光波在真空中的传播速度为 c。在载体处于静止状态下,假定折射率为 n。光波在光纤线圈中传播一周后,顺、逆时针方向两束光波的光程差可写为

$$\Delta L = nLD\Omega/2c \qquad (10-1)$$

光波在光纤中的折射率与其传播速度有关。在载体的角速度 $\Omega \neq 0$ 时,Ω 所造成 Sagnac 效应敏感环的线速度为 $(\Omega D/2)$。在这种情况下,顺时针方向光波的速度将减小$(v_{CW} < c/n)$,相应的折射率将增大$(n_{CW} = c/v_{CW} > n)$;而逆时针方向光波的速度将增大$(v_{CCW} > c/n)$,相应的折射率将减小$(n_{CCW} < n)$。顺、逆时针方向两束光波的折射率之间将有以下的关系

$$n_{CW} - n_{CCW} = (1 - n^2)D\Omega/c \qquad (10-2)$$

$$n_{CW} + n_{CCW} = 2n \qquad (10-3)$$

顺、逆时针方向光束在光纤线圈中传播一周所需的"渡越时间"将

分别等于

$$t_{CW} = \frac{n_{CW}(L - \Delta L)}{c}, t_{CCW} = \frac{n_{CCW}(L + \Delta L)}{c}$$

$$t_{CW} - t_{CCW} = \frac{L}{c}(n_{CW} - n_{CCW}) + \frac{nLD\Omega}{2c^2}(n_{CW} + n_{CCW})$$

$$= (1 - n^2)LD\Omega/c^2 + n^2 LD\Omega/c^2$$

$$= LD\Omega/c^2$$

$$(10 - 4)$$

在 IFOG 中,顺、逆时针方向光束之间的非互易相位差为

$$\Delta\Phi_{NR} = \frac{2\pi c}{\lambda}(t_{CW} - t_{CCW}) = \frac{2\pi LD}{c\lambda}\Omega \qquad (10 - 5)$$

在给定角速率分辨率 $\Delta\Omega$ 和波长 λ 的情况下,可以设计 IFOG 中光纤线圈的直径和长度。通常,在导航级 IFOG 中,$\Delta\Omega = 0.01$ (°)/h = 48×10^{-9} rad/s,$\lambda = 1.3$ μm,则 IFOG 中的光纤线圈可设计为:$D = 75$ mm,$L = 500$ m,其相位差角与输入角速度之间的标度因数 $SF = 0.604$ s。在导航级 IFOG 中,要求测量的有用信号为 $\Delta\Phi_{NR} = 48 \times 10^{-9} \times 0.604 \approx 30$ nrad。同时,要求所有的干扰都控制在小于 30 nrad 的极低水平。

在 IFOG 中,除了输入的载体角速度之外,其他任何因素都不应引起双向光束之间的相位差。为此,IFOG 的系统结构必须具有"互易性"。光束的相位、偏振态(State of polarization, SOP)、以及损耗等各项光学参数在双向传播中的变化都应完全相同。这种系统结构被称为"最小互易结构"(Minimum reciprocal configuration)。

图 10 - 6 为 IFOG 的最小互易结构图。在左、右两个耦合器之间,插入了一个起偏器(Polarizer)。顺、逆时针方向进、出光纤线圈的光束都必须通过这个起偏器,以保证它们互相干涉。此外,为了保持光束在传播中的偏振方向不发生任何变化,光路中所有器件的光学性能都应当是线性的、时不变的,并且不受外部磁场的影响。

1983 年,受 Litton 公司的委托,Stanford 大学应用物理系 H. J. Shaw 教授主持 FOG 产品的研究和开发。他们先后研制成功了"单模光纤耦合器"、"单模光纤起偏器"等关键器件,并采用保偏光纤绕制了

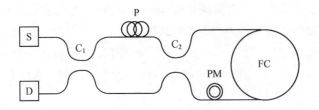

S—光源;D—探测器;C1,C2—耦合器;FC—光纤线圈;P—起偏器;PM—相位调制器。

图 10 - 6   IFOG 的"最小互易结构"图

光纤线圈。在此基础上,采用压电陶瓷的光学相位调制器,他们首次建立了全光纤 IFOG 的实验装置。图 10 - 7 为该实验装置被安装在单轴转台上的情况。

图 10 - 7   Stanford 大学 IFOG 的实验装置①

10.5   消偏的干涉型光纤陀螺仪

在 IFOG 发展的早期,保偏光纤比较昂贵。出于降低成本的考虑,

---

①　作者摄于 1983 年。

美国 Honeywell 等公司重视消偏 IFOG 的研究和产品开发,尝试采用价格低廉的单模光纤来绕制光纤线圈。

为此,需要在图 10-6 的光路中增加两个"消偏器"(Depolarizer,DP),把输入光纤线圈的光束转换为圆偏振光。这种 IFOG 被称为"消偏的 IFOG",如图 10-8 所示。

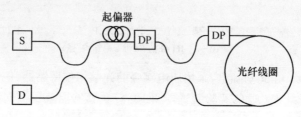

图 10-8 消偏的 IFOG 光路图

从机理上看,研制消偏的 IFOG 需要解决以下三方面的问题。

(1) 光源功率问题:在通过光纤线圈之后,顺、逆时针方向的圆偏振光都需要通过起偏器,重新转换为线偏振光才可能互相干涉。因此,消偏 IFOG 的光能损耗比保偏 IFOG 大。

(2) 磁场误差问题:光纤线圈中的圆偏振光对外部磁场的敏感度较高,消偏 IFOG 的磁场误差比保偏 IFOG 大。

(3) 信噪比问题:在消偏 IFOG 中,虽然"消偏器/起偏器"的组合作用没有改变光束的热性能,但是,将影响探测器所接收光信号的谱特性。因此,在消偏 IFOG 中,读出信号的噪声比光源的噪声大。

Honeywell 公司已成功地开发出消偏 IFOG 的产品,所采取的措施为:(1)增大光源功率,用于补偿额外的 3 dB 光能损耗;(2)采用两个消偏器,减小消偏 IFOG 的磁场误差。测试结果证明,可以达到和保偏 IFOG 同样的性能。但是,信噪比问题很难解决。假设光源是一个热源,消偏 IFOG 读出信号的相干时间将等于光源相干时间的 1.5 倍。因此,和保偏 IFOG 相比较,消偏 IFOG 的随机游走将增大 21%($\sqrt{1.5}=1.21$)。

10.6　开环干涉型光纤陀螺仪的读出系统

如图 10-9 的左图所示,IFOG 探测器的输出信号是按余弦曲线变化的光强

$$I_D = \frac{I_0}{2}\{1 + \cos\Delta\Phi\} \qquad (10-6)$$

式中　$\Delta\Phi$ 为顺、逆时针方向光波之间的相位差。

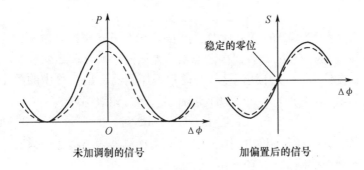

未加调制的信号　　　　　　加偏置后的信号

图 10-9　IFOG 探测器的输出信号

在输入角速度 Ω 很小的情况下,$\Delta\Phi\approx0$。这时,探测器输出信号的灵敏度(切线为水平线)为零,并且不能辨别 Ω 的方向(极性)。为了获得最大的输出信号灵敏度,并能分辨 Ω 的极性,必须设置 $\pi/2$ 的相位偏置角,如图 10-9 的右图所示。

在 IFOG 中,通常的做法如下,利用顺、逆时针方向光波到达相位调制器的时间延迟来产生所需的相位偏置角。假设相位调制采用正弦波信号 $\Omega(t) = A\sin\omega_m t$,相位调制器放置在紧靠光纤线圈的地方,则

$$\Phi_m(t) \equiv \Phi(t) - \Phi(t - T) \qquad (10-7)$$

式中　T 为延迟时间,亦称"渡越时间",即光束在光纤线圈中传播一圈所需的时间

$$T = n_g L / c \qquad (10-8)$$

式中　n_g 为波群的折射率,$n_g = n - \lambda \dfrac{dn}{d\lambda}$。

在选定 $\Phi(t)$ 后,相位偏置角等于

$$\Phi_{\mathrm{m}}(t) = 2A\sin\left[\frac{\omega_{\mathrm{m}}T}{2}\right]\cos\left[\frac{\omega_{\mathrm{m}}(t-T)}{2}\right] \quad (10-9)$$

设 $\phi_{\mathrm{m}} \equiv 2A\sin\left[\dfrac{\omega_{\mathrm{m}}T}{2}\right]$，$t' \equiv t - (T/2)$，根据式(10-6)，得到

$$I_{\mathrm{D}} = \frac{I_0}{2}\left\{1 + \cos[\Delta\Phi + \phi_{\mathrm{m}}\cos\omega_{\mathrm{m}}t']\right\} \quad (10-10)$$

上式可展开为 Fourier 级数的各项分量之和

$$I_{\mathrm{D}} = \frac{I_0}{2}\left\{1 + J_0(\phi_{\mathrm{m}})\cos\Delta\Phi - 2J_1(\phi_{\mathrm{m}})\sin\Delta\Phi\cos\left[\frac{\omega_{\mathrm{m}}(t-T)}{2}\right] + \Lambda\right\}$$
$$(10-11)$$

式中，$J_n(\phi_{\mathrm{m}})$ 为 ϕ_{m} 的第 n 次"1 类 Bessel 函数"；各奇次谐波项的光强信号与 $\sin\Delta\Phi$ 有关；而各偶次谐波项的光强信号则与 $\cos\Delta\Phi$ 有关。

在设计 IFOG 的读出系统时，通常把探测器输出信号中的第 1 次谐波分量 $J_1(\phi_{\mathrm{m}})$ 作为 IFOG 的读出信号，进行相敏解调

$$I_{\mathrm{D}} \cong I_0 J_1(\phi_{\mathrm{m}})\sin\Delta\Phi \quad (10-12)$$

当 $\Delta\Phi \approx 0$ 时，调制的中心位置为零，探测器输出信号中只有各偶次谐波项被调制，如图 10-10 所示。

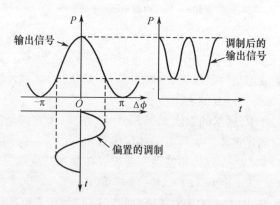

图 10-10　$\Delta\Phi \approx 0$ 时，IFOG 探测器输出信号的波形

在 $\Delta\Phi \neq 0$ 时，调制的中心位置将偏离零点。这时，探测器输出信号中的各奇次谐波项将得到调制，如图 10-11 所示。它们包含着 Sagnac 相位移 $\Delta\Phi_{\mathrm{S}}$ 的信息，采用锁相放大器进行解调和计算，可以得

到 IFOG 的读出信号。

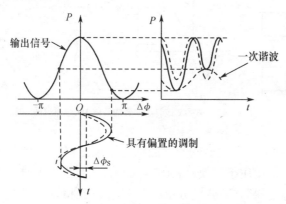

图 10-11 Δ*Φ*≠0 时, IFOG 探测器输出信号的波形

在设计 IFOG 时, 一个重要的问题是如何选择调制的角频率 $\omega_m = \dfrac{\pi}{T}$。当 $\left[\dfrac{\omega_m T}{2}\right] = \dfrac{\pi}{2}$ 时, 在给定幅值 A 的情况下, 调制的深度为最大。这一调制频率被称为光纤陀螺的"本征频率"

$$f_m = \omega_m/2\pi = 1/2T = c/2n_g L \qquad (10-13)$$

根据式(10-13)。在 IFOG 中 $f_m \times L \cong 100$ m·MHz。通常 IFOG 中光纤线圈的长度 $L \leqslant 500$ m, 本征频率 $f_m \geqslant 200$ kHz。因此, 早期曾采用的压电陶瓷调制器不能满足要求, 必须采用 Y 波导调制器, 图 10-12 为采用 Y 波导调制器的保偏 IFOG 原理图。在消偏的 IFOG 中, 也必须采用 Y 波导调制器。如图 10-13 所示, 两个消偏器应当安装在 Y 波导调制器与光纤线圈之间。

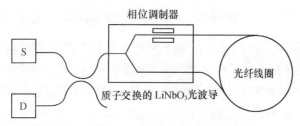

图 10-12 采用 Y 波导调制器的保偏 IFOG 原理图

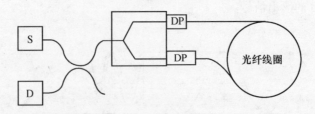

图 10 - 13　采用 Y 波导调制器的消偏 IFOG 原理图

图 10 - 14 为 Y 波导调制器的结构原理图,是在铌酸锂(LiNbO₃)晶体基片上采用质子交换(Proton exchange)工艺制成的。它包括"平面光波导起偏器"、"Y 波导分束器"和"电／光相位调制器"等三个器件。

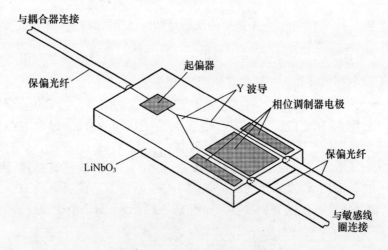

图 10 - 14　Y 波导调制器的结构原理图

应当指出,IFOG 生产厂都无例外地自行生产 Y 波导调制器。这一事实充分说明了 Y 波导调制器的重要性。

在设计 IFOG 的读出系统时,根据式(10 - 10),I_D 不仅与输入角速度 Ω 造成的相位差角 $\Delta\Phi_S$ 有关,同时还与 I_0 和 ϕ_m 有关。为了消除 I_0 和 ϕ_m 的影响,需要对 I_D 的三个谐波分量分别进行解调,然后计算读出信号。可供选择的三个谐波分量分别为:

(1) 直流分量、一次谐波和二次谐波；

(2) 一次谐波、二次谐波和四次谐波；

(3) 二次谐波、三次谐波和四次谐波。

较好的设计方案是控制二次谐波和四次谐波的比值 $J_2(\phi_m)/J_4(\phi_m)$ 不变，使 ϕ_m 保持为常数。同时，为了消除光强的影响，采用 $J_1(\phi_m)/J_2(\phi_m)\tan\Delta\Phi_{NR}$ 作为开环 IFOG 读出信号的规范值。这种设计方案可以较好地保证开环 IFOG 读出信号的分辨率，同时，在 10^7 的量程范围内（0.1 μ rad~1 rad）保证较高的线性度。

在开环 IFOG 的读出系统中，探测器放大器的带宽必须能够覆盖各次谐波的频率范围，同时，增益必须高度恒定。这样，探测器放大器才能准确控制调制深度和规范化系数，使之不受光强变化的影响，同时，对各次谐波分量准确地进行解调。

如图 10-15 所示，探测器放大器的带宽 BW 与反馈电阻成反比，即 $1/RC$。采用较小的反馈电阻将产生较大的 Johnson 电流噪声，噪声的 RMS 值等于 $\sqrt{4kT/R}$。因此，在设计探测器的放大器时，需要在读出信号的分辨率（随机噪声）和线性度之间求折中，兼顾两方面的要求。

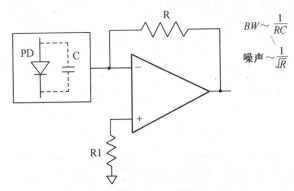

图 10-15　开环 IFOG 中探测器的放大器

为了减小开环 IFOG 读出信号中的随机噪声，还可采取以下措施：

(1) 增大 IFOG 光源的功率，使有用信号得到增强，Johnson 噪声水平则相对减小；

(2) 降低 IFOG 读出系统的调制频率，使探测器放大器的性能得到提高。

值得指出,在 1989 年开发的开环 IFOG 产品中,Honeywell 公司曾采用第二种措施,把调制频率降低为本征频率的 90 %。在误差分析中,将讨论这种做法带来的问题。

10.7　闭环干涉型光纤陀螺仪的控制回路

在 RLG 中,读出信号为数字的脉冲重复频率(拍频)$\Delta\nu = (4\pi r^2/c\lambda)\Omega$,其中标度因数$(4\pi r^2/c\lambda)$的误差很小,约为 1×10^{-6}。这是 RLG 的突出优点,原因是氦氖激光器的波长 λ 和陶瓷玻璃谐振腔的几何参数对环境温度的变化都不敏感。

IFOG 探测器的输出信号为模拟量的相位差角 $\Delta\Phi_S = (2\pi LD/c\lambda)\Omega$。由于 SLD 的波长 λ、石英光纤线圈的几何参数 D 和 L 对环境温度都比较敏感,IFOG 的标度因数$(2\pi LD/c\lambda)$误差很大。在采用闭环控制回路之后,目前在闭环 IFOG 的产品中,标度因数的误差约为 $10 \times 10^{-6} \sim 100 \times 10^{-6}$,仍然达不到 RLG 的水平。为此,需要深入研究 IFOG 的数字闭环控制回路(All digital closed loop, ADCL),以减小 IFOG 的标度因数误差。

Sagnac 效应造成的相移角 $\Delta\Phi_S$ 可以解释为在分束光路中 Doppler 效应 Δf 沿光纤线圈长度 L 进行积分的结果

$$\Delta\Phi_S = 2\pi L(\Delta\lambda/\lambda^2) = (2\pi LD/\lambda c)\Omega$$
$$\Delta f/f = -\Delta\lambda/\lambda = D\Omega/c$$

$$(10-14)$$

式中 $D\Omega$ 为 IFOG 中分束回路切线速度的两倍。

因此看来很自然,在光纤线圈之前,可以引入"频移"Δf 对 $\Delta\Phi_S$ 进行补偿。这样,IFOG 将始终工作在"零点"的位置,即探测器输出信号为零。与此同时,所引入的"频移" Δf 则成为新的读出信号。在这种闭环控制回路中,IFOG 的标度因数与光源功率、探测器放大器增益等因素完全无关。

在雷达信号处理技术中,"频率"可以看作是"相位"对时间的导数。因此,可以采用"线性的相位斜坡"(Linear phase ramp)来模拟"频移"。为了实现这种"相位斜坡调制"(Phase ramp modulation),必须采用宽带的 Y 波导调制器。在这种闭环控制回路中,除了调制信号 $A\sin\omega_m t$ 之外,还引入了一个反馈控制量 $(\Delta f)t$,称为"频移信号项"(Frequency shift term),用于补偿 $\Delta\Phi_S$

$$\Phi(t) = A\sin\omega_m t - 2\pi(\Delta f)t \qquad (10-15)$$

闭环控制回路的任务是以探测器的输出电压为测量信号,对 (Δf) t 进行控制。如图 10-16 所示,"相位斜坡调制"亦称"锯齿波调制",其相位调制波形的斜率为 $\dot\Phi = \Delta f$,调制的深度为 Φ_R,双向光束之间的延迟时间为 T(在图 10-16 中为 τ)。

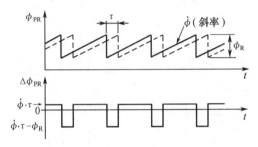

图 10-16 闭环 IFOG 中的相位斜坡(锯齿波)调制

在闭环控制回路的作用下,探测器的输出信号为

$$\Phi(t) - \Phi(t-T) = \phi_m\cos\omega_m t - 2\pi(\Delta f)T \qquad (10-16)$$

$$I_D = \frac{I_0}{2}\{1 + \cos[\Delta\Phi_S - 2\pi(\Delta f)T + \phi_m\cos\omega_m t]\}$$

$$(10-17)$$

由于双向光束调制波形的复位(Reset)在时间上是有先后的,时差为 T。因此,

(1) 在第一束光波复位时,双向光束之间的相位差角 $\Delta\Phi_{PR}$ 为 $(\Delta f)T - \Phi_R$(在图 10-16 中为 $\dot\Phi\tau - \Phi_R$);

(2) 直到第二束光波也复位时,Φ_R 才消失,$\Delta\Phi_{PR} = (\Delta f)T$。

下面介绍应当如何控制 Δf 由 2π 到 0 的准确复位,使得 Δf 的复位次数成为闭环 IFOG 的数字读出信号。根据上述调制波形,必须在双向光束都复位时才能对回路实行闭环控制。这时,失调量 $\Delta\Phi_{PR} = (\Delta f)T$ 将自动跟踪 $\Delta\Phi_S$ 的变化,使总的相移角

$$\Delta\Phi_T = \Delta\Phi_S + \Delta\Phi_{PR} = 0, \Delta\Phi_{PR} = -\Delta\Phi_S$$

$$\Delta f = \Delta\Phi_S / 2\pi T \qquad (10-18)$$

如果在 $\Delta\Phi_{PR}$ 等于 $(\Delta f)T - \Phi_R$ 的情况下闭环,则总的相移角 $\Delta\Phi_T$ $= -\Phi_R$,如图 $10-17$ 中的左下图所示。这时,应当利用探测器输出电压中的误差信号 $\sin\Phi_R \approx \Phi_R$ 去建立第二条反馈回路,使复位时的相位角被控制为 $-\Phi_R = -2\pi$ rad。这样,第二条反馈回路将保证双向光束的调制波形准确复位。

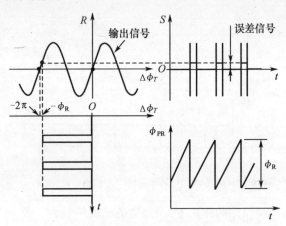

图 10-17 "相位斜坡调制"中的 2π 复位控制

总结上述,利用 IFOG 中探测器的输出电压作为测量信号,可以同时使两条控制回路闭环,以保证:

(1) $\Delta f = \Delta\Phi_S / 2\pi T$;

(2) 在 $-\Phi_R = -2\pi$ rad 时准确复位,即调制深度为 2π rad。

这样,在采样间隔时间 T_R 内,载体的转角为 $\Theta = \Omega T_R$,IFOG 的数字读出信号为锯齿波(Serrodyne)相位调制波形在 T_R 时间内的复位次数,恰好等于 $(\Delta f)T_R$。把 $T = n_g L / c$ 和 $\Delta\Phi_S = (2\pi L D / \lambda c)\Omega$ 代入式 $(10-18)$,得到

$$\Delta f = (D / \lambda n_g)\Omega \qquad (10-19)$$

$$\Theta = \Omega T_R = (\lambda n_g / D)(复位次数) \qquad (10-20)$$

这样,在 RLG 中,读出信号为拍频在采样时间内的积分值,即"脉

冲数";在闭环 IFOG 中,读出信号则为锯齿波相位调制波形的"复位次数",二者十分相似。一个有趣的现象是:在闭环 IFOG 中,"复位次数"的角度当量($\theta = \lambda n_g / D$)只与光纤线圈的直径和光源的波长有关,而与光纤线圈的长度无关。例如,在某闭环 IFOG 中,$D = 7.5$ cm,$\lambda = 1.3$ μm,$\theta \times D = 40.5$ (($''$)·cm),"复位次数"的角度当量为 $\theta = 26$ μ rad/reset $= 5.4$ $''$/reset。

应当指出,为了减小"复位次数"的角度当量必须加大光纤线圈的直径,加大光纤线圈的长度是无用的。因此,在 IFOG 的设计中,不应选择太小的光纤线圈直径。

根据式(10-20),在相位斜坡调制的闭环 IFOG 中,读出系统的"复位次数"角度当量与光纤的折射率直接有关。由于后者的温度系数较大,约为 $100 \times 10^{-6}/$℃,因此,闭环 IFOG 的标度因数误差仍然较大。

为了减小闭环 IFOG 的标度因数误差,需要把锯齿波调制波形改为"数字式相位斜坡调制"(Digital phase ramp modulation)波形。在图 10-18 中,调制波形每级阶梯的宽度均选择等于光纤线圈的渡越时间。这样,双向光束的调制信号之间将始终只相差一个"阶梯"。利用探测器输出信号中的奇次分量作为量测信号,在闭环控制下使之为零,则每级"阶梯"的高度将等于 $-\Phi_S$,而且与光纤的折射率无关。

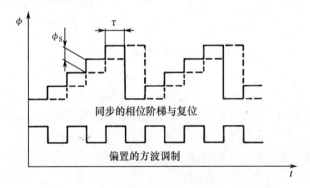

图 10-18　闭环 IFOG 中的数字式相位斜坡调制波形

在数字式相位斜坡调制中,只是在每级"阶梯"的前沿和复位时,相位的导数才发生偏移(频移),导致乱真现象。为此在时间上,需要采用"同步门电路"消除这些乱真现象。"同步门电路"只选择未被干扰的信号进行闭环控制。实验结果表明,在数字式相位斜坡调制的闭环IFOG中,标度因数的精度达到了 100×10^{-6}。

众所周知,由于采用了读出信号的"细分技术",导航级 RLG 实现了小型化,例如,GG-1320。可以认为,"细分技术"在小型化的 IFOG 中也有可能得到采用,以减小读出信号的角度当量值。这是一个值得探索的关键技术问题。

在结束本节时值得指出,为了使导航级 IFOG 具有竞争力,取代 RLG,IFOG 标度因数误差必须低于 10×10^{-6}。目前有关的关键技术问题尚未得到解决,值得重视研究。

10.8 干涉型光纤陀螺仪的偏振误差

IFOG 的误差来源如下:

(1) 偏振误差;

(2) 调制误差;

(3) 温度和振动误差;

(4) 光源和探测器的噪声;

(5) 磁场误差;

(6) Kerr 效应误差;

(7) 背向反射和背向散射误差等。

在早期的 IFOG 中,后两项误差曾经是主要的。在采用 SLD 和掺铒光纤等宽带光源后,根据"白光干涉"的原理,(6),(7)两项误差得到了有效的抑制。同时,采用磁屏蔽装置可以控制(5)。因此,在 IFOG 的设计中,需要研究(1)~(4)各项误差的计算和控制方法。

下面首先分析 IFOG 的偏振误差。偏振误差是由非理想的起偏器造成的。从机理上看,"起偏器"是一个"偏振滤波器",它具有互相正交的两根光轴:

(1) "通过轴"(pass axis);

(2) "抑制轴"(reject axis)。

通过起偏器的"抑制轴"后,光波幅值被衰减的倍数 ε 被称为起偏器的"偏振消光比"(Polarization extinction ratio)。

如图 10-19 所示,MIOC 中的直线光波导为起偏器(参阅图 10-14),其偏振消光比 ε=60~65 dB。对于导航级的 IFOG 来说,为了保证其分辨率优于 30 nrad,偏振误差应当被控制在 10 nrad 的量级上。根据推算,要求 ε>100 dB。由此可见,单纯依靠提高起偏器的质量很难达到这一要求。因此,在非理想起偏器的情况下,需要推导偏振误差的计算公式,并探讨其控制方法。

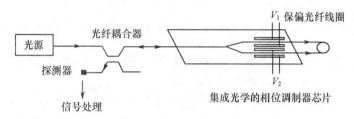

图 10-19 采用 MIOC 的 IFOG 光路图

偏振误差是指在起偏器与探测器之间的参考面中,反向通过 Sagnac 敏感环(光纤线圈)两束光波之间的相位偏移。按照起偏器的两根轴,由光源发射、并经过分束器的光束 A 将分为 A_1 和 A_2 两个分量(图 10-20)。在往、返通过非理想起偏器和 Sagnac 敏感环之后,将变换成以下四对光束,每对光束都将合光形成干涉条纹,并且都为探测器所接收。

(1) A_{11}/A'_{11}:往、返都通过起偏器的"通过轴";

(2) A_{22}/A'_{22}:往、返都通过起偏器的"抑制轴";

(3) A_{12}/A'_{12}:往时,通过起偏器的"通过轴";返时,通过起偏器的"抑制轴";

(4) A_{21}/A'_{21}:往时,通过起偏器的"抑制轴";返时,通过起偏器的"通过轴"。

在这种情况下,探测器接收到的总光强信号为

$$I_T = \mid E_1(t-T)e^{-j\Phi(t-T)} + E_1(t-T)e^{-j\Phi(t)} +$$

$$\varepsilon k_L E_2(t-T-\Delta\tau)e^{-j\Phi(t)} \mid^2$$

$$(10-21)$$

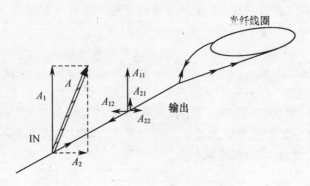

图 10 - 20　IFOG 偏振误差产生的机理

式中　E_1, E_2 分别为通过起偏器"通过轴"和"抑制轴"的光波幅值；

　　　　T 为光纤线圈回路的渡越时间；

　　　　k_L 为有关计算参考面的光波幅值耦合比；

　　　　$\Delta\tau$ 为干扰光束 A_{21}/A'_{21} 和主要光束 A_{11}/A'_{11} 之间光程不等所造成的附加时间延迟。

在以上光束中，A_{12}/A'_{12} 和 A_{22}/A'_{22} 都是与 A_{11}/A'_{11} 正交的，它们合光形成的干涉条纹不会造成偏振误差。A_{11}/A'_{11} 是主要光束，合光形成的干涉条纹将提供有用信号。A_{21}/A'_{21} 和 A_{11}/A'_{11} 是同方向的，但光程略有不同，合光形成的干涉条纹将造成以下偏振误差

$$\max\Delta\Phi_{amp} = \varepsilon k_L \frac{\left| E_1(t) E_2(t - \Delta\tau) \right|}{\left| E_1(t) \right|^2} = \varepsilon k_L k_S \left| \gamma(\Delta\tau_{SL}) \right|$$

$$(10 - 22)$$

式中　k_S 为有关计算参考面的光波幅值耦合比；

　　　　$\left| \gamma(\Delta\tau_{SL}) \right|$ 为起偏器两端计算参考面之间光波的相干函数。

在设计 IFOG 时，减小偏振误差的技术途径如下：

（1）在选择光源、分束器、MIOC 和光纤线圈之间的连接点（splice points）时，尽量减小光波之间的相干函数，保证 $\left| \gamma(\Delta\tau_{SL}) \right| \leqslant 0.001$。这样，在 $\varepsilon = 60$ dB，$k_L = k_S = 0.1$ 的情况下，导航级 IFOG 的最大偏振误差 $\max\Delta\Phi_{amp} \leqslant 10$ nrad；

（2）从源头上减小在起偏器"抑制轴"方向的光束幅值，使 $E_2 \approx 0$。

显然，这是减小偏振误差更为有效的技术途径。

为此，在 IFOG 的设计中，应当采用具有保偏尾纤的光源(SLD 或 EDFS)。在与分束器和 MIOC 连接时，应当精确对准它们的偏振方向，使 $E_2 \approx 0$。

10.9 干涉型光纤陀螺仪的调制误差

相位调制器可能造成光束的偏振态(SOP)发生变化，即光束的 SOP 也被调制。由于起偏器的作用，SOP 的变化将导致光路中的传输损耗增大。这种现象被称为相位调制器的"调制损耗"。此外，在相位调制器中，还存在调制波形的畸变。调制损耗和波形畸变所造成的误差统称为 IFOG 的调制误差。

在分析考 IFOG 的调制误差时，相位调制器的传递函数可写为

$$W_{\mathrm{m}}(t) = e^{jA\sin\omega t}(1 + \delta\sin\omega t) \qquad (10-23)$$

式中 δ 为寄生的调制幅值，假定与相位调制 $A\sin\omega t$ 同步。

如前所述，$t' = t - (T/2)$。在相位调制作用下，得到 IFOG 中光束的相位和幅值响应为

$$\Phi(t) = A\sin\omega t - A\sin\omega(t - T) = 2A\sin(\omega T/2)\cos\omega t' \qquad (10-24)$$

$$A(t) = \delta\sin\omega t + \delta\sin\omega(t - T) = 2\delta\cos(\omega T/2)\sin\omega t' \qquad (10-25)$$

由此可见，当调制频率等于本征频率 $\omega = \pi/T$ 时，根据式(10-25)，幅值调制误差为零。

假设相位调制器的调制波形中有二次谐波的畸变 $\delta\Phi_2$，则探测器的输出信号为

$$I_{\mathrm{out}} = (I_0/2)\{1 + \cos[\Phi_{\mathrm{R}} + \Phi_{\mathrm{m}}\cos\omega t + \delta\Phi_2\cos(2\omega t - \theta)]\} \qquad (10-26)$$

式中 Φ_{R} 为调制深度。

下面推导波形畸变造成的调制误差计算公式。假设 Φ_{R} 和 $\delta\Phi_2$ 均为微量，则式(10-26)可以分解为与有用信号同相和正交的两个分量。

同相分量：$I_{\omega-\mathrm{signal}} = I_0\{J_1(\Phi_{\mathrm{m}})\Phi_{\mathrm{R}} + \delta\Phi_2[J_1(\Phi_{\mathrm{m}}) - J_3(\Phi_{\mathrm{m}})]\}\sin\theta$

正交分量:$I_{\omega-\text{quard}} = I_0 \delta\Phi_2 [J_1(\Phi_m) + J_3(\Phi_m)]\cos\theta$

由此得到调制波形畸变所造成的相位偏置失调量(即调制误差)为

$$\Phi_{\text{offset}} \propto \delta\Phi_2 [J_1(\Phi_m) - J_3(\Phi_m)] \qquad (10-27)$$

为了说明 IFOG 中调制误差的数量级,可以估算如下。在一般电子仪器中,二次谐波的波形畸变 $\delta\Phi_2 = -60/-80$ dB。如果 IFOG 的调制频率等于其本征频率的 99.9%,则 $\delta\Phi_2$ 造成的调制误差将为 1 000/10 nrad。

总结上述,为了减小 IFOG 的调制误差,必须保证:

(1) 调制频率尽量接近本征频率。由于温度的影响,光纤线圈的本征频率变化较大。在最好的情况下,调制频率只能达到本征频率的 99.9%。

(2) 相位调制器的调制波形畸变 $\delta\Phi_2$ 小于 $-60/-80$ dB。

LITEF 公司研制 IFOG 的经验是成功的,值得介绍如下[①]。1983年,LITEF 公司认识到国际上陀螺导航产品的竞争十分激烈。由于老产品跟不上光学陀螺仪技术的发展,德国著名的 Anschutz 和 Plath 等陀螺仪公司都相继倒闭。为了使 IFOG 产品能够在市场竞争中取得优势,LITEF 公司坚持:

(1) 全部产品都采用闭环的系统结构,为此在厂内建立了集成光路研究性实验室,并建立 MIOC 的生产线;

(2) 自制保偏光纤线圈的自动绕线机;

(3) 自行研制专用集成电路器件(ASIC),用于全数字闭环控制电路;

(4) 采用辅助的控制回路测量渡越时间,使调制频率自动跟踪(modulation frequency tracking)IFOG 的本征频率,以消除温度的影响;

(5) 研制了直接采用数字信号控制的"数字式 MIOC",以减小调制波形的畸变。IFOG 产品的发展表明,对偏振误差的研究具有重要的实际意义。

[①] 在 1991 和 2000 年的两次参观中,LITEF 公司开发 IFOG 产品的经验和水平给作者留下了较深的印象。

10.10 干涉型光纤陀螺仪的温度和振动误差

在闭环的 IFOG 中,随机游走、零偏稳定性、零偏的磁场灵敏度、标度因数稳定性、标度因数的温度灵敏度,以及输入轴稳定性等多项性能都与温度和振动有关,而这些误差在很大程度上都取决于光纤线圈的设计和工艺。1992 年,Litton 公司的 LN-200 型航姿系统投入了批量生产,其中 IFOG 的主要参数和性能如表 10-6 所示。

表 10-6 Litton 公司 LN-200 型 IFOG 的主要参数和性能

主要参数	性能
光纤线圈直径 46.45 mm	随机游走 < 0.03 (°)/h$^{1/2}$
长度 200 m	零偏稳定性 < 1 (°)/h
测量范围 $> \pm 1\,000$ (°)/s	标度因数稳定性 $< 100 \times 10^{-6}$
工作温度 $-55 / +99$ ℃	输入轴稳定性 $< 10''$

经过精心设计和绕制光纤线圈之后,该 IFOG 的温度误差和振动误差测试结果如下:

(1) 零偏的温度误差 < 0.2 (°)/h;

(2) 11.7g(rms)随机振动下,零偏的振动误差 < 0.22 (°)/h。

应当指出,各公司对光纤线圈的结构设计和绕制工艺都是高度保密的。值得注意的是,他们所采用的光纤线圈长度较小。例如,在德国 LITEF 公司 2000 年的 μFORS-36 m 型产品中,光纤线圈的长度为 110 m。他们强调降低中、低精度 IFOG 的成本,尽量缩短光纤线圈的长度,同时,采用改进线圈结构和工艺的技术途径来保证 IFOG 的性能。

10.11 光源和探测器噪声造成的光纤陀螺仪误差

光源噪声、探测器散粒噪声和探测器放大器噪声等三种因素都将造成 IFOG 的随机游走。按照探测器接收信号的光功率水平 P_D,它们的影响程度可以分为以下三种情况:

(1) 在 $P_D > 10$ μW 的情况下, 光源噪声为主要因素;

(2) 在 $P_D = 1 \sim 10$ μW 的情况下, 探测器散粒噪声为主要因素;

(3) 在 $P_D < 1$ μW 的情况下, 探测器放大器噪声为主要因素。

下面分别讨论这三种情况。在 $P_D < 1$ μW 的情况下, 如前所述开环 IFOG 的情况, 探测器放大器的设计是一项关键技术。矛盾在于放大器的带宽和噪声水平不能兼顾。为了保证前者, 放大器的反馈电阻 R 必须选择较小, 由此引起的 Johnson 电流噪声 ($\propto \sqrt{4kT/R}$) 较大。应当指出, 在低精度的闭环 IFOG 中, 也存在这一矛盾。解决上述矛盾的技术途径如下:一方面, 应当尽量减小光路中的传输损耗;另一方面, 应当在 IFOG 各部件连接中精确对准它们的偏振轴方向, 目的是提高光源输入 Sagnac 敏感环(光纤线圈)的有效功率。

在 $P_D < 10$ μW 的情况下, 为了提高探测器输出信号的信噪比, 可以采用方波调制。在方波调制的情况下, 探测器输出信号正比于 $\cos^2(\phi_m)$, 其中有用信号的灵敏度正比于 $\sin(2\phi_m)$。因此, 探测器输出信号的信噪比正比于 $2\tan(\phi_m)$。如果选择 $\phi_m \approx \pi$, 则探测器输出信号的信噪比可以显著提高。

在导航级 IFOG 中, 必须采用大功率的光源, 以保证 $P_D > 10$ μW。在这种情况下, 采用"相对光强噪声"(Relative intensity noise, RIN)来描述探测器输出信号中的噪声水平

$$RIN = \sqrt{2\tau_c} \, \mathrm{dB}/\sqrt{\mathrm{Hz}} \qquad (10-28)$$

式中 $\quad \tau_c = \int_{-\infty}^{+\infty} |\gamma(\tau)|^2 \mathrm{d}\tau = \dfrac{\displaystyle\int_0^\infty I^2(\nu)\mathrm{d}\nu}{\left[\displaystyle\int_0^\infty I(\nu)\mathrm{d}\nu\right]^2}$ 为光源的相干时间;

$\gamma(\tau)$ 为光源的相干函数;

$I(\nu)$ 为光源的功率谱。

根据导航级 IFOG 的随机游走指标, 可以确定 SLD 光源(或 EDFS)的功率谱特性。在选定光源之后, 如果需要进一步减小导航级 IFOG 的随机游走, 可以在光源分束器的空余端, 增加一只探测器, 专门用于检测光源的 RIN。实测的光源 RIN 信息将用于补偿探测器接收信号中的噪声。

10.12　模块化的干涉型光纤陀螺仪

在目前的 IFOG 中,Sagnac 效应敏感模块是一个光纤线圈。为了缩短光纤线圈的长度,可以使光束在光纤线圈中多次循环,成为一种新型的"循环干涉型 IFOG"。

闭环 IFOG 的最小系统结构(图 10 - 21)可以采用以下模块来实现:

(1) 多功能光收发模块(Multi-functional optic module, MOM);

(2) 多功能调制器模块(MIOC);

(3) Sagnac 效应敏感模块 (SSM);

(4) 控制与读出模块。

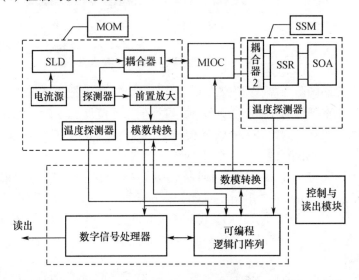

图 10 - 21　闭环 IFOG 的最小系统结构

在"循环干涉型 IFOG"中,需要采用"封闭的"光纤线圈,称为"Sagnac 效应敏感环"(Sagnac effect sensing ring, SSR)(图 10 - 22)。与此同时,需要增加"耦合器 2",作为 SSR 的输入和输出装置。为了补偿光束在 SSR 中的传播损耗,使光束循环的圈数增多,在 SSR 中需要插入一个"半导体光放大器"(Semiconductor optical amplifier, SOA)。

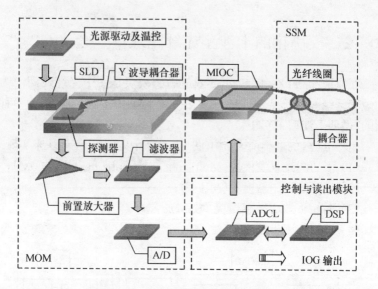

图 10 - 22 闭环 IFOG 的模块化结构

美国国防部"高级研究计划局"(DARPA)要求把导航级 IFOG 的生产成本降低为 1 500 美元 / 轴(目标值),而降低成本的关键在于器件的模块化。为此,DARPA 和美国 Fibersense 公司签订了"IFOG 光收发模块"的研制合同。

1996 年,Fibersense 公司研制成功了光收发模块,取名为"集成光电子模块"(Integrated opto-electronic module, IOEM),用于中、低精度(1.0～10 (°)/h)的 IFOG。IOEM 的特点是采用了集成光路的分束器,把 SLD 和探测器的芯片都组装在分束器的硅基片上,如图 10 - 23 所示。

光收发模块的优点是提高了 SLD 芯片和分束器的光功率耦合效率,同时,降低了器件封装的成本。

在目前的 IFOG 产品中,具有保偏尾纤的大功率 SLD 器件价格昂贵,原因是人工对准和封装的费用较高。在采用气相外延工艺制成的 SLD 芯片中,芯片发出的光束本身具有较高的偏振度,适宜直接和集成光路的分束器相耦合。因此,为了在光功率较高的器件中,应当采用的方案。

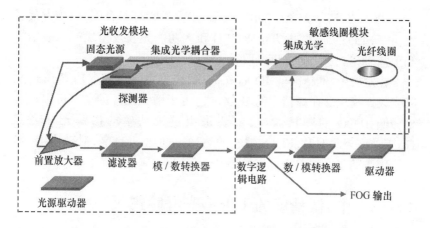

图 10-23　Fibersense 公司 IOEM 型多功能光收发模块

在 Fibersense 公司的 IOEM 型光收发模块中,还装入了 SLD 的驱动电路、探测器的放大器、滤波器、以及"模/数转换器"等,整个 IOEM 的外形结构和常规的 SLD 相似。

目前,中国的 IFOG 产品成本偏高,和挠性陀螺仪等产品很难竞争,因而严重地阻碍了 IFOG 在中国的推广应用。中国应当研制具有自己知识产权的多功能光收发模块。为此,清华大学在 2000 年提出了研制光收发模块的结构设计图(图 10-24)。

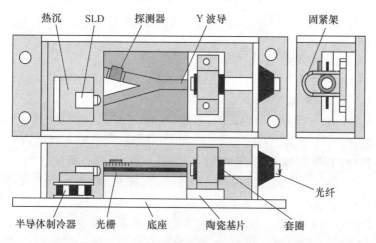

图 10-24　清华大学多功能光收发模块的结构图

2001年,清华大学与德国 Stuttgart 大学签订了合同,由德方负责大功率 SLD 的研制,中方负责 SLD 和多功能光收发模块的封装结构和工艺研究。这项研究已经取得了阶段性成果。

在发展中、低精度的 IFOG 产品中,应当重视研究大功率 SLD 及其光收发模块。在高精度的 IFOG 中,由于增大光源的功率可以显著地降低 IFOG 的随机游走,需要采用更大功率的掺铒光纤光源(EDFS)。与此同时,EDFS 波长的热稳定性比 SLD 高,对减小 IFOG 标度因数的温度误差来说也是必要的。

10.13　中、低精度的干涉型光纤陀螺仪

1978 年以来,成熟的机械陀螺导航仪器跟不上激光、数字计算机和大规模集成电路等高新技术的发展,逐步被 RLG 等组成的捷联式导航系统所取代。目前,IFOG 产品在市场上面临着以下激烈的竞争:

(1) 在高精度(<0.01 (°)/h)范围内,优势属于 RLG ;

(2) 在低精度(>30 (°)/h)范围内,优势属于各种微型机械陀螺仪;

(3) 在中、低精度($0.01\sim30$ (°)/h)范围内,IFOG 具有明显的优势。

因此,当务之急是研究和开发中、低精度的 IFOG 产品,并重视探索高精度 IFOG 的关键技术。在这方面,德国 LITEF 公司生产 IFOG 的以下经验值得介绍。

首先,在光路系统方面:

(1) 光纤线圈的传输损耗较小;

(2) 耦合器等器件的传输损耗变化较小。

其次,在光源方面:

(1) 1995 年,SLD 器件的价格很贵。在 LITEF 公司的 IMU 系统方案中,三只 IFOG 曾经共用一只 SLD。但是,实践结果表明,由于三只 IFOG 很难同时调整,这种系统方案缺点较大,因而被否定。

(2) 2000 年,SLD 的价格大幅度下降。LITEF 公司在中、低精度的 IFOG 产品中均采用了单独的 SLD。改为单轴结构之后,LITEF 公司采用专用大规模集成电路(ASIC)实现了产品的模块化和小型化。

(3) 在精度为 $1\sim30$ (°)/h 的"微型光纤角速度传感器"(μFORS)

产品中,LITEF 公司采用温度传感器和温度误差补偿电路,取代了 SLD 器件中的半导体制冷器(Peltier),使成本显著降低。

1995 年,LITEF 公司生产了 5 000 余台 μFORS。产品分为不同精度档次,型号为 μFORS-1,μFORS-6 等。值得指出,全部 μFORS 产品均采用闭环 IFOG 的系统方案。经验证明,闭环方案不仅提高了 μFORS 标度因数的线性度,同时也减小了环境条件变化对 μFORS 性能的影响,其中,最为显著的是振动误差较小。

再次,在控制与读出系统方面:

(1)辅助回路提供的随机相位调制是保证闭环 IFOG 质量的一项关键技术;

(2)探测器及其放大器的非线性误差。

最后,在 MIOC 方面:

(1)降低 MIOC 的电子噪声。由于 MIOC 的频带高达 100 MHz,采用滤波的效果很小。MIOC 的电子噪声对 IFOG 的零偏误差影响较大。

(2)建立 MIOC 的生产线。如果由外厂选购 MIOC,很难保证 IFOG 产品的质量。

IFOG 三轴 IMU 系统的误差校准是一项重要的生产性工作。2000 年 1 月到 2001 年 7 月,LITEF 公司的 IMU 系统产量超过了 2 000 台。每台都需要在 12 个不同温度下校准以下 15 项误差模型系数的补偿值,包括:零偏 3 项;标度因数 3 项;安装误差 6 项;随机游走 3 项。校准过程在具有温度控制箱的转台上进行,时间需要 10～36 h。为了保证产品的合格率达到 90 %,整个校准过程必须全部自动化,由计算机控制。表 10-7 为 μFORS 的主要参数和性能。

表 10-7 LITEF μFORS-36 m 的主要参数和性能

主要参数	产品性能
光纤线圈长度 110 m	量测范围 ±1 500 (°)/s
体积 58mm×53mm×19mm	零偏稳定性 1～36 (°)/h
质量 130 g	随机游走 ≤0.3 (°)/h$^{1/2}$
功率 5 V,2 W	标度因数误差 500×10^{-6}
温度范围 −20 ℃～+95 ℃	输入轴重复性 <1 mrad

10.14 高精度的干涉型光纤陀螺仪

值得指出,俄国和以色列等国迄今为止仍以开环 IFOG 的产品为主。这一事实说明,生产闭环 IFOG 产品的难度较大。至于把 IFOG 产品的精度进一步提高到 RLG 和 ESG 的水平,则遇到的技术问题更多。下面介绍美、法、德等国在这方面所取得的成果,以及目前还存在的问题。

关于光纤陀螺仪的平台罗经的情况如下。

1986 年,美国海军研究院(Office of Naval Research,ONR)开始资助 IFOG 平台罗经系统的探索性研究,目标是取代当时的 AN / WSN-2 / 2A,MK-19 Mod 3 等平台罗经产品。船用平台罗经的主要要求为:在舰船机动情况下,航向精度为 4 secφ arc - min,φ 为当地纬度角。

Litton 和 Honeywell 公司都向美国海军提供了 IFOG 平台罗经系统的试验样机。测试结果表明,虽然 IFOG 平台罗经具有一定的可行性,但需要研制高精度和高可靠性的专用 IFOG。作为 ONR 的合同项目,Litton 公司研制了为平台罗经专用的 IFOG 样机。为了减小温度误差,在样机的设计中,采用了:

(1) 大功率的 SLD;

(2) 高性能的 MIOC;

(3) 在光纤线圈中增加了温度控制装置;

(4) 在整个 IFOG 的结构中,也采用了恒温控制。

两台样机放在温度控制箱中进行了长时间的性能测试。首先,在转台上进行了 30 天的性能测试,目的是检查零偏稳定性和标度因数误差;然后,两台样机被断电放置 60 天,再进行性能复测。

1995 年,Litton 公司公布了上述样机的测试结果。如表 10 - 8 所示,60 天后零偏稳定性的变化过大(要求小于 0.01 (°)/h);标度因数的变化也不能满足要求(要求线形度小于 10×10^{-6},对称度小于 1×10^{-6},重复性小于 20×10^{-6})。根据表 10 - 8,得出的结论是:上述专用的 IFOG 样机尚不能满足平台罗经的精度要求。

表 10 − 8　Litton 公司平台罗经专用 IFOG 的主要参数和性能

主要参数	性能的稳定性(60 天后)
光纤线圈直径　70 mm 长度　1 000 m 光源(SLD)功率　>1 mW 量测范围　±30 (°)/s	零偏稳定性　0.016~0.07 (°)/h 标度因数误差　$4.5×10^{-6}$~$9.8×10^{-6}$

　　值得指出,早在 1988 年,LITEF 公司已把 Litton 公司的 LG-9028 型 RLG 改为速率偏频型 RLG,并研制成功了船用惯性导航系统,型号为 PL41／MK4。据 LITEF 公司介绍,该产品已在德国的潜艇和美国的水面舰艇中都得到了应用。该产品也可以作为平台罗经使用。因此,可以认为,在 ONR 的第二轮合同之后,采用 IFOG 的平台罗经研制工作已经终止。在迄今为止的文献中,没有见到美国有关 IFOG 平台罗经产品型号的报道。

　　德国 sfim 分公司(原 Alcatel-SEL 公司)和法国 Photonetics 公司是欧洲两家实力雄厚的公司,他们各自独立地研制和生产中精度(1~10 (°)/h)的 IFOG。在法国国防部和欧洲航天局的支持下,他们合并为一家公司,积极开展高精度(<0.01 (°)/h)IFOG 的研制工作。

　　1996 年,他们公布了所研制高精度"FOG-120"(指外径为 120 mm)的设计特点。在 IMU 中,三台 IFOG-120 合用一只掺铒光纤(EDFS)光源。这是因为 EDFS 的光功率较大、输出光束的偏振度低、光源波长为 1 550 nm,对石英光纤来说传输损耗小。应当指出,在早期的 IMU 中,三只 IFOG 也曾共用一只 SLD 光源。但是,批量生产的经验证明,这种设计并不合适,它使 IMU 的调整与测试复杂化,并导致成品率降低。

　　为了进一步稳定光源的中心波长,Photonetics 公司在 EDFS 中设计了"Bragg 光纤光栅反射器"。测试结果表明,在 −40℃ ~ +80℃ 的温度范围内,EDFS 中心波长的稳定度为 $10×10^{-6}$。与此同时,该公司还开发了中精度(0.1 (°)/h)的"FOG-70",标度因数稳定性为 $30×10^{-6}$(在 −40℃ ~ +80℃ 的温度范围内)。

　　1999 年,Photonetics 公司公布了 FOG-120 的参数与性能(表 10−9)。

表 10 - 9　Photonetics 公司"FOG-120"的主要参数和性能

主要参数	性　能
光纤线圈直径　100 mm 长度　1 000 m 光源(SLD)功率　>1 mW 量测范围　±260 (°)/s	零偏稳定性　0.01 (°)/h 随机游走　0.001 (°)/h$^{1/2}$ 标度因数线性度　3×10^{-6} 标度因数稳定性　10×10^{-6}

采用三只"FOG-70"(精度为 0.05 (°)/h) 和三只加速度计(精度为 0.5 mg),法国 iXSEA 公司研制成功了 Octans 系列的平台罗经产品,其中精度最高的仅为 5 secφ arc - min(φ 为当地纬度角),仍未达到平台罗经产品的指标。

值得指出,德国 BGT 公司曾购买了 10 台 Photonetics 公司的 FOG-120,准备用于"车辆定位定向系统",型号为"ALPS"(Alignment and Positioning System for Land Combat Vehicles)。该产品的技术条件规定,在环境温度为 - 40℃ ~ + 60℃,ALPS 的方位精度应为 1 mil (密位)。

长时间野外试验的结果表明,由于所用 FOG-120 的性能超差,ALPS 的方位精度达不到要求。尽管"ALPS"具有军民两用的巨大市场需求,BGT 公司不得不放弃其研制计划。

以下介绍光纤陀螺仪的"GPS 制导组合"。

1994 年,美国 DARPA 同时资助 Litton 和 Honeywell 公司研制与"GPS 制导组合"的 IFOG 惯性测量组合,称为"GGP"(GPS Guidance Package)计划。在与 GPS 紧密组合的条件下,对 IFOG 惯性测量组合的要求为:

(1) 成本很低;

(2) 初始对准时间小于 4 min;

(3) 纯惯性工作状态下,导航定位精度优于 1 n mile/h。

显而易见,在"GGP"的 IFOG 中,不允许采用恒温控制。必须依靠对温度误差系数的校准及补偿,保证"GGP"中的 IFOG 达到以下指标:

(1) 零偏稳定性　0.005 (°)/h;

(2) 随机游走　0.001 5 (°)/h$^{1/2}$;

(3) 标度因数稳定性　20×10^{-6}。

Litton 公司和 Honeywell 公司所研制的 IFOG 样机都完全达到了上述指标,前者采用了保偏光纤的方案,后者采用了消偏的方案。

在对 IFOG 的要求上,长时间工作的"平台罗经"和短时间工作的"GGP"之间有很大区别。前者允许采用温度控制,IFOG 达不到要求的航向精度;后者不允许采用温度控制,IFOG 却达到了要求的定位精度。由此可见,问题出在 IFOG 性能的长时间稳定性上。

关于核潜艇导航用的光纤陀螺仪的情况如下。

1994 年,Honeywell 和 Allied Signal 公司合作研制成功了"大型精密 IFOG",适用于"航天飞行器的定向系统"。为这项研究的成果所吸引,1994 年美国海军向 Honeywell 公司提出研制"大型精密 IFOG"的要求,用于替代核潜艇"静电陀螺导航系统"(ESGN)中的 ESG,作为备份仪器。1995 年,Honeywell 公司和 Boeing 公司合作,成功地完成了在 ESGN 中采用"大型精密 IFOG"的"可行性试验"(Proof of Concept)。[①]

1999 年,美国海军研究院(ONR)和 Honeywell 公司签订了"6.2 HIFOG"研制合同,这是一项"海军战略系统项目"(Navy's Strategic System Program, SSP)。Honeywell 公司提出了"高级发展型 IFOG"(Advanced Development Model, ADM)的系统方案(图 10-25),完成了 ADM I 和 ADM II 两轮样机,它们的主要参数如表 10-10 所示。

表 10-10　Honeywell 公司高精度 IFOG 的主要参数与性能

高精度 IFOG 的类型	"大型精密 IFOG"	ADM I	ADM II
光纤线圈的直径/mm	139.7	76.2	100.8
光纤长度/km	3	3	5
随机游走/$[10^{-6}(°) \cdot h^{-1/2}]$			250~275

在 ADM I 和 ADM II 两轮样机中,都采用了大功率的 EDFS 作为光源。在 ADM II 中,还采用了"集成光路的分束器"(图 10-25 中的分束器为示意图),并改进了光源的噪声滤波器等。测试结果表明,ADM II 的随机游走达到了 ESGN 系统对陀螺仪的要求(见表 10-10)。

---

① 负责生产 ESGN 的原 Rockwell Autonetics 公司现已为 Boeing 公司所兼并。

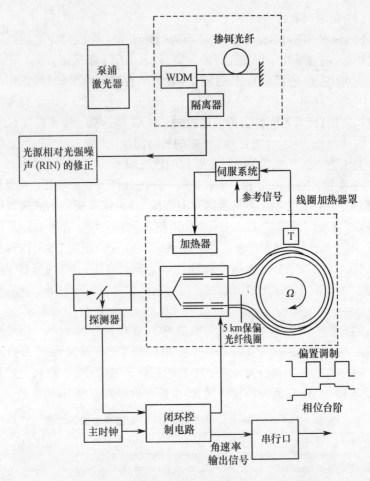

图 10 - 25 Honeywell 公司 ADM 型 IFOG 的系统结构图

　　应当强调,在 ADM 的研制中,放宽了对零偏稳定性的要求,因为在 ESGN 系统中已有为 ESG 建立的"陀螺仪壳体翻转装置",可以用来补偿 ADM 的零偏漂移速度。因此,不应误解,以为 ADM 的零偏稳定性已经达到了 ESG 的水平。

　　在具有"陀螺仪壳体翻转装置"的条件下,ADM II 可以取代 ESG,在原 ESGN 系统中使用。新系统需要通过长时间测试才能证明是否成功。为此,Honeywell 公司已向 Boeing 公司提供 ADM I 和 ADM II

两种样机,供新系统试验之用。目前尚未见到试验的结果。

10.15 本章小结

FOG可以分为谐振型和干涉型两大类。在工作原理上,RFOG和RLG是相同的。但是,光纤构成的谐振腔和反射镜构成的谐振腔在清晰度上差别很大。实验研究表明,无源腔的RFOG很难达到导航级的精度要求。

Brillouin光纤陀螺仪(BFOG)是一种有源腔的RFOG。由于谐振腔内顺、逆时针方向的光强不等,Kerr效应将造成较大的误差。同时,光纤谐振腔要求很高的温度控制精度(10 μK)。这些技术关键较难得到解决。目前,BFOG尚未达到实用的要求。

IFOG的原理是测量Sagnac效应造成的"非互易相位角"。为此,它的系统结构对双向传输的光束必须具有"互易性"。为了把双向光束干涉后的光强模拟信号转换为光脉冲数的数字信号,在IFOG中,必须设置相位角的偏置量,并对相位角进行调制。因此,为了保证良好的性能,即使在中、低精度的IFOG中,也应采用相位闭环控制的系统方案,并且必须采用集成光路的电/光相位调制器。

在光纤通信、激光、光电子等高新技术的推动下,经过1976—1996年的研究和开发,IFOG已经形成了不同精度档次的产品系列。它们可以分为两类:

(1) 中、低精度的IFOG普遍采用SLD光源。它们组成的航姿系统在战术导弹、无人机等领域得到了广泛应用。

(2) 高精度的IFOG需要采用EDFS光源。它们在航天飞行器的精密定向系统和GPS/INS组合系统中已经得到了应用。在平台罗经和核潜艇导航系统中也可能得到应用,但目前仍在研究之中。

由于采用了不同的光源,高精度和中、低精度IFOG之间存在着较大的区别。EDFS光源的优势是输出光束的功率大、偏振度低、比较容易和分束器耦合,缺点是成本较高。因此,在IMU中,需要三台IFOG共用一只EDFS。

值得指出,共用光源的IFOG系统方案是有缺点的。在早期SLD

价格昂贵时,这种方案曾经得到采用,后来在生产实践中被否定。

当前,FOG 面临和 RLG 以及微机械陀螺仪两方面的竞争。微机械陀螺仪在体积和成本上具有优势。为此,必须从小型化和低成本两个方面改进 FOG。考虑到光纤线圈、SLD、MIOC 等器件的成本较高,应当把研制模块化的光收发器件作为重点。

在提高 FOG 的精度方面,目前主要依靠采用大功率的光源,以及增大光纤线圈的直径和长度。这些技术途径导致 FOG 的体积和成本增大,不利于推广应用。应当指出,正确的技术途径应当是研制高性能的光纤线圈和光电子集成器件,以减小光路的损耗和干扰噪声。

参 考 文 献

1　Ezekiel S, Balsamo S R. Passive Ring Resonator Laser Gyroscope. Appl. Phys. Lett. ,1977 (30):478~480

2　Kiesel E. Impact of Modulation Induced Signal Instabilities on Fiber Gyro Performance. Proc. SPIE 838,1987.129

3　Lefevre H C. Fiber Optic Gyroscope. In: Optical Fiber Sensors: Systems and Applications, Artech House,1989

4　Smith S P, Zarinetchi F, Ezekiel S. Recent Development in Fiber Optic Ring Laser Gyros. SPIE Vol. 1367, Fiber Optic and Laser Sensors VIII, 1990.103~106

5　Carrara S L A. Drift Caused by Phase Modulator Non-Linearities in Fiber Gyroscopes. Proc. SPIE 1267,1990.187~191

6　Handrich E, Buschelberger H J, Kemmler M, Krings M. (LITEF). LFS-90——A Modular System Design with Fiber Optic Gyros. Symposium Gyro Technology, Stuttgart, Germany,1991

7　Smith S P, Zarinetchi F, Ezekiel S. Fiber Laser Gyros Based on Stimulated Brillouin Scattering. SPIE Vol. 1585, Fiber Optic Gyros: The 15th Anniversary Conference,1991.302~308

8　Huang S, Toyama K, Kim B Y, Shaw H J. Lock-in Reduction Technique for Fiber-Optic Ring Laser Gyro. Opt. Lett. ,1993,18(7):555

~557

9   Huang S, Thevenaz L, Toyama K, Kim B Y, Shaw H J. Optic Kerr-Effect in Fiber-Optic Brillouin Ring Laser Gyro. IEEE Photonics Tech. Lett. , 1993,5(3):365~367

10 Raab M, Quast T. Two-color Brillouin Ring Laser Gyro with Gyro-compassing Capability. Opt. Lett. , 1994,19(18):1492~1494

11 Raab M. Brillouin Ring Laser Gyro. U. S. Patent, 5 517 305. 1996-05-14

12 Reynolds C (Fibersense), Tsang J. (AlliedSignal). Miniature Fiber Optic Gyro using an Integrated Opto Electronics Module. Proc. of the 52th Annual Meeting, ION, Cambridge, MA. USA, 1996. 601~606

13 Lefevre H C, et al (Photonetics). Recent Developments towards Inertial-Grade Fiber-Optic Gyroscopes. Symposium Gyro Technology, Stuttgart, Germany, 1996

14 Landerer A (LITEF). A Milestone in Navigation: LFK-95. Symposium Gyro Technology, Stuttgart, Germany, 1998

15 Gaiffe T, et al (Photonetics). Marine Fiber-Optic Gyrocompass With Integral Motion Sensor. Symposium Gyro Technology, Stuttgart, Germany, 1999

16 Handrich E, Hog H, Rau E, Weingartner M, Ebert W (LITEF). A Miniaturized Fiber-Optic Rate Sensor. Symposium Gyro Technology, Stuttgart, Germany, 2000

17 Bennett S M, Kidwell R, Dyott R B. Excess Noise Reduction in Fiber Optic Gyros. Symposium Gyro Technology, Stuttgart, Germany, 2000

18 Zhang Y, Gao F, Wu X, Tian W, Hu Z, Tian Q, Pan Z, Tang Q. Investigation of the Re-entrant Integrated Optical Rotation Sensor. Symposium Gyro Technology, Stuttgart, Germany, 2000

19 Deppe O, Dorner G, Handrich E, Keller M, Rau E, Schroder W, Spahlinger G, Volker C, Weingartner M (LITEF). Fiber Optic Gy-

ro for Inertial Accuracy. Symposium Gyro Technology, Stuttgart, Germany, 2002

20 Zhang Y, Tian W, Fu L, Schweizer H. Experimental Research on a Novel Interferometric Fiber Optical Gyro with Light Beams Circulating in the Sagnac Sensing Ring. Symposium Gyro Technology, Stuttgart, Germany, 2002

21 Fu L, Schweizer H, Zhang Y, Li L, Baechle A M, Jochum S, Bernatz G C, Hansmann S. Design and Realization of High-Power Ripple-Free Super luminescent Diodes at 1 300 nm. IEEE J. of Quantum Electronics, 2004, 40(9): 1270~1274

第 *11* 章

微型光学陀螺仪的探索性研究

11.1 引 言

20 世纪 80 年代,应用"微米／纳米技术"研制成功了多种"微型机电系统"(Micro electro-mechanical system,MEMS),其中包括在硅片上集成的"微硅加速度计"(MSA)和"微硅陀螺仪"(MSG)等。与此同时, 也研制成功了多种集成光路器件, 其中包括有源的光电子器件。它们具有体积小、功率大、在批量生产情况下成本低等优点, 为研究和开发各种微型光学陀螺仪提供了强大的技术基础。

1994 年,中国惯性技术学会理事长丁衡高院士建议清华大学等高校重视"微米／纳米技术"的研究。1996—2000 年,清华大学承担了 MOG 的预先研究项目。

清华大学同时开展了 MOG 的系统结构和器件两个方面的研究。在 MOG 的器件研制方面,清华大学和俄、德、法等国的有关高校和研究院建立了合作关系[①]。这些器件是:敏感"Sagnac 效应"的集成光路环形谐振腔,窄带的"二极管激光器"(Laser diode, LD),以及声表面波的声光移频器(Acousto-optic frequency shifter, AOFS)等。在 MOG 的系统结构方面,2000 年清华大学提出"再入式干涉型 MOG"的新方案。为此,清华大学和德国 Stuttgart 大学合作研制大功率的宽带光源"超辐射发光二极管"(Super luminescent diode, SLD)。

1998 年 3 月,清华大学举办了小型国际专题研讨会,主题是"MOG 及其光源"。1998 年 10 月,在第二届"北京国际惯性技术学术会议"(BISIT)上,清华大学及其俄、德等国合作单位提出了多篇论文,总结了 MOG 器件研制的成果,包括:玻璃基片光波导器件的设计与工艺和"分布反馈式半导体光源"(DFB-LD)等。

1999—2001 年,清华大学和美国 New Mexico 大学合作研究"超短脉冲激光陀螺仪",目的是消除 RLG 中的闭锁现象,使 RLG 微型化。

在本章中,将介绍国外和国内在研制 MOG 中所取得的成果:

(1) 目前小型化光学陀螺产品的水平;

(2) 光波导环形腔的设计与工艺研究;

(3) 谐振型 MOG 的系统结构与仿真性实验研究结果;

(4) 再入式干涉型 MOG 的系统结构与仿真性实验研究结果;

(5) 超短脉冲固态 RLG 的原理性实验研究结果;

(6) 国外 MOG 研究的新进展。

11.2　目前小型化光学陀螺仪产品的水平

GPS 的成功应用改变了对 IMU 性能的要求,突出要求 IMU 降低成本和实现小型化。和 GPS 相组合,各种小型化的 IMU 得到了广泛

---

① 这些合作单位是:

(1) 俄国圣彼得堡"光学与精密机械学院"(Institute of Precision Mechanics and Optics,俄文简称 ITMO);

(2) 俄国"国家光学研究院"(State Institute for Optics,俄文简称 GOI);

(3) 德国 Stuttgart 大学"微结构实验室"(Micro Structure Lab, MSL);

(4) 法国国家核能研究院(CEA)下属"微电子工艺与仪器研究所"(LETI)。

应用,构成各种类型的小型化组合导航系统。

在小型化组合导航系统中,和平台式 INS 相比较,捷联式 INS (SINS)不需要采用稳定平台去隔离载体的角运动,无疑具有优势。因此,在导航产品的市场中,光学陀螺 SINS 产品必将占有主要的位置。

在各种类型的组合导航系统中,对 IMU 精度和价格的要求将取决于 GPS 提供修正信号的间隔时间(表 11-1)。

表 11-1　不同 GPS 组合系统对 IMU 精度和价格的要求

系统的类型	GPS 信号的间隔时间/s	陀螺仪的零偏稳定性/(°)·h^{-1}	加速度计的零偏稳定性/μg	IMU 的价格/千美元
惯性器件组合(ISU)	1~10	>1	>500	<15
航姿系统(AHRS)	10~100	0.1~1	50~500	40
定位定向系统(PADS)	100~240	0.01~0.1	20~50	150

在探索 MOG 的系统方案和结构时,应当把现有小型化光学陀螺产品的性能作为起点。在表 11-2 中,列举了小型化激光陀螺产品的性能。例如,美国 Honeywell 公司的 GG1320 是高精度的 RLG 产品。在体积和重量上,它比 GG1342 减小了很多。在性能上达到了高动态载体的使用要求,已经在战斗机上得到了应用。又如,美国 Honeywell 公司的 GG1308 是目前较小的 RLG 产品,用量很大。

表 11-2　美国 Honeywell 公司 RLG 系列产品的水平

RLG 的型号	体积/cm^3	质量/kg	零偏重复性/(°)·h^{-1}	标度因数误差/10^{-6}
GG1342	15.2cm×17.8cm×5.1cm	2.3	0.01	<30
GG1320	Φ8.9cm×4.6cm	0.1	0.001~0.01	<10
GG1308	Φ4.4cm×2.5cm	0.06	1	50

应当指出,在成本、过载承受能力以及长期贮存等许多方面,表 11-2所列举的 RLG 产品还存在以下缺点:

(1) 气体激光器的体积和质量较大,效率较低;

(2) 环形腔内的零件将缓慢放气,气体增益介质也将缓慢外泄,这些因素将影响 RLG 的工作寿命和长期储存时间;

(3) 环形腔的腔体和反射镜在工艺上要求很高,导致 RLG 的成本较高;

(4) 在目前多数的 RLG 产品中,采用了挠性结构的机械抖动装置,限制了 RLG 承受过载加速度的能力。在炮弹等类型的载体中,冲击加速度可能大于 20 000 g。

目前比较成熟的 IFOG 产品性能如表 10 - 6 和表 10 - 7 所示,其中 LITEF 公司的 μFORS 代表了 FOG 在小型化方面的最高水平。μFORS 是闭环的 IFOG 产品,性能较好,但价格偏高,原因之一是光学器件之间需要采用保偏光纤连接。在结构和工艺保证上,保偏光纤的精确对接难度较大。因此,从发展的观点看,μFORS 应当进一步集成化,采用单一芯片的结构。

应当指出,在目前的 IFOG 产品中,为了保证精度,依靠增大光纤线圈的长度来增大有用信号,导致光纤线圈的长度达到 500 ~ 1 000 m。随之而来的是:IFOG 中的干扰噪声也增大,尤其是温度变化和振动所造成的干扰水平。因此,这种技术途径似乎已经走到了尽头。从机械陀螺仪的发展过程来看,这种技术途径类似于增大陀螺转子的动量矩,效果较差。正确的技术途径是减小陀螺转子所受到的干扰力矩。

在探索 MOG 的系统结构和器件方案时,应当参考机械陀螺仪发展的经验,遵循"提高光学陀螺仪中探测器接收信号的信噪比"的原则。应当采取的技术措施为:

(1) 减小光路中各个环节的损耗和噪声;

(2) 提高光源功率,同时减小其噪声。

11.3 微型光学陀螺仪的研制状况

1983 年,美国 Northrop 公司的 A. W. Lawrence 发表了"微型光学陀螺仪"(Micro-Optic Gyro, MOG)的论文。MOG 预期的主要性能指标如下:

(1) 过载承受能力不低于 100 000 g；

(2) 零偏稳定性优于 10 (°)/h；

(3) 体积不大于 $\Phi6$ cm×1 cm (采用单匝集成光路的环形腔)；

(4) 成本不大于每台 1 000 美元(批量生产)。

在 Northrop 公司的 MOG 中,核心部件是采用以下器件构成的"无源谐振腔"(Passive ring resonator,PRR)：

(1) 窄线宽的半导体激光器(Laser Diode,LD)取代氦氖激光器；

(2) 在硅片上制作的 SiO_2 掺杂集成光路环形腔(取代反射镜组成的环形腔)；

(3) 在硅片上制作的集成光路"声表面波移频器"(Acousto-optic frequency shifter with surface acoustic wave,SAW-AOFS)(取代控制光路的压电陶瓷晶体)。

在 MOG 中,上述光学器件及其控制电路都集成在同一块硅片上,形成一个"微型光－机－电系统"(Micro opto-electro-mechanical system,MOEMS)。同时,在 MOG 中没有任何活动部件,是一种"全固态"的 RLG (Solid state laser gyro)。

MOG 的研制目标是能够适用于战术导弹和火炮等高过载的载体。这一特点引起了"美国陆军战略防御司令部"(U. S. Army's Strategic Defense Command,SDC)的重视。SDC 和 Northrop 公司签订了研制合同。

研制结果表明,Northrop 公司的 MOG 试验样机未能达到预期的性能指标。1990 年,该公司中止了 MOG 的研制。1996 年,在参观美国 Fibersense 公司时,作者看到了 MOG 的样机。

此后,法国转向研制干涉型的 MOG,其研制成果将在后面介绍。

11.4 集成光路环形腔的设计与工艺研究

1996 年,清华大学和俄国 ITMO 签订了协议,与该校和 GOI 合作研制集成光路器件,包括环形腔、耦合器以及 SAW-AOFS 等。1997 年,双方组成了"集成光路器件"研制组。为了通过实验确定上述器件的结构参数和工艺,研制组以玻璃为基片,设计了 ♯1, ♯2, ♯3 等三种试件,所选择的集成光路结构均为"槽型光波导"(Channel Optical Waveguide,COW),试件的尺寸为 70 mm×70 mm,材料为 K8 玻璃。

试件的工艺过程如下:

(1) 精密抛光;

(2) 制作光刻用的器件图形掩膜;

(3) 采用光刻工艺制作试件上的图形;

(4) 采用离子交换工艺制作 COW;

(5) 测试 COW 的性能,包括损耗系数、基模传播常数 β、等效折射率 η_{eff} 等。

在离子交换工艺试验中,采用了不同的工艺参数,三种试件共制作了约 35 片。通过对试件性能参数的测试,获得了大量实验数据,为确定环形腔等集成光学器件的设计和工艺提供了依据。

首先介绍♯1 试件:直线和曲线光波导的设计。♯1 试件见图 11-1。

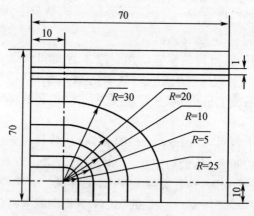

图 11-1 ♯1 试件图

♯1 试件上半部分的直线光波导(图 11-1)用于测量损耗系数 α_L。它们的长度为 $L = 70$ mm,宽度分别为 2.5 μm,4.5 μm,5 μm,7 μm。为了减小光纤与光波导之间的耦合损耗 α_C,对光波导的端面进行了精密抛光。

在测试中,采用单模光纤把光源发出的光波直接送入直线光波导

的端面,测量直线光波导输入端和输出端的光强 I_{in} 和 I_{out},计算损耗系数的公式为

$$\alpha_L L + \alpha_C = 10 \log(I_{in}/I_{out}) \qquad (11-1)$$

♯1 试件下半部分的圆弧形光波导(图 11-1)用于测量光波导弯曲部分所产生的附加损耗,称为"辐射损耗系数" α_R。α_R 与曲率半径 R_i 以及基模的局部化程度有关。在通过直线光波导之后,光波进入圆弧形光波导。对应于每一种曲率半径 $R_i (i = 1, 2, \cdots)$。如果不考虑辐射损耗,已知两端直线光波导的总长度为 20 mm,得到输出光强的计算值为 $\hat{I}_i$

$$\alpha_L(2 + \pi R/2) + \alpha_C = 10 \log(I_{in}/\hat{I}_i) \qquad (11-2)$$

根据输出光强的实测值 I_{out},可以算出辐射损耗系数 α_{Ri} 为

$$\alpha_{Ri}(\pi R/2) = 10 \log(\hat{I}_i/I_{out}) \qquad (11-3)$$

光波导曲率半径的临界值 R_0 定义如下:当 $R \geqslant R_0$ 时,α_R 可以忽略不计;在 $R = R_0$ 的光波导中,通常 $\alpha_R = 0.1$ dB/cm;当 $R < R_0$ 时,α_R 将极度增加,直到不能允许的程度。R_0 与光波导的宽度、工艺等因素有关。针对特定的光波导设计和工艺,需要通过实验才能确定 R_0 的数值。

其次介绍♯2 试件:耦合器的设计。♯2 试件见图 11-2。

在耦合器的设计中,两条光波导耦合(平行)段的长度 L_C 和间隙 δ 是需要确定的结构参数。设耦合器的耦合比为 K,损耗系数为 α,则两条平行光波导中的光强分别为

$$I_1 = \cos^2(KL_C)\exp(-\alpha L_C), I_2 = \sin^2(KL_C)\exp(-\alpha L_C)$$

$$(11-4)$$

在上式中,如果 $L_C = \pi/2K$,则 $I_1 = 0$,即光能将全部从第一条光波导进入第二条光波导;如果 $L_C = \pi/4K$,则 $I_1 = I_2$,即一半的光能将从第一条光波导进入第二条光波导。

在♯2 试件(图 11-2)中,圆弧形光波导的曲率半径 $R = 20$ mm,在耦合区之外,直线段光波导的长度和圆弧段光波导的长度是相等的,两个耦合器的耦合长度分别为 $L_1 = 0.5$ mm, $L_2 = 1.5$ mm。

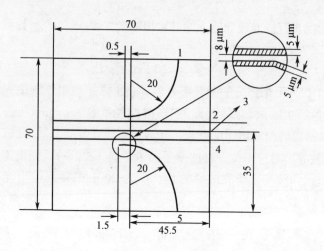

图 11-2　♯2 试件图

在光强测试中,$I_1,\cdots,I_5$ 分别为实测的光强值,得到的耦合比分别为

$$L_1 = 0.5 \text{ mm}: K_1 = [\tan^{-1}(I_1/I_2)^{1/2}]/L_1 \qquad (11-5)$$
$$L_2 = 1.5 \text{ mm}: K_2 = [\tan^{-1}(I_5/I_4)^{1/2}]/L_2$$

在实验中发现,K 对耦合长度 L_C 和工艺参数都非常敏感。因此,在设计中,首先需要确定工艺参数。然后,必须通过实验,才能确定 L_C。

下面介绍♯3 试件:环形腔的设计。♯3 试件见图 11-3。

在♯3 试件(图 11-3)中,$R = 20$ mm,10 mm,5 mm,2.5 mm。采用不同曲率半径环形腔的目的是为了测定相应的环形腔清晰度。在没有光能输入和输出的情况下,光波在环形腔内传播一圈,再回到初始点时,相位移为 βL,其中 β 为传播常数,L 为环形腔的周长。这时,光强的幅值将下降 σ 倍,其中 σ 为环形腔内光波传播的总损耗。

如果 $0 < \sigma < 1$,光波在环形腔内传播无数圈之后,环形腔内的光强将等于

$$E_R = E_0 \sum_{n=0}^{\infty} \sigma^2 \exp(-\ln\beta L), n = 1,2,\cdots \qquad (11-6)$$

如果 $\beta L = 2m\pi$,m 为整数,则腔内的光波处于谐振状态,E_R 将达到最大值。如果 $\beta L = 2[m-(1/2)]\pi$,则腔内的光波处于反谐振状态,

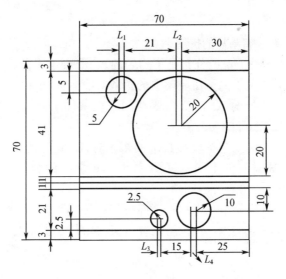

图 11 - 3　♯3 试件图

E_R 将达到最小值。

在光波通过耦合器进入环形腔的情况下, σ 可以被分为两部分

$$\sigma = \gamma\cos(KL) \qquad (11 - 7)$$

式中　γ 为没有耦合器情况下环形腔的"线性损耗系数"。

在半径为 R 的环形腔中, 可以把单位为 dB/cm 的"对数损耗系数" α_L 和"辐射损耗系数" α_R 改写为"线性损耗系数" γ

$$\log\gamma = -2\pi R/10(\alpha_L + \alpha_R) \qquad (11 - 8)$$

为了得到最高的清晰度 F, 应当根据以下条件选择最优的耦合系数 K

$$\cos(KL) = \gamma \qquad (11 - 9)$$

最后, 得到的清晰度 F 和优化的耦合长度分别为

$$F = \pi\{2\cos^{-1}[2\gamma^2/(1 + \gamma^4)]\}^{-1} \qquad (11 - 10)$$

$$L_{opt} = (2/\pi)\cos^{-1}(\gamma L_C), L_C = \pi/2K \qquad (11 - 11)$$

以下介绍采用 KNO_3 溶液的离子交换工艺。

在 KNO_3 溶液中进行离子交换时, K^+ 离子将置换玻璃晶格中的 Na^+ 离子, 使光波导的折射率 n_0 增大为

$$\Delta n_0 = n_0 - n_s \qquad (11 - 12)$$

式中 n_s 为玻璃基片的折射率。

在光波导中，n_0 的分布是不均匀的，它取决于掺杂离子在玻璃中的分布状况。由于离子在玻璃中的扩散具有各向相同性，为了测定不同器件中光波导的 Δn_0 值，需要在同一块试件上制作一条直线光波导，作为测试 Δn_0 的参考值。

在研究不同工艺参数对 Δn_0 的影响时，KNO_3 溶液的温度选择为 400 ℃，扩散时间的上限选择为 8.5 h，扩散时间分为 450 min，480 min，550 min，720 min 等四挡。

采用 1.32 μm 和 1.52 μm 两种光源测试了试件中光波导的 Δn_0 值。从图 11-4 的测试结果可以看出，数据的一致性较好，Δn_0 的变化范围为 $6.2 \times 10^{-3} \sim 8.5 \times 10^{-3}$。

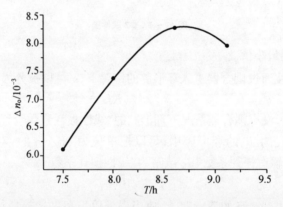

图 11-4 采用 KNO₃ 溶液时，Δn₀ 与离子交换时间的关系

在采用 1.52 μm 光源测试光波导的损耗时，直线光波导的损耗系数为

$$\alpha_L = 0.3 \text{ dB/cm}$$

而曲线光波导(曲率半径为 30 mm)的损耗系数则为

$$\alpha_L + \alpha_R = 1.2 \text{ dB/cm}$$

工艺试验的结果表明，曲线光波导中的辐射损耗系数太大，原因是 Δn_0 太小。解决这一问题的技术途径是采用含 Ag^+ 离子的工艺，目的

是增大 Δn_0。

采用含 Ag^+ 溶液的离子交换工艺介绍如下。

在采用含 Ag^+ 的离子交换工艺时,光波导的 Δn_0 将显著地增大,但 α_L 也将随之而增大。因此,在采用 $AgNO_3 \cdot NaNO_3$ 混合溶液时,应当选择较小的 $AgNO_3$ 质量浓度比,例如,分别为 0.15%,0.3%,0.5%,1.0%,1.5%,2.5%。混合溶液的温度选择为 330 ℃。

在试件测试中,光源的波长为 $1.52\ \mu m$。测试结果如图 11-5 所示,实测的光波导 Δn_0 数值与 $AgNO_3$ 的质量浓度比大致成正比。光波导的平均损耗系数为 1.1dB/cm(最小为 0.6 dB/cm)。

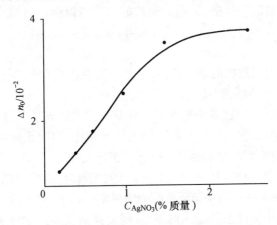

图 11-5 在混合溶液中,$AgNO_3$ 的质量浓度比与 Δn_0 的关系

在测试不同曲率半径光波导的损耗系数时,发现即使曲率半径很大,曲线光波导的总损耗系数 $\alpha_L + \alpha_R$ 仍然增大。由此得出结论:采用含 Ag^+ 溶液的离子交换工艺时,Δn_0 显著增大,有效地抑制了曲线光波导的 α_R。与此同时,曲线光波导的总损耗系数 $\alpha_L + \alpha_R$ 也随之增大。此外,这项工艺的重复性较差,在实际的集成光学器件中不宜采用。

最后介绍采用 Ag^+,K^+ 混合溶液的离子交换工艺。

为了克服上述工艺的缺点,俄国专家提出了一种具有创新性的离子交换工艺:

(1)首先,采用 K^+ 离子交换工艺,扩散时间约 550 min,得到 K^+ 扩散的光波导结构;

(2) 然后,采用 Ag^+,K^+、混合的离子交换工艺,其中 $AgNO_3$ 的质量浓度比为 0.3%,扩散的时间较短,约 95 min,得到较薄的 Ag^+ 扩散表层。

在制成的光波导中,光场的主要部分将在 K^+ 扩散层中传播,只有一小部分光场在较薄的 Ag^+ 扩散表层中传播。因此,这种光波导的辐射损耗系数得到了抑制,而总损耗系数增大不多。

根据以上三种工艺试验的结果,可以得出以下结论:

(1) 为了确定环形腔、耦合器等集成光学器件的结构设计和工艺参数,必须制作相应的试件,并测试其性能参数;

(2) 在玻璃基片上,采用所建议的工艺可以保证直线光波导的损耗系数不大于 0.3 dB/cm;曲线光波导的总损耗系数不大于 $0.6\sim0.8$ dB/cm;

(3) 研制组提出的新工艺,在 Ag^+,K^+ 混合溶液中进行离子交换,适合在光波导环形腔中应用。

目前,法、日等国成功地开发了硅基片的光波导工艺,损耗系数小于 0.05 dB/cm,和上述玻璃基片的光波导相比,损耗系数小一个数量级。因此,有必要建立硅基片光波导的工艺设备。

在谐振型 MOG 中,要求光波导环形腔的损耗系数很低。同时,在微型化的 MOG 中,光波导环形腔的曲率半径必须很小。这里,限制光波逸出和减小损耗系数是一对矛盾,需要探索新的光波导工艺。上述第三种复合工艺既增大了光波导与基片之间的 Δn_O,又减小了损耗系数,值得进一步研究和采用。

迄今为止,世界上只有法国 LETI 真正研制成功了 MOG 的样机。这是一种干涉型的 MOG,被命名为"固态光学陀螺仪"(Solid state optical gyrometer,SSOG),其原理和开环的 IFOG 相同。在 SSOG 中,采用多匝光波导线圈替代了 IFOG 中的光纤线圈。多匝光波导线圈的总长度为 0.8 m,包括多个"X形"的光波导交叉点。

为了降低光波导线圈的总损耗,包括"X形"光波导交叉点的损耗,LETI 采用了先进型的"IOS2"硅基片光波导工艺(Integrated Optics on Silicon,IOS2)。作为速率陀螺仪,SSOG 实测的分辨率为 0.085(°)/s。据推算,它的光波导损耗系小于 0.05 dB/cm。

11.5　谐振型微型光学陀螺仪系统结构的研究

1996 年,清华大学提出了谐振型 MOG 的系统结构,它由以下器件所组成(图 11 - 6):

(1) 无源的环形腔;

(2) 分束器 2;

(3) 两个声表面波移频器(SAW-AOFS)3,4;

(4) 两个耦合器 5,6。

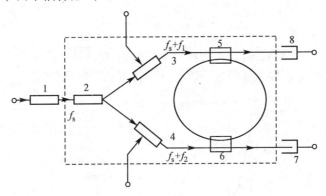

图 11 - 6　无源腔谐振型 MOG 的光路图

谐振腔的光路集成在同一块基片上,构成一个集成光学芯片。芯片的两端通过光纤分别与光源 1 和探测器 7,8 相连接。

为了维持双向光波在腔内谐振,必须同时满足以下条件:

(1) 光波在腔内传播一整圈后,光波的相位移应当准确地提供正反馈;

(2) 为了补偿光波传播中的各项损耗,耦合器的耦合系数 K 应能保证输入足够的光能。

这两项条件可用以下公式来表示

$$\beta L = 2\pi q - \pi/2 \qquad (11 - 13)$$

$$K = (1 - \gamma)\exp(- \alpha L) \qquad (11 - 14)$$

式中　β 为光波导的传播常数;L 为环形腔的长度;q 为任意整数;α

为环形腔的损耗系数;γ 为耦合器的损耗系数。

环形腔的清晰度 F 定义如下

$$F = \frac{FSR}{FWHM} = \frac{\Delta V_q}{\Delta V_R} \tag{11-15}$$

式中　$\Delta V_q = c/nL$ 为环形腔的自由谱宽(Free Spectral Range,FSR);
ΔV_R 为环形腔的线宽,取决于环形腔及其耦合器的各项损耗值。

MOG 的分辨率 $\Omega_{\min}$ 与清晰度 F 之间有以下关系,如图 11-7 所示

$$\Omega_{\min} = 4.73 \times 10^{-5} \frac{\sqrt{\lambda}}{AF\sqrt{P\eta t}} \tag{11-16}$$

式中　λ 为光源的波长;A 为环形腔的面积;P 为探测器接收到的光功率;η 为探测器的量子效率;t 读取光信号的积分时间。

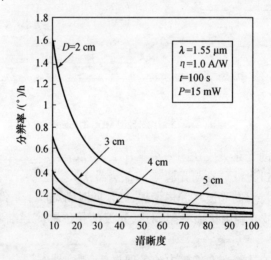

图 11-7　MOG 分辨率与清晰度的关系

根据给定的 $\Omega_{\min}$ 值,由式(11-4)可以算出需要保证的 IOG 清晰度 F 值。

针对无源腔 MOG 的情况提出以下的设计方法。首先,把环形腔及其耦合器的各项损耗合并为一个参数 M

$$M = (1 - K)(1 - \gamma)\exp(- \alpha L) \qquad (11 - 17)$$

然后,把光源的谱线宽度 ΔV_S 和环形腔的 FSR 合并为光源的"相对相干度"

$$\delta = \exp(- \Delta V_\mathrm{S}/\Delta V_\mathrm{q}) \qquad (11 - 18)$$

这样,MOG 清晰度 F 的计算公式为

$$F = \frac{\Delta V_\mathrm{q}}{\Delta V_\mathrm{R}} = \frac{\pi}{2\sin^{-1}[(1 - M\delta)/4M\delta]^{1/2}} \qquad (11 - 19)$$

采用诺谟图(Nomogram),按照以下步骤可以选择环形腔的参数,如图 11-8 和图 11-9 所示:

(1) 在图 11-8 中,耦合器的耦合系数选定为 $K = 0.01$。根据预选的环形腔直径 $D(L = \pi D)$ 和 α 值,由图 11-3 可以得到 M 的数值。

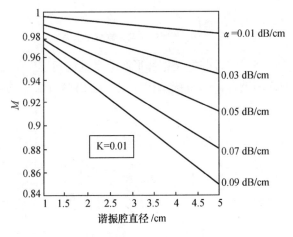

图 11-8 参数 M 与环形腔直径的关系

(2) 根据得到的 M 值和光源的 δ 值,由图 11-9 可以得到 F 的数值;

(3) 根据所需的 $\Omega_{\min}$ 值和 F 的数值,由图 11-7 可以得到环形腔直径 D 的数值。

如果算出的 D 值和预选的 D 值不相等,则应重复上述计算过程,直到二者相等为止。

下面介绍信号读取电路的设计问题。如图 11-10 所示,在 MOG 的光路系统中,采用了顺、逆时针方向的两个"输入／输出耦合器"。它

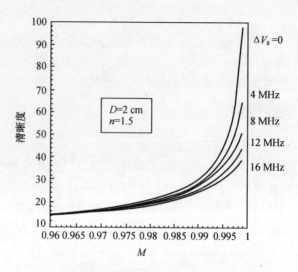

图 11 - 9   清晰度 F 与参数 M 的关系

们把光能送入环形腔,同时,又把环形腔感受到的角速度信息输出给探测器。这种共用耦合器的系统结构省去了输出测量信号的耦合器,因而损耗较小。

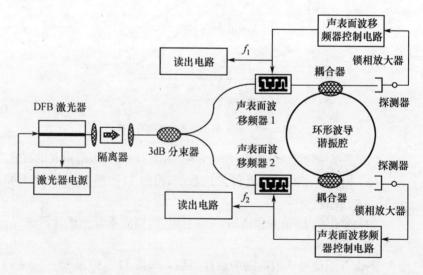

图 11 - 10   MOG 的系统结构

输入探测器的光波包括以下两部分：

（1）耦合器输入光波 $\bar{E}_{in}$ 中的一部分；

（2）在环形腔内储存的谐振光波，再经过耦合器输出的一部分 $\bar{E}_R$。

设在环形腔内传播一圈的光波与 $\bar{E}_{in}$ 之间的传递函数为 W

$$W = \sqrt{1-\gamma}\sqrt{1-K}\exp(-\alpha L)\exp(j\beta L) \qquad (11-20)$$

设未进入环形腔，直接通过耦合器的光波与 $\bar{E}_{in}$ 之间的传递函数为 W_O

$$W_O = \sqrt{1-\gamma}\sqrt{1-K} \qquad (11-21)$$

在环形腔内传播一圈，再经过耦合器输出的光波与 $\bar{E}_{in}$ 之间的传递函数为 W_R

$$W_R = -K\sqrt{1-\gamma}\sqrt{1-K}\exp(-\alpha L)\exp(j\beta L) \quad (11-22)$$

这样，得到探测器接收到的总光能为

$$\bar{E} = W_O\bar{E}_{in} + W_R\left[\sum_{n=0}^{\infty}W\right]\bar{E}_{in} = W_O\bar{E}_{in} + \frac{W_R}{1-W}\bar{E}_{in}$$

$$(11-23)$$

图 11-11 为 MOG 中频率伺服系统的方框图。当载体产生角速度时，根据 Sagnac 效应，环形腔的光程长度将发生变化。设计 MOG 控制和读出电路的首要问题是精确地测量环形腔光程长度的变化。在探测器获得控制（失谐）信号之后，采用 SAW-AOFS（图中被标注为 AOM）作为执行元件，通过两条频率伺服回路，分别使顺、逆时针方向的光波在环形腔内处于谐振状态。

在 MOG 中，失谐信号的检测问题和"静电支承电路"中转子位移的检测情况相类似。在无源的静电支承电路中，不采用精密电容电桥测量转子的位移，转子的位移通过失谐时电压的变化来测量。研制 ESG 的经验表明，为了提高测量转子位移的精度，必须：

（1）提高电压谐振曲线的 Q 值；

（2）设置偏置的工作点，使工作点落在电压谐振曲线的陡峭段上。

在无源腔谐振型的 MOG 中，情况完全相似，必须：

（1）尽量提高环形腔的 F 值；

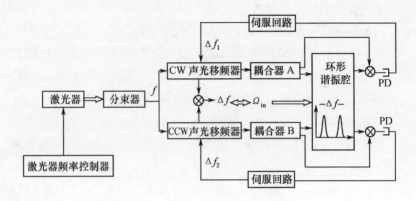

图 11-11 在 MOG 中, 频率伺服系统的方框图

(2) 设置偏置的工作点。

在 MOG 的频率伺服系统中, 工作点的偏置应选择在谐振峰值的倍处, 如图 11-12 所示。

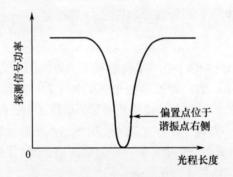

图 11-12 在谐振曲线上, 工作点的偏置

在俄国的 ITMO, 清华大学和俄国专家合作进行了"无源腔谐振型 MOG"的原理实验研究。在实验装置中, 采用了:

(1) 光纤线圈作为环形腔, 代替光波导环形腔;

(2) 固体激光器(钇铝石榴石)作为光源, 其谱线宽度为 kHz 的量级。

实验结果表明, MOG 原理实验装置的 F 值仅为 30, 很难实现精确的谐振频率跟踪。值得指出, 上述实验装置在系统结构上类似于

RFOG。RFOG 的研制经验表明,在现有的环形腔损耗水平上,MOG 的精度将较低,很难获得实际应用。

在谐振型的 MOG 中,光波导环形腔的损耗比光纤环形腔更大,导致频率跟踪系统很难工作,因而精度较差。

11.6 干涉型微型光学陀螺仪系统结构的研究

目前,导航级的 IFOG 需要采用长度大于 500 m 的光纤线圈,而 SSOG 的光波导线圈长度仅为 0.8 m,二者相差 625 倍。如果希望把 SSOG 的精度提高到导航级,那么,可能采用的技术途径之一是使光波在光波导线圈循环传播 625 圈。

1982 年,美国 Stanford 大学提出"再入式 IFOG"(Re-entrant, I-FOG) 的系统方案。为此,在光纤环形腔与 MIOC 之间,需要增加一个耦合器。通过耦合器将 CW 和 CCW 方向的光波引入环形腔,同时,把环形腔内循环传播光波的一部分输出到 MIOC。

1992 年,在再入式 IFOG 的基础上,英国 Essex 大学建议在光纤环形腔中设置"半导体光放大器"(Semiconductor Optical Amplifier, SOA),用于补偿传播损耗,提高光波的循环传播圈数。这种"有源腔"的 IFOG 系统结构吸取了 RLG 的优点,可以显著地缩短环形腔的长度。这种系统结构也可应用于干涉型的 MOG。

2000 年,清华大学建立了循环干涉型 MOG 的仿真实验装置,图 11-13 为其光路图。值得指出,干涉型 MOG 和再入式 IFOG 的区别只是采用光波导环形腔取代了光纤环形腔。二者在主要器件上是兼容的。考虑到干涉型 MOG 的分辨率与探测器接收信号功率的平方根成反比,在研制中需要解决以下技术问题:

(1) 研制大功率的 SLD 和 SOA;

(2) 检测环形腔中传播多圈双向光波的干涉信号,建立闭环控制回路。

受到经费的限制,仿真装置中所用 Y 波导调制器、耦合器 A 以及光纤环形腔(线圈)等器件的损耗较大(表11-3)。估计光路系统的总损耗约为 30 dB,探测器接收信号的功率约为 120 nW。

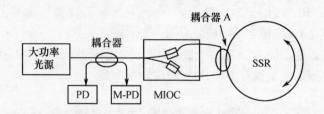

图 11 - 13　清华大学干涉型 MOG 的仿真实验装置

表 11 - 3　清华大学干涉型 MOG 仿真实验装置的主要参数

器　件	类　型	性　能
SLD	Anritsu 公司 AS3B381PX D05223	波长 1.3 μm,谱宽 40 nm; 注入电流 60 mA 时,输出功率＞400 μW
Y 波导调制器	YA 0031	分束比 49:51,插入损耗 5.8 dB
耦合器与耦合器 A	光纤耦合器	耦合比分别为 50:50 和 97:3; 插入损耗分别为 1.5 和 2.9 dB
光纤环形腔	闭环光纤线圈	熊猫型保偏光纤,传输损耗 3 dB/km; 直径 76 mm,长度 200 m
探测器	PFTM 911	响应度 0.95 A/W,灵敏度 - 62.1 dBm; - 3dB带宽 2.1 MHz

　　2001 年,清华大学和 Stuttgart 大学签订了合作研制大功率(＞1 mW)SLD 的协议。德方负责研制 SLD 的管芯。中方负责 SLD 管芯的封装,并测试其性能,包括在 MOG 的仿真实验装置中试用。

　　参考日本 Anritsu 公司大功率 SLD 产品的指标:在注入电流为 150 mA 时,出纤功率为 1.0~1.5 mW。考虑到管芯与尾纤的耦合效率约为 30 %,在协议中规定:在温度 20 ℃,注入电流 100 mA 的条件下,管芯的输出功率应大于 3 mW。合同还提到,在开发大功率 SLD 产品的基础上,双方将合作研制集成光路的光收发模块和 SOA。下面分别介绍在循环干涉型 MOG 仿真实验装置上所获得的研究成果。

　　首先介绍开环仿真实验装置的标度因数。

　　测试时,将仿真装置的输入轴调整到水平面内,并指向南方。根据北京所处的纬度,在仿真实验装置输入轴指北(或指南)时,由地球自转引入的角速度分别为 ±11.5 (°)/h。

在水平面内转动仿真装置的输入轴。每隔 15°的方位角，读取一次仿真装置的输出信号。在每一测试位置上，采集输出信号数据的样本长度为 300 s。

图 11 - 14 为实测的数据分散状况。采用最小二乘法拟合，得到仿真装置的开环标度因数 $K = 0.66$ μV/((°)·h^{-1})。

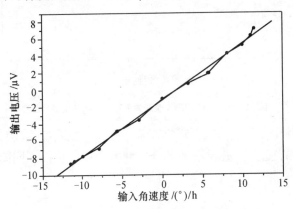

图 11 - 14　MOG 仿真实验装置开环标度因数的测试结果

其次介绍开环仿真实验装置的精度。

图 11 - 15 为 IOG 原理实验装置开环工作的精度测试曲线，采样积分时间为 100 s，样本长度为 150 点(4.15 h)。在表 11 - 4 中，列出了三天中 IOG 原理实验装置开环工作的精度测试结果，逐日的零偏重复性误差为 0.05 (°)/h。

表 11 - 4　MOG 仿真实验装置开环工作的精度测试结果

测试时间	探测器输出信号的均值/μV	零偏的均值/(°)·h^{-1}	探测器输出信号的方差/μV	零偏的方差/(°)·h^{-1}(1σ)
2001 - 08 - 09	2.92	4.44	0.38	0.57
2001 - 08 - 10	2.94	4.45	0.32	0.48
2001 - 08 - 12	2.90	4.40	0.33	0.50

下文介绍开环仿真装置循环多圈光波信号的检测。

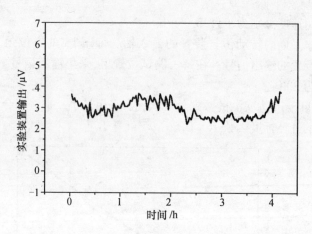

图 11 – 15　IOG 原理实验装置开环工作的精度测试曲线

应当指出,在 Stanford 大学的再入式 IFOG 中,探测器只是接收环形腔输出的总信号,并没有涉及分离和检测腔中传播不同圈数的光波信号。这一问题在文献中尚无报道。为此,清华大学进行了以下探索性研究。

首先,由于采用了大功率 SLD,探测器接收信号中的直流分量已使前置放大电路饱和。为了检测循环多圈的光波信号,重新设计了探测器的前置放大器,并采用了滤波网络,消除了检测器信号中的直流分量。为了最大限度地降低放大器的噪声,选用了低噪声的运算放大器,并把放大器的带宽设计为 2 MHz。

为了分别检测循环 1 至 N 圈的光波信号,在 MIOC 中采用了一种特殊的"脉冲相位调制信号",其频率为 $1/[(N+1)\tau]$,脉冲宽度等于光波在环形腔中的渡越时间 τ。例如,在 $N=4$ 的情况下,调制频率选择为 200 kHz。在脉冲相位调制信号的作用下,循环 $1 \sim 4$ 圈双向光波的相位调制波形分别如图 11 – 16 中的 A,B,C,D 所示,其中相位偏置角均为最优值 $\pi/2$。

最后介绍闭环仿真装置的精度测试与研究。

闭环循环干涉型 MOG 的控制原理和 IFOG 相同,均采用全数字闭环控制电路(ADCL)。在需要采集 $N=1 \sim 4$ 圈光波信号进行反馈控制时,反馈信号的检测频率应当和脉冲相位调制的频率相同,即 200

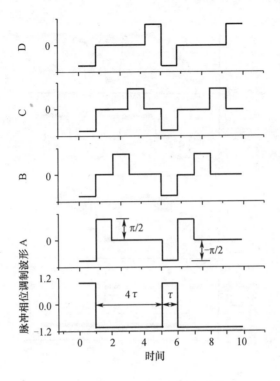

图 11 - 16　在脉冲相位调制信号作用下,循环多圈光波信号的波形图

kHz。

在以下三种工作状态下,探测器输出信号的波形如图 11 - 17 所示:

(1) 静止;

(2) CW 方向转动;

(3) CCW 方向转动。

波形中的 I 和 II 段分别为 $N = 1 \sim 2$ 圈的探测器输出信号。

实验结果表明,在闭环仿真装置中,可以检测到 $N = 2 \sim 4$ 圈的 Sagnac 相位差信号。采用这些信号可以分别对实验装置实现闭环控制,并得到读出信号。如图 11 - 18 所示,为了检测 $N = 2$ 圈的信号,采样脉冲的位置应当选择在 $N = 2$ 圈的信号区域之内(图 11 - 17 中的 "II"区),距离相位调制脉冲的时间为 2τ。

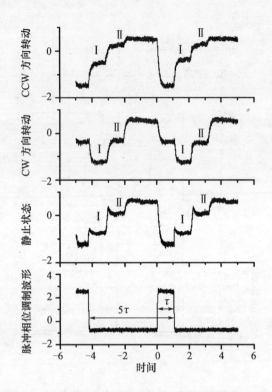

图 11-17 采用脉冲相位调制信号时,实测的探测器输出信号

在采用 $N=2$ 圈的光波信号时,实现了对仿真装置的闭环控制,实测的漂移曲线如图 11-19 所示。在读取输出信号时,采样积分时间为 10 s,样本长度为 0.5 h。根据测试数据计算的随机漂移方差值为 1.25 (°)/h。

为了提高闭环仿真装置的精度,进行了以下研究:

(1) 引入"检测噪声的探测器"(Monitor-Photodiode),参看图 11-13中的"M-PD";

(2) 增大 SLD 光源的功率。

在具有噪声检测器(M-PD)的情况下,进行了闭环仿真装置的漂移测试,图 11-20 为实测的漂移曲线,测试方法和没有 M-PD 的情况相同。

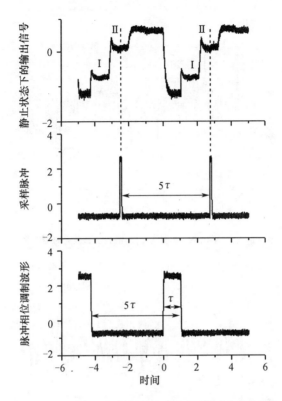

图 11 - 18　采集控制脉冲的时间与相位调制脉冲之间的关系

实验结果证明,引入 M-PD 对提高闭环仿真装置的精度具有明显的效果,随机漂移为 0.75 (°)/h。这一成果也可以推广到 IFOG。

增大 SLD 的输出功率将有利于提高探测器输出信号的信噪比,闭环仿真装置的精度有可能得到提高。例如,在仿真装置中,SLD 的注入电流可以由 50 mA 增大到 150 mA,相应的 SLD 输出功率分别为 0.3 mW至 1.2 mW。

总结上述,干涉型 MOG 具有可行性的条件为:

(1) 采用多功能的集成光路收发模块,提高 SLD 的功率;

(2) 在集成光路环形腔内,引入 SOA。

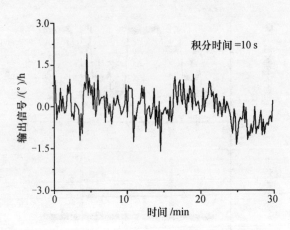

图 11-19 采用 *N* = 2 圈信号闭环时,仿真装置的漂移曲线

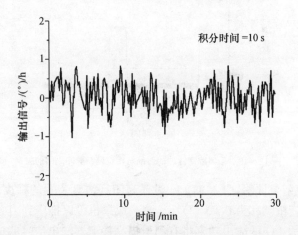

图 11-20 引入 M-PD,并用 *N* = 2 圈信号闭环时,仿真装置的漂移曲线

11.7 超短脉冲固态激光陀螺仪的研究

应当指出,目前的气体 RLG 并不理想,其主要缺点如下:

(1)气体激光器是电真空器件。它的工作寿命、存放时间以及可靠性等都受到电极退化、环形腔内气体缓慢释放以及真空密封结构气体泄漏等因素的限制。

(2) 机械抖动装置是挠性结构。它使目前 RLG 承受冲击和振动的能力受到限制。

(3) 对环形腔和反射镜等精密光学零件的工艺要求很高,生产费用昂贵,导致产品成本较高,特别是建立生产线的初始资金投入很高。

近年来,LD 器件发展迅速,出现了多量子阱(Multiple Quantum Wells,MQW)的 LD。和气体、固体等激光器相比,LD 具有效率高、增益大等优势。清华大学曾和德国 Stuttgart 大学研究,企图采用 LD 建立有源腔的微型 RLG。但是,理论分析表明,在采用"连续光波"(Continuous Wave,CW)的环形腔中,由于双向光束之间的模式竞争,环形激光器只能单向工作,无法建立 RLG。与此同时,在采用 CW 光束的 RLG 中,在理论上也不可能消除闭锁现象。

众所周知,在目前的 RLG 产品中,背向散射光束是产生闭锁现象的根源。新的构想是通过减小超短脉冲激光的宽度,使双向光束的交汇点远离激光增益介质和反射镜,从源头上争取消除环形腔中双向光束的以下现象:(1)"模式竞争";(2)"闭锁"。

1991 年,UNM 采用液体染料作为激光介质,进行了环形脉冲激光器的实验研究,所采用的染料激光波长为 620 nm。由于液体染料本身具有"饱和吸收器"(Saturable Absorber,SA)的功能,在实验装置中,实测的脉冲激光宽度为 100 fs(10^{-13} s)。实验结果证明,在环形染料激光器中,双向脉冲激光工作稳定,没有发生模式竞争。由于液体染料分子的运动是随机性的,即使双向脉冲激光的交汇点落在液体染料之中,理论上也不会产生背向散射导致的闭锁现象。

在环形染料激光器实验成功的基础上,UNM 转入"超短脉冲激光"(Ultra short pulse laser)的钛宝石 RLG 实验研究,得到了美国海军研究院和 Honeywell 公司等的资助。如图 11-21 所示,环形腔的周长 P=30 cm。采用 ZnS 非线性晶体作为饱和吸收器,它被放置在距离增益介质为 P/4 的位置(A 点)。在光路设计中,要求保证双向脉冲激光的交汇点(B 点)和 A 点之间的距离为 P/2。

测试结果表明,双向脉冲激光的宽度约为 500 fs。虽然相应的脉冲激光覆盖距离仅为 0.015 cm,但在实验装置中,发现闭锁现象并未

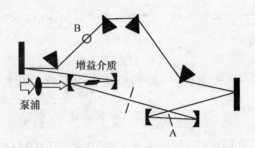

泵浦光源(LD);增益介质(钛宝石晶体);A点为饱和吸收
器(ZnS非线性晶体)的位置;B点为双向脉冲激光交汇点。

图 11-21 钛宝石 RLG 实验装置的光路图

彻底消除。实测的最小拍频为1 Hz,相应的闭锁阈值为 0.2 (°)/h。

根据实验研究,UNM 得出以下结论:

(1) 单纯采用锁模技术不能完全消除固态 RLG 中的闭锁现象;

(2) 可以对饱和吸收器施加"电光抖动"(Electro-optical dithering)控制折射系数,以消除固态 RLG 中的闭锁现象。

UNM 并申报了以下多项专利。在机理上,"电光抖动"和现有 RLG 产品中的机械抖动偏频装置是类似的。

(1) "锁模的有源腔固体激光陀螺",申请日期 1991-06-28,美国专利号 5,363,192 (1994);

(2) "采用干涉法消除噪声的固体激光陀螺",申请日期 1991-07-28,美国专利号 5,191,390 (1993);

(3) "在短脉冲激光陀螺中,消除闭锁阈值的抖动方法",申请日期 1992-05-08,美国专利号 5,251,230 (1993);

(4) "锁模的有源腔固体激光陀螺",申请日期 1991-06-28,美国专利号 5,363,192 (1994);

(5) "采用干涉法消除噪声的固体激光陀螺",申请日期 1991-07-28,美国专利号 5,191,390 (1993);

(6) "在短脉冲激光陀螺中,消除闭锁阈值的抖动方法",申请日期 1992-05-08,美国专利号 5,251,230 (1993);

(7) "在谐振腔中,采用调制折射系数的方法实现抖动",申请日期 1992-05-08,美国专利号 5,367,528 (1994);

(8)"立方形的双平面单向环形激光陀螺",申请日期 1996 - 08 - 28,美国专利号 5,650,850 (1997)。

2000 年,清华大学和 UNM 签订了合作研究协议,决定以 UNM 钛宝石固体 RLG 的实验装置为基础:

(1) 在 UNM 建立固态 RLG 的实验装置,通过实验确定系统结构和参数;

(2) 在清华大学建立固态 RLG 的原理试验样机。

实验装置的光路系统如图 11 - 22 所示。为了便于今后在中国研制试验样机,在实验装置中采用了中方提供的光学零件。激光增益介质为中国产的一种"钒酸钇(Nd:YVO4)晶体",输出为线偏振光,波长为 1 064 nm。它的优点是温度系数较小,不需要恒温,但需要采用热沉散热。

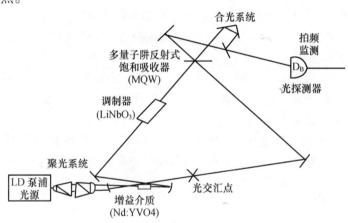

图 11 - 22　采用反射式饱和吸收器的固体 RLG 光路图

固态 RLG 的设计要求如下:环形腔输出信号的光功率为 μW 量级;腔内的光功率为 mW 量级。在结构设计中,可以采用端面泵浦方式,如图 11 - 22 所示。考虑到 Nd:YVO4 晶体的光能吸收频带为 808 nm,选择了美国 High Power Devices 公司的产品"HPD 1620"作为泵浦光源。它的波长为(808 ± 3)nm;在 CW 工作状态下,最大输出光功率为 2 W。PD 1620 本身带有半导体制冷器。泵浦光源的聚光系统由短焦距的聚光透镜和一对合成棱镜(Anamorphic prisms)所组成。

实验结果表明,腔内的光功率最大可以调整到 100 mW,HPD 1620 的使用效果较好,不足之处是价格很贵(约 4 000 美元)。

在环形腔中,反射式饱和吸收器不仅可以起锁模器和反射镜的作用,还具有稳定脉冲激光,并使脉冲激光宽度变窄的功能。在没有引入它时,自发辐射光束的光强不可避免地有起伏现象。在引入它之后,由于弱信号衰减较大,而强信号则衰减较小,使得在腔内多次循环之后,强、弱信号的光强比值将越来越大,最后形成稳定的脉冲激光。

采用反射式饱和吸收器可以使脉冲激光的前沿不断变陡。当经过增益介质时,脉冲激光的前沿及中心部分被放大较多。由于反转粒子数的消耗,增益将下降,导致脉冲激光的后沿被放大较小,甚至得不到放大。这样,在多次经过反射式饱和吸收器和增益介质之后,脉冲激光的前沿和后沿都得到了修正,使得脉冲激光的宽度变窄。

1998 年,UNM 的电机工程系和物理系联合建立了"高技术材料研究中心"(The Center for High Technology Materials,CHTM),重点是研制各种多量子阱的光电子器件。J. C. Diels 高度重视这项高新技术,作为正式的在编人员,在 CHTM 开展了反射式和透射式两种饱和吸收器的研制工作。前者可以直接取代 RLG 中的反射镜,在微型 RLG 中无疑具有优势和应用前景。但是,它必须兼顾两方面的高标准要求:饱和吸收性能和高反射率。因此,在膜层的垂直结构设计和工艺上难度都较大。典型的反射式饱和吸收器垂直结构如表 11 - 5 所示,基片材料为 GaAs,厚度为 0. 5 mm,在生长膜层之前,基片的双面都必须精密抛光。

表 11 - 5　反射式饱和吸收器膜层的垂直结构

功能	膜层材料与厚度	隔离层材料与厚度	膜层的对数
反射镜	GaAs,75.8 nm	AlAs,89.9 nm	25
饱和吸收器	$In_{0.25}Ga_{0.75}As$,8.7 nm	GaAs,10 nm	2

上述实验装置的光路调整步骤如下:

(1) 调整腔内的光功率,使之达到 mW 的量级;

(2) 调整双向脉冲激光,分别获得环形腔的输出信号;

(3) 调整合光装置,获得拍频信号。

测试结果表明,在实验装置中,闭锁现象并未被消除,最小的拍频信号约为 25 Hz。

为此,在图 11 - 22 的实验装置中,必须引入 LiNbO$_3$ 调制器。对它的调整步骤应当包括:

(1) 控制双向脉冲激光的交汇点,使之远离反射镜;

(2) 建立环形腔光程长度的闭环控制回路,补偿腔长的温度变形;

(3) 建立消除闭锁阈值的"电光抖动"控制回路。

根据测试结果,环形腔的周长为 78 cm,渡越时间为 2.6 ns;脉冲激光的宽度为 70 ps。对实验中观测到的闭锁现象可作以下的分析:

(1) 脉冲激光的宽度(70 ps)太大;

(2) 双向脉冲激光的"交汇点"离凹面镜太近,导致双向脉冲激光可能在凹面镜上部分重叠,产生闭锁现象。

在实验中发现,采用反射式饱和吸收器的实验装置工作状态不够稳定。J. C. Diels 建议改用透射式饱和吸收器,其光路系统如图 11 - 23 所示。在透射式饱和吸收器中,不需要反射层。它的膜层材料垂直结构只有 5 对饱和吸收器,吸收层的材料和厚度为 In$_{0.25}$Ga$_{0.75}$As,14 nm;隔离层的材料为 GaAs。

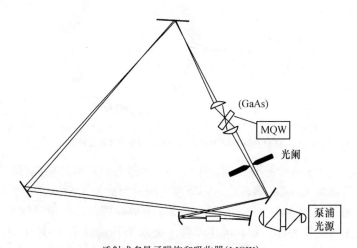

透射式多量子阱饱和吸收器(MQW)

图 11 - 23 采用透射式 MQW-SA 固体 RLG 的光路图

透射式饱和吸收器相对于腔内的光束应当斜置,斜置角应等于Brewster 角。在该实验装置的情况下,根据饱和吸收器材料的折射率,Brewster 角为 74°。实验结果表明,改用透射式饱和吸收器之后,实验装置的工作状态比较稳定。

为了建立固体 RLG 的试验样机,中方完成了调制器的设计,其中LiNbO$_3$ 晶体的尺寸为 3 mm×3 mm×5 mm,在晶体的上、下两面,蒸镀了金膜作为电极。美方提供了调制器控制电路所需的电子元器件。但是,由于双方都受到经费和人员的限制,这项合作研究未能继续。

在 2001 年的美国导航学会年会上,双方联合发表了研究论文,全面总结了上述实验研究的成果。

11.8   法国 LETI 研究所的微型光学陀螺芯片

LETI 的干涉型 MOG 被称为“固态光学陀螺仪”(SSOG),其芯片为多匝光波导线圈(图 11－24),直径为 30 mm,长度为 800 mm,“X”交叉点的损耗为 0.18 dB。

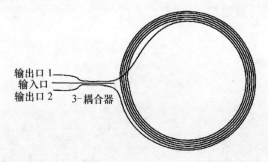

输出口 1
输入口
输出口 2
3－耦合器

图 11－24   LETI 干涉型 MOG 的集成光路芯片

在 LETI 的谐振型 MOG 中,采用了光波导的环形谐振腔(图 11－25),直径为 30 mm,耦合器与环形腔之间的距离为 4.5 μm。

图 11－24 和图 11－25 所示的集成光路陀螺芯片都是以硅为基片的无源光波导器件。对它的主要技术要求为传输效率高:传输损耗系数小于 0.025 dB/cm;可以与光纤相耦合。

图 11－26 和图 11－27 分别为“IOS2”型硅基片光波导的结构与

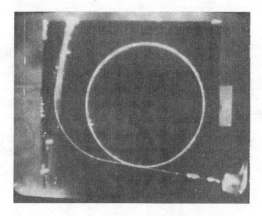

图 11 - 25 LETI 谐振型 MOG 的集成光路芯片

工艺路线。在硅基片上,首先需要生长掺磷的 SiO_2 下包层。然后,采用光刻工艺生长所需图形的掺杂光波导层,其折射率应高于掺磷的 SiO_2 下包层。最后,生长掺磷的 SiO_2 上包层。

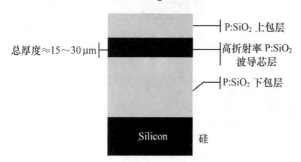

图 11 - 26 LETI"IOS2"型硅基片光波导的结构

由于这种光波导层及其上、下包层的厚度都较大,需要采用特殊的薄膜生长工艺。LETI 把这种工艺称为"IOS2"型工艺,以区别于膜层较薄的"IOS1"型工艺。

采用上述环形谐振腔可以测出光波导的技术性能。在测试中,所用 LD 光源的波长为 0.8 μm,线宽(FWHM)为(20±5) MHz。测试结果如下:光波导谐振腔的清晰度 $F > 40$;光波导的传输损耗系数为 $(0.028±0.009)$ dB/cm,光波导耦合器的耦合系数为 $(1.09±0.24)×10^{-2}$。

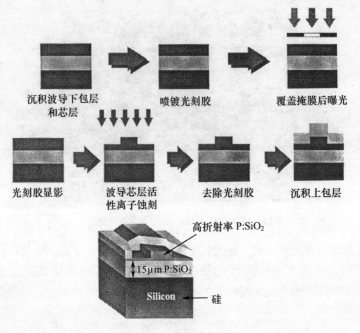

沉积波导下包层
和芯层　　　　　喷镀光刻胶　　　　覆盖掩膜后曝光

光刻胶显影　　　波导芯层活
　　　　　　　性离子蚀刻　　　去除光刻胶　　　沉积上包层

高折射率 P:SiO₂

15μm P:SiO₂

Silicon　　　　硅

图 11 - 27　LETI"IOS2"型硅基片光波导的工艺过程

11.9　美国 Sandia 国家实验室的微型光学陀螺集成光电子芯片

美国 Sandia 国家实验室(Sandia National Laboratories, SNL)研制一种采用单片"有源集成光路"(Photonic Integrated Circuit, PIC)制成的高频脉冲信号发生器(图 11 - 28)。这种 PIC 芯片的功能是把环形腔内谐振的脉冲激光信号直接转换为电的输出信号,其组成部件如下:

(1) 半导体的环形激光器;

(2) 饱和吸收器;

(3) 光波导的放大器(Waveguide Optical Amplifier, WGOA);

(4) 光波导的光敏二极管(Waveguide Photodiode, WGPD)。

半导体环形激光器单向工作,其材料为 GaAs - AlGaAs,直径分别

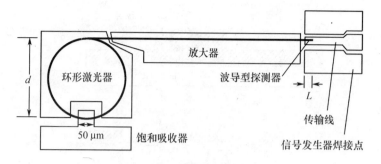

图 11 - 28　SNL 的高频脉冲信号发生器芯片

为 860 μm,430 μm,290 μm。不同直径对应于所需的电信号频率,分别为 30 GHz,60 GHz,90 GHz。

环形激光器的工作(谐振)频率 f 可计算如下

$$f = \frac{c}{\pi d n_{\text{eff}}} \qquad (11 - 24)$$

式中 c 为真空中的光速;d 为环形腔的直径;n_{eff} 为多模环形光波导的波群折射率。

接触式饱和吸收器安装在光波导环形腔之外,其长度为 50 μm。它把腔内的 CW 光波变换为脉冲激光,脉冲宽度为(1~10) ps。

环形腔的输出信号通过"Y"波导耦合器送入长度为 1 mm 的波导式光放大器 WGOA。经过光放大后的脉冲激光序列被送入波导式光探测器 WGPD,最后转换为输出的"毫米波"电信号。

在以上研究的基础上,2003 年 Sandia 国家实验室公布了他们准备研制的谐振型 MOG 系统结构,如图 11 - 29 和图 11 - 30 所示。

如图 11 - 31 所示,整个 MOG 的结构部分由以下两块芯片所组成:

(1) 左边为半导体的"有源光电子集成线路"(Photinic integrated circuit,PIC)芯片,包括激光器、两个相位调制器、以及两个光电探测器;

(2) 右边为"硅基片平面型集成光路"(Planar integrated optic circuit,PLC)芯片,包括光波导的耦合器和谐振腔,谐振腔的直径约为 15 mm。

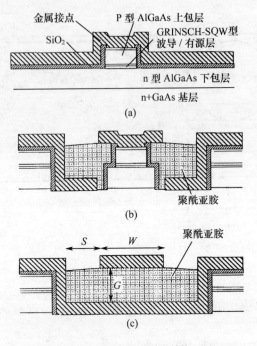

(a)激光器和放大器等有源的光波导结构；(b)WGPD；
(c) 传输线：$W = 12 \ \mu m, S = 5 \ \mu m, G = 10 \ \mu m$。

图 11 - 29　SNL 高频脉冲信号发生器芯片中的光电子器件结构

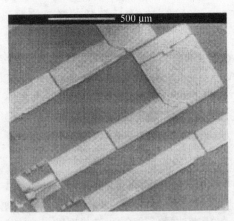

图 11 - 30　SNL 高频脉冲信号发生器芯片的电镜图

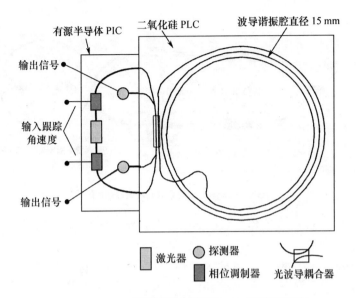

图 11-31　Sandia 国家实验室谐振型 MOG 的系统结构图

整个 MOG 结构部分的尺寸为 $(15\sim20)$ mm $\times$ $(15\sim20)$ mm $\times$ $(2\sim5)$ mm。

11.10　美国 Honeywell 公司的微型光学陀螺芯片

2001 年,美国 Honeywell 公司公布了集成光路陀螺芯片的结构(图 11-32)。这是一种谐振型的 MOG,被公司称为"RMOG"(Resonant MOG)。在 RMOG 中,计划采用以下三种环形腔的技术方案:

(1)"无源的"光波导环形腔(Waveguide-based optical cavity);

(2)"半有源的"光波导环形腔 (Semi-active waveguide cavity);

(3) 具有"光源激光器"(Source laser for the cavity)的环形腔。

为了研制上述三种光波导器件,Honeywell 公司委托 Minnesota 大学开展多种技术途径的探索。在光波导的结构方面,同时研究"脊"型(Ridge guide)和"沟"型(Trench guide)两种光波导的性能。在材料方面,同时研究:

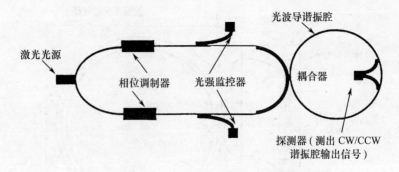

图 11 - 32　Honeywell 公司集成光路陀螺芯片的结构

(1) 1 550 nm 工作波长的 Al_2O_3 光波导，掺杂材料为铒(Er)和镱(Yb)；

(2) 1 330 nm 工作波长的 ZrO_2 光波导，掺杂材料为镨(Pr)和镱(Yb)。

Honeywell 公司研制 RMOG 的目标是精度达到 1 (°)/h。从目前的报道来看，RMOG 的研制工作还未获得显著的进展，其中的核心问题之一是低温的薄膜溅射生长工艺。

11.11　本章小结

关于无源腔谐振型 MOG。

在谐振型 MOG 的研究方面，迄今为止的研究者几乎都采用了"无源谐振腔"的系统结构方案，包括 Northrop 公司(1982—1990 年)、Honeywell 公司、Sandia 实验室以及作者在清华大学所进行的探索性研究(1995—1997 年)等在内。

应当指出，美国 MIT 和日本东京大学长期实验研究的结果表明：采用"无源谐振腔"(Passive ring resonator, PARR)的系统结构方案，很难建立精度较高的 RFOG。

为此，在 RFOG 和谐振型 MOG 的研制中，都必须采用有源谐振腔的系统结构方案。

关于有源腔谐振型 MOG。

在 RLG 中,除了气体激光器之外,可能采用的光源如下:

(1) 光纤光源,如 Brillouin 激光陀螺仪(BRLG);

(2) 固体激光器,如美国 UNM 研究的"超短脉冲固态 RLG";

(3) 半导体激光器。

前两种技术方案有可能开发成为 RLG,但是光源器件无法实现集成化,因而很难在低成本的 MOG 中得到应用。

1996—1999 年,在 Stuttgart 大学的合作下,清华大学对"半导体环形激光器"进行了深入的理论研究。分析的结果表明,半导体环形激光器可以单向(或双向)工作,但"空间烧孔"、"载流子扩散"以及"激光器线宽加强因子"等因素将影响其工作的稳定范围和输出光束的光强:

(1) 双向环形激光器的模式稳定范围随"注入电流"和"输入角速度"的增大而减小。为此,在设计 MOG 时,必须合理选择激光器的工作点,以保证其工作的稳定性。

(2) 双向输出光束的光强随"输入角速度"的增大而变化,其中一个方向的光束将增强,与此同时,另一个方向的光束将减弱。因此,必须设法消除这种现象,否则 MOG 的信号读出系统将受到影响。

根据以上结论,清华大学和 Stuttgart 大学在合作发表的论文中曾建议采用"双频环形激光器"的系统结构方案。这样既可以加强双向激光输出的工作稳定性,同时,也可以保证双向光束光强的一致性。

应当指出,采用"双频环形激光器"的系统结构方案并不能消除 RLG 中的闭锁现象,而在 MOG 中完全不能采用机械抖动等偏频机构。因此,在有源腔谐振型 MOG 中,应当采用无闭锁的超短脉冲激光器。根据 UNM 的实验研究结果,采用饱和吸收的微光学反射镜(或透射镜)以及集成光学的调制器(类似于 IFOG 中的 MIOC),有可能建立有源腔谐振型 MOG。

关于干涉型 MOG。

受到平面型光波导(PLC)Sagnac 效应敏感线圈尺寸的限制,干涉型 MOG 的精度较低。例如,在 LETI 所研制的 MOG 中,PLC 敏感线圈的直径为 30 mm,长度为 0.8 m,理论计算的分辨率为 0.085 (°)/s,实测的结果约为 1 (°)/s。

关于循环干涉型 MOG。

为了提高干涉型 MOG 的精度,清华大学提出了"循环干涉型"的 MOG 方案。在无源环形腔的光纤仿真装置上,实验研究结果证明,这种 MOG 系统结构方案具有可行性。在实验中,SLD 光源的功率约为 1 mW,可以检测到光波在环形腔内循环 2~4 次的信号,即环形腔的等效长度可以提高 2~4 倍。

在开发 MOG 的产品中,需要采用集成光电子的光收发芯片,以降低成本。与此同时,SLD 管芯与集成光路的分束器直接耦合,可以提高耦合效率。Stuttgart 大学和清华大学合作研制了大功率的 SLD 管芯。测试结果表明,在 20℃ 和 400 mA 注入电流的条件下,SLD 管芯的输出功率为 25 mW,可以满足循环干涉型 MOG 的使用要求。

关于有源腔循环干涉型 MOG。

采用有源腔循环干涉型的系统结构方案,需要在环形腔内引入"半导体光放大器"(SOA),或"双向输出的 SLD"光源。对这两种系统结构都有待进一步开展理论和实验研究。

在有源腔的干涉型 MOG 中,光波在环形腔内的循环次数需要增大到 100 圈以上,这种 MOG 的分辨率才能优于 1 (°)/h。

参 考 文 献

1　Lawrence A W. The Micro-Optic Gyro. Symposium Gyro Technology, Stuttgart, Germany, 1983

2　Bismuth J, Gidon P, Revol F, Valette S. Low-Loss Ring Resonators Fabricated from Silicon Based Integrated Optics Technology. Electronics Lett. 1991, 27(9): 722~723

3　Yu A, Siddiqui A S. Novel Fiber Optic Gyroscope with a Configuration Combining Sagnac Interferometer with Fiber Ring Resonator. Electronics Lett., 1992, 28(19): 1778~1779

4　Bayborodin Yu V, Konopaltseva L I, Lyadenko A F, Maschenko A I. Planar Integrated Optical Gyro. SPIE Vol. 2108, 1993. 443~448

5　Yu A, Siddiqui A S. Theory of a Novel High Sensitivity Optical Fiber

Gyroscope. IEE Proceedings Journal, 1993, 140(2): 150~156

6   Motteir P. Integrated Optics at the LETI. International Journal of Opto-electronics, 1994, 9(2): 125~134

7   Zhang Y S, Zhang B, Ma X Y. Techniques for Developing a Miniature Resonant Optic Rotation Sensor. Proceedings of the 52th Annual Meeting, June 19-21, Cambridge, MA, 1996, 719~723

8   Ding H G, Zhang Y S, et al. Key Technologies of Micro Inertial Measurement Unit. Chinese Journal of Scientific Instrument, 1996, 17 (1): 31~35

9   Motteir P, Pouteau P. Solid State Optical Gyrometer Integrated on Silicon. Electronic Letters, 1997, 33(23): 1975~1977

10 Vawter G A, Mar A, Hietala V, Zolper J, Hohimer J. All Optical Millimeter-Wave Electrical Signal Generation Using an Integrated Mode-Locked Semiconductor Ring Laser and Photodiode. IEEE Photonics Techn. Lett., 1997, 9(12): 1634~1636

11 Zhang Y S. Design of Navigation-grade Integrated Optic Gyros Seminar Integrated Optic Gyros, Tsinghua University, Beijing, 1998

12 Schweizer H. (Al)GaInP DFB Diode Lasers. Seminar Integrated Optic Gyros, Tsinghua University, Beijing, 1998

13 Dmitriev A L. Tunable Diode Lasers with Narrow Line-width. Seminar Integrated Optic Gyros, Tsinghua University, Beijing, 1998 中译本:窄线宽的可调谐二极管激光器. 见:清华大学精密仪器系编. 激光陀螺技术. 北京:清华大学精密仪器系, 1999. 143~150

14 Zhu Z W. Strained Layer MQW DFB Laser Module for Micro Optical Wave-guide Gyroscope. Seminar Integrated Optic Gyros, Tsinghua University, Beijing, 1998

15 Asnis L. Acousto-optic Frequency Shifting Devices for an Integrated Optic Sensor. Seminar Integrated Optic Gyros, Tsinghua University, Beijing, 1998

16 Zhang Y S, Ma X Y, Zhang B, Tang Q A, Pan Z W, Tian Q, Zhang A Y, Li M, Zhang M. Investigation of the Elements for Integrated

Optic Gyro. The Second International Symposium on Inertial Technology(BISIT),Beijing,1998

中译本:集成光学陀螺仪关键器件的研制.见:清华大学精密仪器系编.激光陀螺技术.北京:清华大学精密仪器系,1999

17　Vetrov A A,Volkonski V B,Svistunov D V,马新宇,张斌,章燕申.光波导无源环形腔的设计、加工和测试.第二届北京国际惯性技术学术会议(BISIT),北京,1998

18　Schweizer H, et al. GaInP-DFB-Laser as Visible Light Sources for Interferometers. The Second International Symposium on Inertial Technology(BISIT),Beijing,1998

19　丁衡高,伍晓明,马新宇,胡朝阳,张斌.集成光学角速度传感器系统方案的研究.见:清华大学精密仪器系编,激光陀螺技术.北京:清华大学精密仪器系,1999. 94~101

20　张斌.声光移频器的理论与实验研究,及其在集成光学角速度传感器的应用:[学位论文].北京:清华大学精密仪器系,1999

21　马新宇.集成光学陀螺仪的理论与实验研究:[学位论文].北京:清华大学精密仪器系,1999

22　高峰.集成光学陀螺中半导体激光器技术的应用研究:[学位论文].北京:清华大学精密仪器系,1999

23　吴麟章.有源集成光学陀螺中量子阱半导体激光器技术的研究:[学位论文].北京:清华大学精密仪器系,1999

24　Wu L Z,Zhang Y S,Schweizer H. The Feasibility of Compact Gyroscope Realized by Semiconductor Ring Laser. Symposium Gyro Technology,Stuttgart,Germany,1999

中译本:半导体环形激光器及其用于光学陀螺的可行性研究,见:清华大学精密仪器系编.激光陀螺技术.北京:清华大学精密仪器系,1999

25　Ford C, Ramberg R,Johnsen K,Berglund W,Ellerbusch B,Schermer R,Gopinath A. Cavity Element for Resonant Micro Optical Gyroscope. IEEE AES Systems Magazine,December,2000:33~36

26　胡朝阳.集成光学陀螺仪及其光纤仿真系统的理论与实验研究:

[学位论文]. 北京：清华大学精密仪器系，2000

27 Zhang Y,Gao F,Wu X,Tian W,Hu Z,Tian Q,Pan Z,Tang Q. Investigation of the Re-entrant Integrated Optical Rotation Sensor. Symposium Gyro Technology,Stuttgart,Germany,2000

28 Dang T T,Stintz A,Diels J-C,Zhang Y S. Active Solid State Short Pulse Laser Gyroscope. ION 57th Annual Meeting / CIGTF 20th biennial Guidance Test Symposium, June 11-13, Albuquerque, NM, USA,2001

29 Zhang Y,Tian W,Fu L,Schweizer H. Experimental Research on a Novel Interferometric Fiber Optical Gyro with Light Beams Circulating in the Sagnac Sensing Ring. Symposium Gyro Technology, Stuttgart,Germany,2002

30 章燕申,伍晓明,田伟,汤全安,田芊,滕云鹤. 循环干涉型光纤陀螺及其光源. 中国惯性技术学报,2002,10(1):45~50

31 伍晓明,章燕申,田伟,汤全安. 多次循环干涉型光纤陀螺仪的实验研究. 中国惯性技术学报,2002,10(4):49~52

32 Vawter G A,Zubrzycki W J,Hudgens J J,Peake G M,Alford C, Hargett T,Salter B,Kinney R D. Development in Pursuit of a Micro-Optic Gyroscope. SAND Report 2003-0665, Albuquerque, New Mexico and Livermore,California,2003

33 Fu L,Schweizer H,Zhang Y,Li L,Baechle A M,Jochum S,Bernatz G C,Hansmann S. Design and Realization of High-Power Ripple-Free Super Luminescent Diodes at 1 300 nm. IEEE J. of Quantum Electronics,2004,40(9):1270~1274

附录 A

导航技术研究工作 50 年

从 1954 年开始,笔者迄今从事高精度导航系统科研工作已有 50 余年。自然科学和工程技术方面的研究、实验及试制等工作是艰苦而枯燥的,其成果、经验、教训已经由论文、技术报告或实物反映出来,再作详尽的回忆和记载似乎已不重要。但笔者以为,把个人半个世纪以来从事高精度导航系统科研工作的经历和体会作个简单的回顾,或许可以从一个局部和侧面反映我国在这一领域的技术发展历程。笔者还希望,这些回顾和体验对读者开展创新性的科研工作有所启迪和帮助。

液浮积分陀螺仪工艺的研究

1953 年 8 月,笔者由国家派遣赴苏学习"精密仪器工程",攻读副博士学位。在入学莫斯科包曼技术大学将近一年时,导师建议笔者研究液浮积分陀螺仪的一项关键工艺:"保证陀螺支架环轴承孔之间的同心度达到微米量级的精度"。

这项研究的背景是当时苏联发展火箭技术的需要。为了大量生产高精度的液浮积分陀螺仪,苏联"航空工艺研究院"(NIAT)决定采用精密组合机床。为此,急需调整机床同心度的光学仪器。

在莫斯科包曼技术大学,通过文献收集、工厂实习、以及相关技术课程的学习,笔者提出了具有创新性的两种光学仪器技术方案;1954—1956年,在经费和助手得到充分保证的情况下,笔者顺利地完成了以下工作:

(1) 在莫斯科"航空测量仪器厂",完成了"带附加物镜平行光管"的结构设计、加工、组装和精度测试;

(2) 在莫斯科"航空光学瞄准具厂",完成了"同心度光学调整仪"的结构设计、加工、组装和精度测试;

(3) 在"莫斯科航空陀螺仪厂"的生产车间,采用所研制仪器调整了车间的德国"双轴组合机床",加工出了合格的测试零件。

在完成上述工作中,笔者初步掌握了工程性科学研究的方法。与此同时,对于苏联工科高校的办学经验,笔者得到以下三点较深的切身体验。

(1) 工科高校的教学(主要指培养研究生)和科学研究必须与产业部门急需解决的问题紧密结合。为此,高校的教师和产业部门的技术负责人需要互相兼职。

第二次世界大战后,莫斯科包曼技术大学的教授 S. P. Koroleov (1906—1966)向政府建议发展火箭技术。政府为他组建了火箭发动机、燃料以及制导系统等 6 个工厂,任命他为总工程师。他所领导的研究工作带动了苏联整个航天工业的发展。在苏联的航天技术领域,包曼技术大学占有重要的位置。

20 世纪 50 年代,包曼技术大学还有许多教授提出了创新性的工程研究项目。例如,笔者的指导教授 A. B. Yashin 提出了"数控铣床的研究"。他们得到工业部门的支持,做出了成果,使他们和包曼技术大学在全苏许多学术领域都享有很高的声誉。

包曼技术大学还聘请了一批兼职教授,他们是工业部门的技术负责人。例如,"光学仪器"教研室主任 I. A. Turigin(笔者论文的评审人之一)是莫斯科"Krasnogorsk 光学仪器厂"的总工程师。通过相互兼职,包曼技术大学和工业部门在科研和教学方面联系得十分紧密,很多博士生(包括笔者)论文的实验部分是在产业部门完成的。在工业部门的强大需求推动和财力、物力支持下,包曼技术大学教师和研究生的科研成果可以很快转化为生产力。

(2)在工程性的研究中,必须尽量采用高新技术。

精密仪器的特点之一是需要采用"精密计量技术",包括测量仪器本身的参数,以及监测工艺过程等。在精密仪器中,计量技术是保证各种仪器精度的基础。应当尽量采用"非电量的电量测"和"光学量测"等方法。为此,新型的精密仪器(包括惯性器件)已经不能局限于传统的精密机械结构,必须尽量采用光学量测器件、控制回路、数字信号处理芯片等集成电路器件。

(3)一个称职的工科教授应当像医学院的教授一样,每周两天讲课,两天临床,还有两天用于研究世界最新科技学术动态。

"言教不如身教"。大学教授应当用自己的治学态度和研究成果作为榜样去影响学生。工科教授的成果不仅表现在工业生产上,还应提出学术上的新理论,主要是产品和工艺的科学设计方法。还应指出,出版专著和教材很有必要。它们可以帮助广大在职的工程技术人员掌握世界上最新的科技成果,结合本职工作做出创新性的成果。

清华大学"导航与控制"专业的建设

1957 年,笔者回到清华大学,参加筹建"导航与控制"专业。1958年 10 月,党中央直接下文从全国 10 所高校抽调 287 名四、五年级学生进入清华大学,分别学习"自动控制"和"电子计算机"两种专业,其中控制专业有学生 100 多名,需要学习专业课和完成毕业设计。

1958—1989 年,笔者担任"导航与控制"教研室主任。教研室的工作主要是开设专业课程和开展科学研究,前者包括专业实验室和教材建设。参考苏联的教学计划,笔者参加和协助准备的专业课程如下:

(1)"陀螺仪与稳定装置";

(2)"飞行器的导航系统";

(3)"飞行器动力学和自动驾驶仪";

(4)"火箭技术导论"等。

教材建设

1957年,经笔者翻译和校订,国防工业出版社发行了两种苏联"航空陀螺仪表"教材,作者分别为 V. A. Pavlov 和 A. S. Kozlov。与此同时,笔者还和有关教师合译了苏联教材《电的自动调节系统》,作者为 A. A. Felidbaum,上、下两册分别于1958年和1961年由国防工业出版社出版。

1958年,笔者承担了繁重的教学工作,先后讲授了"陀螺仪与稳定装置","飞行器导航系统"和"火箭技术概论"等专业课,并协助其他教师开设了"飞行器动力学和自动驾驶仪"等课程。

教学和科研实验室的建设

清华大学向国家有关部门申请调拨了退役的航空陀螺仪和自动驾驶仪,以及船用陀螺罗经,为本科生开设了相应的专业课程教学实验。

1957—1959年,作为飞行控制系统设计和调整中的一项必要设备,清华大学和航空工业部的有关研究室合作,研制成功了"三轴飞行模拟转台"。1958年,这项科研成果曾在北京国防科技成果展览会上展出,受到国家有关领导人的重视,提高了清华大学建设有关专业的信心和声誉。

专业的培养目标与科研方向

根据高教部的有关文件:"清华大学在专业办学方向上可以广泛一些,不限于导弹控制,也可面向飞机和舰船导航"。

1958年10月,应苏联高等教育部的邀请,北航林士锷、文传源和笔者等三人受中国高教部派遣参加了"第二届全苏高校陀螺仪学术会议",会后在苏方的安排下,参观了以下八所高校的有关专业。接待中国来访者的教授介绍了他们的科研成果和实验室,给笔者的印象较深。

(1) 莫斯科动力学院。

该院 L. E. Tekachev 教授是苏联液浮陀螺仪的发明者,从事惯性导航系统的教学与科研工作。他向笔者赠送了"液浮陀螺仪发明证书"

和自己主编的"导航系统"专著。

(2) 莫斯科包曼技术大学。

该校 D. S. Pelipor 教授的专长是陀螺稳定系统,包括陀螺稳定平台和飞行器自动驾驶仪。1958 年,他首次证明:"在没有任何外加力矩的情况下,陀螺支架环的转动惯量仍将导致自由陀螺仪产生漂移速度"。他定量地推导了自由陀螺仪漂移速度的计算公式,从机理上阐明了陀螺支架环对陀螺稳定的影响。

(3) 列宁格勒航空仪表学院。

该校 V. A. Pavlov 教授的专长是"航空陀螺仪表的结构设计",是同名教材的作者。

(4) 莫斯科大学。

该校 A. U. Eshilinsky 教授在 1958 年全苏高校第二届陀螺仪学术会议上宣布了同年 7 月美国"舡鱼号"核潜艇在冰下通过北极的消息。他是苏联科学院"导航与控制"小组的主席,专长是火箭控制与陀螺仪器的理论,包括惯性导航。

(5) 列宁格勒光学与精密机械学院。

该院"陀螺导航仪器"教研室从事航海陀螺罗经的教学与研究,是 1958 年"第二届全苏高校陀螺仪学术会议"的东道主。

(6) 列宁格勒多科性技术学院。

该院的"自动学与远动学"教研室以控制理论及系统为研究方向,包括飞行器的控制系统,设有"飞行模拟实验室"。由于保密的限制,不允许外国来访者参观。

(7) 莫斯科航空学院。

该院设有"航空仪表"教研室,从事"红外线末制导"等控制系统的教学和科研。

(8) 列宁格勒机械学院。

该院的"自动学与远动学"教研室以研究战术导弹武器为主。

总结上述,当时美、苏都以惯性导航系统作为火箭和舰船控制的主要装备,技术上也已成熟。同时,清华大学"导航与控制"专业的人才培养目标应当较宽,面向多个国防工业部门。考虑到苏联上述高校的专业方向覆盖了控制理论、系统、仪器、应用等多个方面,清华大学选择惯性导航系统作为这一专业的科研和教学方向是合适的。

毕业设计

1960 年,海军向清华大学提出了研制船用惯性导航系统的任务。清华大学决定组织有关专业的应届本科毕业生,采用毕业设计的方式开展这项研制。

根据当时确定的总体方案,参考莫斯科动力学院 L. E. Tekachev 的发明专利书等技术资料,在 1961 年下半年,参加研制者完成了液浮积分陀螺仪的设计、零件加工以及真空灌油等非标准工艺设备的研制和试验。在研制中,电路和控制系统占有较大的比例。例如,笔者指导的毕业设计题目之一为"惯性导航系统阻尼方案的研究"。

这项工程的研制进展比较顺利。应当指出,尽管 1961 年由于国家经济困难项目被迫下马,清华大学仍继续坚持研究,为该项技术在清华大学的研究发展打下了基础。

静电陀螺仪的研制

原理样机阶段

1965 年 4 月,清华大学委托笔者探讨研制超高精度陀螺仪的技术方案。当时静电陀螺仪已取代了液浮陀螺仪,成为战略核潜艇导航系统的核心仪器。笔者提出的研制项目得到了采纳。清华大学组织自动控制系、精密仪器系和电子工程系等三系的有关人员建立了科研组,并定为校重点科研项目。笔者被指定为该科研组的负责人。

科研组利用物理教研室和电子工程系电真空教研室的实验条件,成功地进行了"静电引力和击穿场强"等实验研究。

1965 年 9 月,严普强和笔者代表清华大学提出了研制静电陀螺仪的建议,上海交通大学也提出同样的建议。这项研究课题被采纳后列入了国家重点预研计划。

1967 年 10 月,笔者组织了清华大学上述三系的教师和职工去常州航海仪器厂开展原理样机的研制工作。同时到厂参加工作的还有上海交通大学的教师。

1969 年,静电陀螺仪的原理样机研制成功,并在北京展出。

工程样机阶段

1971 年,清华大学负责的静电陀螺仪科研项目改称"721 工程"。该项目由清华大学技术上抓总,和常州航海仪器厂以及上海交通大学合作研制。

1976 年,"721 型"静电陀螺三轴稳定平台的工程样机研制成功,通过了环境条件规定的各项试验:

(1) 在离心机上测试,过载能力达到 28 倍重力加速度;

(2) 在 $-40℃ \sim +50℃$ 的温度环境下,通过了精度和可靠性试验;

(3) 在振动和冲击试验中,达到了载体环境条件的要求。

在飞机上,"721 型"平台的工程样机多次通过了模拟载体飞行的试验。

提高样机的精度

1981 年,在上述研究成果的基础上,中国船舶工业部决定清华大学负责的静电陀螺仪研制工作继续进行,并列入 1980—1990 年度国防重点预先研究计划。笔者被指定为该项目的总设计师。

1990 年,经过了多次 24 h 和 48 h 的双轴伺服测试,高精度静电陀螺仪的样机通过了部级科技成果鉴定。

国际交流活动

1983 年和 1985 年应 D. B. DeBra 的邀请,笔者两次较长时间访问了 Stanford 大学的静电陀螺仪科研组。该组由 D. B. DeBra 和 C. W. F. Everitt 主持,负责研制验证"广义相对论效应"的高精度静电陀螺仪,被称为"GP-B"(Gravity Probe B)科研组。

在两次访问期间,"GP-B"组为笔者安排了良好的工作条件。在访问中,笔者详细了解了实心转子的关键工艺(包括加工球形转子的四轴研磨机)、转子表面超导材料薄膜喷镀工艺等。

1986年,参考"GP-B"科研组转子研磨机的结构,清华大学研制了微机控制的四轴研磨机,显著地提高了转子加工的球面精度和效率。

1987年,在自制的四轴研磨机上,清华大学为"GP-B"科研组加工了三只实心石英转子。在"GP-B"科研组的测试结果表明,在三个互相正交的大圆面上,转子的非球度误差均小于20 nm,达到了国际先进水平。

静电陀螺寻北仪的研究

1991—1993年,笔者参加了从俄国引进静电陀螺监控器产品的谈判和合同签订工作。与此同时,清华大学和俄国静电陀螺仪研究所合作,开展了静电陀螺寻北仪的实验研究。初步的测试结果表明,开发角秒级精度的产品比较困难。最后,清华大学放弃了这项研究。

完成的教材

从1978年起,以静电陀螺仪的科研实践为基础,笔者编著了以下教材,培养了大批本科生,以及硕士生和博士生:

(1) 现代控制理论基础(合编).北京:国防工业出版社,1981

(2) 最优估计与工程应用.北京:宇航出版社,1991

发表的主要论文

(1) 静电陀螺仪的精度分析.第三届国际惯性测量技术会议,加拿大Banff,1985

(2) 改进静电支承系统精度的方法.引力物理实验国际会议,中国广州,1987

(3) 静电陀螺捷联式寻北仪的设计与测试.陀螺技术国际会议,德国Stuttgart,1987

(4) 一种捷联式静电陀螺寻北仪的研制.第一届北京惯性技术国际会议,中国北京,1989

(5) 静电陀螺支承系统的最优参数及设计调整方法.中国惯性技

术学报,1991,1

(6) 静电陀螺随机误差的测试与评估.第二届国际高精度导航研讨会,德国 Freudenstadt,1991

(7) 具有滑动模式控制的静电支承系统. IEEE Transaction on Aerospace and Electronic Systems,1992,28(2)

惯性测量系统的研制

和加拿大 Calgary 大学的学术交流

1983 年,应 K. P. Schwarz 的邀请,笔者访问了加拿大 Calgary 大学。该校的"惯性测量技术实验室"拥有美国 Litton 公司赠送的 LN-15 型液浮陀螺导航系统,并且存有美国 Honeywell 公司 GEO-SPIN 型静电陀螺惯性测量系统的技术资料。

在 Calgary 市,笔者参加了 Nortech 测量公司 FILS-II 型液浮陀螺惯性测量系统的动态校准跑车试验,了解了该公司根据试验数据标定 FILS-II 误差模型系数的方法。

1984 年,应笔者的邀请,K. P. Schwarz 在清华大学举办了 5 次专题系列讲座,全面介绍了惯性测量技术的理论与工程应用问题。

1985 年 9 月,笔者参加了在加拿大 Banff 举行的第三届"国际惯性测量技术会议",会后访问了 Calgary 大学。当时,K. P. Schwarz 等人采用 Litton 公司"LN-90"型激光陀螺系统正在研制惯性测量系统所需的软件。

1989 年,应笔者的邀请,K. P. Schwarz 第二次访问了我国,在西安有关研究所介绍了"激光陀螺捷联式惯性测量系统"。

邀请美国 Litton 公司来中国演示惯性测量系统

1985 年,通过中国地质部邀请,Litton 公司的 L. McCormick 等人在北京地质仪器厂演示了他们的"LASS-2"型液浮陀螺自动测量系统。测线设在该厂到密云水库的公路上,距离约 80 km。跑车试验的测试数据表明,采用 10 min 间隔的零速修正,LASS-2 的定位误差小于

10 m。由于价格很高,中国未引进 LASS-2 系统。

和俄国合作研制快速定位定向系统

在上述技术准备的基础上,清华大学承担了研制"快速定位定向系统"的国家任务。1990 年,清华大学和苏联莫斯科包曼技术大学签订了合作研制协议,内容包括:

(1) 采用俄国 I-21 型液浮陀螺平台式飞机惯性导航系统作为硬件;

(2) 俄方负责开发相应的定位定向系统软件;

(3) 中方负责建立试验用的测线,并选用陀螺经纬仪,作为寻北仪。

1993 年 5 月,所研制的快速定位定向系统在北京郊区进行了跑车试验。在零速修正时间间隔小于 10 min 的条件下,定位误差小于 10 m,通过了技术鉴定。

激光陀螺定位定向系统的研制

1993 年,笔者参加了从俄国引进以下高技术光学仪器产品的工作:

(1) KM-1 型(改型后为 LG-1 型) 激光陀螺仪及其 I-42 S 型惯性导航系统;

(2) 采用环形激光器的动态光学测角仪,精度为 0.01 ″;

(3) OT-02 型磁悬浮摆式陀螺经纬仪,找北精度为 2 ″;

(4) 开环的干涉型光纤陀螺仪。

1993—2000 年,清华大学承担了国防重点预先研究项目"光学陀螺自动寻北、定位及定向系统"的研究任务。在俄国 I-42 S 型飞机导航系统的基础上,改用俄国 LG-1 型激光陀螺仪,并采用石英挠性加速度计替换了原系统中的液浮加速度计,完成了激光陀螺定位及定向系统的试验样机。

在试验样机上,进行了实验室性能测试和跑车精度试验。由于所采用的硬件可靠性较差,所研制的试验样机未能达到规定的技术要求。

参加德国惯性测量系统的研制工作

1995 年作为访问学者,笔者访问了德国 Munich 国防军大学(Federal Armed Forces University),参加了该校测量研究所"KiSS"型惯性测量系统的研制工作。

KiSS 是一种激光陀螺定位定向系统,用于大地测量的车辆,所采集的地形和地面景象等资料用于更新德国的军用电子地图。

他们购买了美国 Honeywell 公司的 GG-1342 型激光陀螺仪,开发了惯性测量系统的软件。

在德国 Greding 市的军事装备测试中心,笔者和他们标定了 GG-1342 的误差系数。所采用的测试设备为美国 Controvax 公司的三轴转台。

激光陀螺仪控制电路的研制

对德国激光陀螺仪的调查研究

1987 年,笔者应德国 Stuttgart 大学 H. Sorg 的邀请,参加了"陀螺技术国际会议"。会议前后,作者应邀参观了在 Wetzler 市的 Lietz 光学仪器厂和在 Braunschweig 市的德国宇航研究院(DFVLR)飞行制导研究所。在飞行制导研究所,笔者参观了他们研制的激光陀螺试验样机和反射镜镀膜实验室。

1990—1991 年,笔者访德三个月,再次参观了飞行制导研究所。他们的激光陀螺仪研制工作已经停止。在此期间,笔者访问了德国 Teldix 公司和 LITEF 公司,参观了他们的生产车间。他们都已转向研究和生产光纤陀螺仪。

激光陀螺仪控制与读出电路的研制

1993—2000 年,清华大学先后研制成功了和俄国 KM-11,TRILG 等型激光陀螺仪配套的控制与读出电路,包括把原来开环的抖动驱动系统改造为闭环控制系统。在 TRILG 型激光陀螺仪上,研制成功了高频采样和细分的信号读出系统。

超短脉冲无闭锁激光陀螺仪的研究

1999 年,笔者访问了美国新墨西哥大学(UNM),该校 J. C. Diels 提出"超短脉冲无闭锁激光陀螺仪"的专利。2000 年,笔者邀请他回访清华大学,双方签订了合作协议。在笔者陪同下,J. C. Diels 访问了西安有关惯性技术的研究所,并向他们和西安的有关高校介绍了无闭锁激光陀螺仪的研究结果。

在清华大学和 UNM 的合作协议中,美方向中方提供了用于建立原理样机的两种半导体饱和吸收器(Saturable absorber,SA),由于经费不足,2002 年,原理样机未能建成。

2001 年,J. C. Diels 科研组在美国导航学会的年会上发表了论文。

2001 年,笔者应邀访问 UNM 约一个月,在 UNM 的无闭锁激光陀螺实验装置上进行了初步试验。

发表的主要论文

(1) 激光陀螺及其误差补偿.航空学报,1990,11(3)

(2) 一种采用环形激光器便携式测角仪的研制.光电子科学与工程第二届国际会议,中国北京,1994

(3) 激光陀螺电路系统的研制.中国惯性技术学报,1996,4(1)

(4) 小型激光陀螺仪关键技术的研究.美国导航学会第 52 届年会,美国麻省 Cambridge,1996

(5) 一种激光陀螺仪数字式读出系统的研究.陀螺技术国际会议,德国 Stuttgart,1997

(6) 抖动式激光陀螺仪高频读出系统的研究.美国导航学会第 57 届年会,美国麻省 Cambridge,2001

微型光学陀螺仪的研究

集成光学陀螺及其光源的研究

1995 年,在访问德国 Munich 市国防军大学期间,笔者提出了研究

"集成光学陀螺"的建议,后列入1996—2000年国防预先研究计划。为了探讨"环形谐振腔"和"声表面波移频器"等集成光学器件的设计和工艺,笔者邀请俄国圣彼得堡光学与精密机械学院(ITMO)的A. L. Dmitriev和俄国国家光学研究院(GOI)的V. Volkonsky两人访问清华大学。他们在回国后提出了技术论证报告。

1996年,笔者和德国Stuttgart大学物理研究所"微结构实验室"(MSL)的H. Schweizer在清华大学讨论了集成光学陀螺的光源设计问题。德方建议研制分布反馈式的半导体激光器(DFB-LD)。

1996年,笔者应邀访问了美国"Draper实验室"和麻省理工学院的"光电子实验室"。在美国导航学会52届年会上,笔者宣读了集成光学陀螺系统方案的论文。

1996年,笔者还访问了Stanford大学,和H. J. Shaw讨论了新型干涉式光纤陀螺的系统方案问题。

1997年,笔者派遣了两名博士生到俄国圣彼得堡市的ITMO工作。他们在俄方合作下,设计并加工了两种集成光学器件:(1)敏感角速度的集成光学环形谐振腔;(2)声表面波移频器。采用俄方提供的窄线宽YAG固体激光器和光纤环形谐振腔,进行了集成光学系统结构的实验研究。

1997—2001年,笔者派遣了三名博士生到德国Stuttgart大学MSL工作,他们研究了DFB-LD的工艺,并在1998年的"陀螺技术国际会议"上发表了有关半导体环形激光器的论文,分析了双向谐振光波的稳定性问题。

循环干涉型光纤陀螺仪的研究

2000年,笔者在德国Stuttgart举行的"陀螺技术国际会议"上宣读了论文,题目为"再入式集成光学角速度传感器的研究"。在这种集成光学陀螺的系统方案中,如果在Sagnac效应敏感环中插入半导体光放大器(SOA),使光波的传播损耗得到补偿,则光波可以循环多次,从而缩短了Sagnac效应敏感环的长度。

2002年,笔者申报了发明专利"导航级循环干涉型集成光学陀螺仪"。在目前,这种系统方案可以采用光纤线圈来实现。它所采用的超辐射发光二极管光源和 Y-波导相位调制器等均与目前光纤陀螺相同，比较容易实现。

大功率超辐射发光二极管的研究

在干涉型光纤陀螺和循环干涉型集成光学陀螺中，需要采用大功率、低噪声的超辐射发光二极管。此外，为了研制微型的光纤陀螺和集成光学陀螺，还需要研制集成光学收发模块，以取代分立式的光源和探测器。

2001 年，笔者与德国 Stuttgart 大学 MSL 签订了合同，双方合作研制大功率超辐射发光二极管和集成光学收发模块。德方负责研制管芯，我方负责管芯的封装。在 2002—2003 年，双方已进行了多次试验，对管芯设计和封装结构已取得一定的经验，已有把握研制合格的产品。

发表的主要论文

(1) 研制微型谐振型光学角速度传感器的技术. 美国导航学会第 52 届年会，美国麻省 Cambridge，1996

(2) 光波导无源环形腔的设计、加工和测试. 第二届北京国际惯性技术学术会议，中国北京，1998

(3) 再入式集成光学角速度传感器的研究. 陀螺技术国际会议，德国 Stuttgart，2000

(4) 一种新型循环干涉型光学陀螺仪的实验研究，陀螺技术国际会议，德国 Stuttgart，2002

附 录 B

美国 Stanford 大学地球引力场探测器(GP-B)的试验结果

1. 项目的技术要求

根据 Einstein 的广义相对论,地球质量和自转运动对"时间与空间场"(Fabric of Space)将造成扭曲,理论计算表明,这两种扭曲速率的计算值分别为:

(1)地球质量所造成的扭曲效应(Frame Warping)被称为"大地效应"(Geodetic Effects),相应的"大地进动速率"为 $\Omega_G = 2 \times 10^{-7} (°)/h$。

(2)地球自转所造成的扭曲效应被称为"拖曳效应"(Frame Dragging),相应的"拖曳进动速率"为 $\Omega_M = 1 \times 10^{-9} (°)/h$。

为了从实验上证明 Einstein 广义相对论的正确性,需要采用陀螺仪测量这两项扭曲速率的实际值。这项实验被称为地球引力场探测试验。

地球引力场探测器由以下装置组成:

(1)精密陀螺仪;

(2)提供测量基准的天体跟踪望远镜;

(3)低轨道地球卫星;

(4)卫星轨道控制系统。

对各项装置相应的技术要求如下:

(1)陀螺仪的漂移应小于被测物理参数数值的

1 %,即 $1×10^{-11}(°)/h$；

(2) 卫星的轨道控制应保证卫星的加速度接近于零的水平，即 $<10^{-8}g$。

地球质量和自转运动对时空场扭曲示意图(NASA)

2. 项目的经费情况

1964 年，美国宇航局(NASA)决定资助 Stanford 大学开展这项研究，项目名称定为"地球引力场探测器"，简称"GP-B"(Gravity Probe B)。

2004 年 4 月，GP-B 卫星发射升空，在轨道上运行一年多，此后，对取得的试验数据进行处理。截止到 2007 年 5 月，GP-B 项目已用经费为 6 亿 5 千万美元。从 2008 年 9 月起，NASA 决定停止资助。

2008 年 9 月以后，Stanford 大学 GP-B 科研组向其他部门申请资助，希望继续完成拖曳进动速率的数据处理工作，以使 GP-B 项目的卫星试验取得全面的成功。

3. 项目的试验结果

(1) 2004 年 4 月 1 日，GP-B 卫星发射升空。

(2) 2004 年 7 月，GP-B 卫星进入预定轨道，高度为 650 km 。陀螺仪等星内设备进入正常工作状态。

(3) 在轨道上运行 353 天，采集原始数据的总量为 2 万亿字节。

数据处理结果表明,大地进动速率得到了证明,测试误差<1%;但是,拖曳进动速率的测试数据处理工作遇到困难

(4) 为了查明原始数据中没有预料到的污染噪声规律,卫星在轨道上的测试时间延长 46 天。

(5) 截止到 2008 年 9 月,经过多次对原始测试数据的处理,测试误差仍为 25 % ~ 33 % 。GP-B项目的预期目标未能全面达到。

4. 项目试验结果的评价

在 GP- B 项目的陀螺仪中,采取了以下误差控制措施:

(1) 转子的非球度 < 10 nm;

(2) 转子材料密度的不均匀度 $< 1 \times 10^{-6}$;

(3) 转子表面的残余电荷 < 0.02 nano Coulomb;

(4) 静电陀螺球腔的真空度为超高真空,小于月球表面的气压;

(5) 在磁屏蔽罩中,转子受到的干扰磁场 < 3 micro Gauss;

(6) 依靠静电支承系统所测的卫星加速度信号,通过卫星上的喷气推进器对卫星轨道的控制,实现了零加速度的飞行,即卫星加速度 $<1 \times 10^{-11}g$。

卫星试验及数据处理结果充分证明,在以上措施的保证下,Stanford大学所研制的超导型静电陀螺仪达到了预期的精度,即漂移 $<1 \times 10^{-11}(°)/h$ 。

5. 项目试验中存在的问题

测试数据中没有估计到的污染噪声来自转子表面的铌(Nb)超导层。由于转子的铌表面层具有很小的电荷,在几百 Hz 的自转中,很小的电荷被放大为转子表面的磁场。因此,转子的自转轴实际上并不稳定,而是将绕某个固定轴摆动。陀螺仪的这种摆动被称为"极点轨迹"(Polhode)运动。在测量微小的拖曳进动速率时,这种摆动很难从测试数据中扣除。[资料来源:The Gravity Probe B Bailout. By P. S. wesson and M. Anderson. IEEE Spectrum(06/10/2008)]